普通高等教育"十一五"国家级规划教材

21世纪高等学校计算机规划教材

21st Century University Planned Textbook of Computer Science

C++语言程序设计教程（第2版）

The C++ Programming Language (2nd Edition)

吕凤翥　王树彬　编著

名家系列

人民邮电出版社

北京

图书在版编目（CIP）数据

C++语言程序设计教程 / 吕凤翥，王树彬编著. -- 2
版. -- 北京：人民邮电出版社，2013.5（2019.8重印）
21世纪高等学校计算机规划教材
ISBN 978-7-115-31891-6

Ⅰ. ①C… Ⅱ. ①吕… ②王… Ⅲ. ①
C语言－程序设计－高等学校－教材 Ⅳ. ①TP312

中国版本图书馆CIP数据核字(2013)第103490号

内 容 提 要

本书系统介绍 C++语言的基础知识、基本语法和编程方法。重点讲述 C++语言面向对象的重要特征，包括类和对象、继承性和派生类、多态性和虚函数、模板和 C++语言实现的常用数据结构、异常处理和命名空间等重要内容。同时，还介绍 C++语言对 C 语言的继承和改进。

本书内容系统全面，偏重应用；通过例题详细讲述 C++语言具有的封装性、继承性和多态性，并阐述使用 C++语言编程的方法、技巧和工具等。为了方便教学，本书每章最后都备有大量的练习题和上机题。

本书适合作为高等院校"C++语言程序设计"课程的教学用书，还可作为 C++语言的自学或教学参考书。

◆ 编　著　吕凤翥　王树彬
　　责任编辑　刘　博
　　责任印制　彭志环

◆ 人民邮电出版社出版发行　　北京市丰台区成寿寺路 11 号
　　邮编　100164　电子邮件　315@ptpress.com.cn
　　网址　http://www.ptpress.com.cn
　　涿州市京南印刷厂印刷

◆ 开本：787×1092　1/16
　　印张：21.25　　　　　　　　　2013 年 5 月第 2 版
　　字数：561 千字　　　　　　　 2019 年 8 月河北第 8 次印刷

定价：45.00 元

读者服务热线：(010)81055256　印装质量热线：(010)81055316
反盗版热线：(010)81055315
广告经营许可证：京东工商广登字 20170147 号

第 2 版前言

C++语言主要应用于面向对象的程序设计，是目前广泛使用的一种程序设计语言。为了满足广大读者渴望学习和掌握 C++语言编程的愿望，为从事计算机编程工作和深入学习计算机专业知识打下基础，作者在总结长期从事"C++语言程序设计"课程教学经验的基础上编写了此书。

本书具有下述特点。

首先，教学重点明确，语言简明，针对难点和疑点，加强了解释和分析。注重培养分析问题解决问题的能力。

其次，内容安排上强调边看书边思考，注重培养学习思考能力。本书的许多例题中都提出了思考问题，每章后边都从多方面给出练习题，引导读者去思考，去理解，去掌握学过的内容。

最后，注重实践。书中强调上机实践，每章最后都附有上机指导，用来引导读者上机实践。

本书共分 13 章。其中第 1 章至第 5 章主要复习 C 语言中讲过的一些重要内容，同时指出 C++语言对 C 语言的某些改进。这些改进对学习 C++语言是很重要的。第 6 章至第 10 章主要讲述 C++语言面向对象的特征，这是 C++语言中的重点，这部分内容是 C 语言中所没有的。学好这部分内容对学习其他面向对象语言也会有帮助。第 11 章至第 13 章主要讲述利用 C++语言实现的常用数据结构和编写大规模 C++软件的主要工具。这些内容对于提高 C++语言的编程能力很有帮助。

本书第 1 版出版后，作者又经过了一段时间的教学实践和听取了部分读者反映的意见，在保持对原书章节不做较大改变的前提下，进行了如下修订工作。

1. 模板是 C++语言的一个重要特性，模板机制通过数据类型的参数化，能够实现更为通用的程序模块，提高软件的开发效率。这次修订增加了模板的内容，作为第 11 章，主要介绍模板的基本概念、函数模板和类模板的定义及其使用方法。

2. 程序设计主要包括算法和数据结构两个方面，任何语言的程序设计都会对数据进行处理。掌握基本数据结构的知识对学好 C++语言是非常必要的。这次修订增加了数据结构的内容，作为第 12 章，主要内容是采用面向对象的程序设计方法，利用 C++语言实现几种常用的数据结构，并介绍在给定数据结构中的查找和排序运算。

3. 异常处理机制提供结构化的出错处理模式，能够提高程序的可读性、可维护性和容错能力。命名空间能够避免全局标识符的命名冲突。这些内容对程序设计和调试都很有帮助。这次修订增加了这两部分内容，作为第 13 章，主要内容是介绍异常处理机制的概念和使用方法、命名空间的定义及其成员的访问方法。

4. 增加了附录 C，方便读者对 C++标准库有一个简单的了解。

5. 改正了原书中出现的个别错误，在概念描述方面更加精炼和准确。

　　本书所有的程序，包括例题、练习题以及习题答案的程序都已在 Visual C++ 6.0 版本的编译系统下通过，有关资料与电子教案放在人民邮电出版社教学服务与资源网（www.ptpedu.com.cn）资源下载区中。

　　本书第 2 版由北京大学吕凤翥、内蒙古大学王树彬编写，其中王树彬编写了第 11 章、第 12 章、第 13 章和附录 C，并在程序的录入、调试以及校对方面做了大量的工作；吕凤翥编写其余章节并统稿。

　　本书中若有错漏或欠妥之处，敬请读者批评指正。

编　者
2013 年 2 月

目　录

1

第1章
C++语言概述

本章介绍面向对象的概念和 C++语言的特点。通过 C++程序实例，分析 C++程序在结构上的特点及书写程序应注意的事项。本章还介绍使用 Microsoft Visual C++ 6.0 编译系统实现 C++程序的方法。

1.1　面向对象的概念

C++语言是一种面向对象的程序设计语言，在介绍 C++语言之前，先介绍一下有关面向对象的概念，有助于对 C++语言的理解和掌握；通过对 C++语言的学习又会进一步加深对面向对象方法的认识。

1.1.1　面向对象方法的由来

面向对象方法是人们开发软件的一种方法，这种方法的提出是软件研究人员对软件开发在认识上的一次飞跃，它是软件开发史上的一个里程碑。它标志着软件开发产业进入一个新阶段。

在面向对象方法出现之前，人们采用的是面向过程的方法。面向过程方法是一种传统的求解问题的方法。该方法将整个待解决问题按其功能划分为若干个相对独立的小问题，每个小问题还可以按其功能划分为若干个相对独立的更小的问题，依此类推，直到将所划分的小问题可以容易用程序模块实现为止。在面向过程的程序设计中，每个程序模块具有相对独立的功能，由小模块组成大模块，最后组成一个完整的程序。整个程序的功能是通过模块之间相互调用来实现的。这种面向过程的方法具有很多的弊病。第一，该方法将数据和数据处理过程分离成为相互独立的实体，当数据结构一旦发生变化时，所有相关的处理过程都要进行相应的修改，因此，程序代码的可重用性较差。第二，该方法对于图形界面的应用开发起来比较困难，而图形界面越来越被人们广泛使用。第三，面向过程的程序设计中，模块之间有较大的依赖性，这对调试程序和修改程序带来一定的难度。

面向对象方法是求解问题的一种新方法，它把求解问题中客观存在的事物看做各自不同的对象，这符合人们习惯的思维方式，再把具有相同特性的一些对象归属为一个类，每个类是对该类对象的抽象描述。对象之间可以进行通信。类之间可以有继承关系，函数和运算符可以重载，这样可以提高程序的可重用性，便于软件开发和维护。

总之，面向对象方法是计算机科学发展的要求。随着人们对信息的需求量越来越大，软件开发的规模也越来越大，对软件可靠性和代码的重用性的要求越来越高。这时，面向过程的方法使得分析结果不能直接映射待解决的问题，并且分析和设计的不一致给在编程、调试、维护等诸方面造成不便和困难。在这种情况下，面向对象方法应运而生。由于面向对象方法具有封装、继承和多态等特性，与面向过程方法相比，它较好地克服了在编程、调试和维护等方面的不便和困难，提供了代码的重用率，使得软件开发变得更为容易和方便。

1.1.2　面向对象的基本概念

面向对象是一种由对象、类、封装、继承和多态性等概念来构造系统的软件开发方法。这些新的概念描述了面向对象这种新方法。

1. 对象

对象是现实世界中客观存在的某种事物，它可以是有形的，也可以是无形的。对象是一种相对独立的实体，它具有静态特性和动态特性，通常通过一组数据来描述对象的静态特性，使用一组行为或功能来表示对象的动态特性。

对象是系统中用来描述客观事物的一个实体，它是软件系统的基本构成单位。对象是由一组属性和一组行为构成的。属性是描述对象的静态特性的数据项，行为是描述对象动态特性的操作。

2. 类

类是人们对于客观事物的高度抽象。抽象是忽略事物的非本质特性，只抓住与当前相关的特性，从而找出其共性，把具有共同特性的事物划分为一类，得到一个抽象的概念。例如，在生活中经常遇到的抽象出来的概念有桌子、房屋、汽车和足球等。

面向对象方法中的类是一种类型，它是具有相同属性和行为的对象的集合。类是具有相同属性和行为的若干对象的模板。类为属于该类的全部对象提供了抽象的描述，这种描述包括了属性和行为两大部分。类与对象的关系就像模具和铸件的关系。某个类的对象又称为该类的一个实例。

3. 封装

封装是指把对象的属性和行为结合成一个独立的单位，又称为封装体。对象的属性通常用一组数据项来表示，对象的行为又称为服务，通常用方法或函数来表示。封装体具有独立性和隐藏性。独立性表现在封装体内所包含的属性和行为形成了一个不可分割的独立单位；隐藏性表现在封装体内的有些成员在封装体外是不可见的，这部分成员被隐藏了，具有一定的安全性。一个封装体与外部联系只能通过有限的接口。

4. 继承

继承是面向对象方法提高重用性的重要措施，继承表现了特殊类与一般类之间的关系。当特殊类包含了一般类的所有属性和行为，并且特殊类还可以有自己的属性和行为时，称作特殊类继承了一般类。特殊类又称为派生类，一般类称为基类。

继承的重要性就在于它大大地简化了对于客观事物的描述。例如，已经描述汽车这个类属性和行为，由于小轿车是汽车类的特殊类，它具有汽车类的所有属性和行为，在描述小轿车类时，只需描述小轿车本身的属性和行为，而汽车类的属性和行为不必再重复了，因为小轿车类继承了汽车类。

5. 多态性

多态性指的是一种行为对应着多种不同的实现。在同一个类中，同一种行为可对应着不同的实现，例如，函数重载和运算符重载都属于多态性。同一种行为在一般类和它的各个特殊类中可以具有不同的实现，例如，动态联编是属于这类多态性。在一般类中说明了一种求几何图形面积的行为，这种行为不具有具体含义，因为并没有确定具体的几何图形，又定义一些特殊类，如"三角形"、"圆形"、"正方形"、"矩形"、"梯形"等，它们都继承了一般类。在不同的特殊类中都继承了一般类的"求面积"行为，可以根据具体的不同几何图形使用求面积的公式，重新定义"求面积"行为的不同实现，使之分别实现求"三角形"、"圆形"、"正方形"、"矩形"和"梯形"等面积的功能。这就是面向对象方法的重要的多态性。

1.2　C++语言的特点

C++语言是 20 世纪 80 年代初期由美国贝尔实验室的科研人员提出的，它是一种继承了 C 语言的面向对象的程序设计语言。

1.2.1　C++语言是面向对象的程序设计语言

C++语言支持面向对象的程序设计，主要表现在它支持面向对象方法中的 3 个主要特性。

1. 支持封装性

C++语言允许使用类和对象。类是支持数据封装的工具，对象是数据封装的实现。类中成员有不同的访问权限。类中的私有成员仅由该类体内的成员函数访问，因此，私有成员具有隐藏性，类体外是不可见的。类中的公有成员是类体与外界的一个接口，类体外面的函数可以访问类体中的公有成员。类中还有一种保护成员，它具有公有成员和私有成员的双重特性，它具体使用在类的继承中。

2. 支持继承性

C++语言支持面向对象方法中的继承性，它不仅支持单重继承，而且支持多重继承。继承性给 C++语言编程带来了方便，增强了程序的扩展性和可重用性，提高了软件开发的效率。继承是两个类之间的关系，基类和派生类是继承中的重要概念。派生类继承了基类中的所有成员，并且还可以定义自身的新成员，继承实现了抽象和共享的机制。继承和封装是衡量一种语言是否是面向对象的程序设计语言的两个重要标准。C++语言支持封装，又支持继承，因此，可以断定 C++语言是面向对象的程序设计语言。

3. 支持多态性

多态性是在继承性基础上的面向对象方法中的重要特性之一。C++语言支持多态性主要表现如下两个方面。

① 支持函数重载和运算符重载。重载是指一个函数名可以有多种实现，即同一个行为对应不同实现，这便是多态性。

② 支持动态联编。动态联编反映了基类和派生类中同名函数的多态性。动态联编是在公有继承的前提下，通过虚函数来实现的。动态联编虽然没有静态联编运行效率高，但它可以通过高度抽象，提高程序的灵活性和扩充性。

1.2.2　C++语言继承了 C 语言

C++语言与 C 语言兼容，C 语言是 C++语言的一个子集。C 语言的词法、语法和其他规则都可以用到 C++语言中。例如，C 语言中的类型、运算符和表达式在 C++语言中都可以使用；C 语言中的语句也是 C++语言的语句；C 语言中的函数定义和调用也适用于 C++语言，只是 C++语言对此稍有改进和扩充；C 语言中的预处理命令也可用于 C++语言，只是宏定义命令在 C++语言中较少使用；C 语言中的构造类型，如数组、结构和联合在 C++语言中也是适用的，只不过 C++语言中较多是使用类类型；C 语言中的指针在 C++语言中也可使用，但是 C++语言中引入了引用概念，在某些情况下减少了指针的使用；还有 C 语言中作用域的规则，存储类的规定等在 C++语言中也都适用。

由于 C++语言继承了 C 语言，使得已经掌握了 C 语言的人们学习 C++语言比较容易，这也是 C++语言得以广泛使用的原因之一。已经学会了 C 语言的人们学习 C++语言时，要做到一种思维方式的转变，即从面向过程的思维方式转变到面向对象的思维方式，没有这个转变是学不好 C++语言的。

由于 C++语言继承了 C 语言，因此，C++语言仍旧具有 C 语言的简练明了的风格，同时还不得不保留某些 C 语言的面向过程的特性。所以，有人说 C++语言是一种不完全的面向对象的程序设计语言。在 C++程序中，允许类体外的函数存在，这便是保留面向过程的特征。

1.2.3　C++语言对 C 语言进行了改进

C++语言虽然保留了 C 语言的风格和特点，但又针对 C 语言的某些不足做了较大的改进。改进后的 C++语言与 C 语言相比，在数据类型方面更加严格了，使用更加方便了。

下面简单扼要地列举一些 C++语言对 C 语言的改进内容，更详细的介绍参见本书第 2 章至第 5 章。

① C++语言中规定所有函数定义时必须指出数据类型，不允许默认数据类型。无返回值的函数使用 void 进行说明，返回值为整型的函数使用 int 进行说明。

② C++语言规定函数说明必须使用原型说明，不得用简单说明。

③ C++语言规定凡是从高类型向低类型转换时都需加强制转换。

④ C++语言中符号常量建议使用 const 关键字来定义，这种方法可以指出常量类型，使用简单宏定义命令定义符号常量没有类型说明。

⑤ C++语言中引进了内联函数，建议使用内联函数取代带参数的宏定义命令，这也是增加了对参数的类型说明。

⑥ C++语言允许设置函数参数的默认值，提高了程序运行的效率。

⑦ C++语言引进了函数重载和运算符重载的规则，为编程带来了方便。

⑧ C++语言引进了引用概念，使用引用作函数的参数和返回值，比使用指针作函数参数和返回值更加方便，并且二者具有相同的特点。这就使得 C++程序中减少了对指针的使用，避免由于指针使用不当造成的麻烦。

⑨ C++语言提供了与 C 语言不同的 I/O 流类库，方便了输入/输出操作。

⑩ C++语言为方便操作还采取了其他措施。例如，使用运算符 new 和 delete 代替函数进行动态存储分配；增添了行注释符（//），为行注释信息提供了方便；取消了 C 语言中在函数体和分程序中说明语句必须放在执行语句的前边的规定等。

1.3　C++程序在结构上的特点

本节介绍 C++语言编写的程序在结构上的特点和在书写上应注意的事项。为此，首先列举两个 C++语言的程序，从这两个程序实例中分析 C++程序的特点。

1.3.1　C++程序举例

【例 1.1】从键盘上输入两个 int 型数，编程求这两个 int 型数之和。

程序内容如下：

```
#include <iostream.h>
int add(int ,int);
void main()
{
    int a,b;
    cout<<"Enter a b: ";
    cin>>a>>b;
    int c=add(a,b);
    cout<<"a+b="<<c<<endl;
}
int add(int x,int y)
{
    return x+y;
}
```

运行该程序后，显示下述提示信息：

```
 Enter a b:
```

这时，在键盘上输入 18‿36↙后，输出显示下述结果：

```
a+b=54
```

其中，"‿"表示空格符，"↙"表示按 Enter 键。

程序分析：

例 1.1 是一个 C++语言的程序，初看上去该程序从结构形式和书写规则上与 C 语言程序很相似。该程序由一个文件组成，该文件有两个函数，一个是主函数 main()，另一个是被调用函数 add()。

再仔细看会发现该程序与 C 语言程序有如下的区别。

① 该程序开头包含了 iostream.h 文件，该文件中包含了 C++语言的输入/输出操作中的相关内容。例如，该程序中使用的插入符（<<）和提取符（>>）都被重载定义在 iostream.h 文件中，还有 endl 也定义在该头文件中，它与换行符（'\n'）功能相同。

② 该程序中第 2 条语句是函数说明语句，这里使用的是原型说明，不仅要说明函数名字和类型，还要说明函数参数的个数和类型。

③ 主函数 main()和被调用函数 add()在定义时都加了类型说明符 void 和 int，这是不可省略的。

④ 在主函数中出现了如下所示的输出和输入语句：

```
cout <<"Enter a b: ";
cout <<"a+b="<<c<<endl;
cin>>a>>b;
```

其中，前边两条是输出语句，后边一条是输入语句。

下面结合该例程序介绍 C++语言的标准文件的输出语句和输入语句。关于输入/输出操作的内容详见本书第 10 章。由于标准文件输入/输出操作在一开始的程序中就不可避免地要出现，因此在这里仅就使用重载运算符进行标准文件的输入/输出介绍如下。

- 使用插入符进行输出操作的格式如下：

〈操作数 1〉 << 〈操作数 2〉 << 〈操作数 3〉…

其中，〈操作数 1〉是输出流对象名，C++语言规定标准输出设备屏幕的对象名为 cout。〈操作数

2），〈操作数 3〉…是待输出的表达式。这里，<<是被系统重载的左移运算符，重载后的功能是将右操作数的值输出到左操作数指定对象上。下列输出语句：

```
cout <<"Enter a b:";
```

将字符串常量"Enter a b:"输出到屏幕的当前光标处。

下列输出语句：

```
cout <<"a+b="<<c<<endl;
```

先将字符串常量"a+b="输出到屏幕的当前光标处，接着再将变量 c 的值输出到屏幕的当前光标处，最后，再输出一个换行符到屏幕的当前光标处。于是，输出结果为：

```
a+b=54
```

- 使用提取符进行输入操作的格式如下：

〈操作数 1〉>> 〈操作数 2〉 >> 〈操作数 3〉…

其中，〈操作数 1〉是输入流对象名，C++语言规定标准输入设备键盘的对象名为 cin。〈操作数 2〉，〈操作数 3〉…是用来接收从输入流中提取的输入项的变量名。这里，>>是被系统重载的右移运算符，重载后的功能是将从左操作数的输入流对象中提取的输入项数据赋值给右操作数的变量，要求具有相同的类型。下列输入语句：

```
cin >>a>>b;
```

将从键盘上读取的第一个 int 型数赋值给变量 a，再将从键盘上读取的第二个 int 型数赋值给变量 b。于是通过该输入语句使得变量 a 和 b 从键盘上获取了值。

通过以上分析可以看出该程序实现了将从键盘上输入的两个整型数求和后，输出显示在屏幕上的功能。

【例 1.2】一个带有类和对象的 C++程序。关于类和对象将在本书第 6 章介绍，这里只是给出带有类和对象的 C++程序结构。

程序内容如下：

```
#include <iostream.h>
class A
{
  public:
    A(int i)
    { a=i; }
    int fun1()
    { return a+a; }
    int fun2()
    { return a*a; }
  private:
    int a;
};
void main()
{
    A x(5);
    cout<<x.fun1()<<endl;
    cout<<x.fun2()<<endl;
}
```

运行该程序后，输出结果显示如下：

```
10
25
```

程序分析：

该程序是由一个类的定义和一个主函数构成的。

程序开始，定义了一个类 A，关于类的定义格式及其相关规则在本书第 6 章中介绍，这里，只是简单进行描述。类 A 中定义了 3 个公有的成员函数，其中一个是带有一个参数的构造函数，其名字同类名，另外两个成员函数分别是 fun1() 和 fun2()，其功能分别是求其变量 a 的 2 倍值和 a 的平方值。类 A 中还有一个私有的数据成员 a，它是一个 int 型变量。

在主函数 main() 中，先定义一个类 A 的对象 x，并对它进行了初始化，使对象 x 的数据成员 a 的值为 5。主函数中另外两条输出语句,使用了插入符向屏幕上显示输出表达式 x.fun1() 和 x.fun2() 的值，每个占一行。这里，x.fun1() 是通过 A 类对象 x 调用类中的成员函数 fun1()，于是其值为 10，同样地，x.fun2() 的值为 25。

1.3.2　C++程序结构上的特点

通过例 1.1 和例 1.2 中的 C++ 程序分析，可以看出 C++ 程序在结构形式上的特点，基本上与 C 语言程序相似。具体地讲，例 1.1 中的程序由两个函数组成，其中有一个主函数，它同 C 语言程序结构完全一样；例 1.2 中的程序由一个类和一个主函数组成，不同于 C 语言程序的是类成为了组成 C++ 语言程序的成分。

归纳 C++ 语言程序的特点如下。

① C++ 语言程序是由若干个类和函数组成的。这些类和函数可以放在一个文件中，也可以放在多个文件中。

② C++ 语言程序中的函数有两个种类，一个种类是类体内的成员函数，另一个种类是类体外的一般函数。

③ C++ 语言程序中有且仅有一个主函数 main()，其他的一般函数都是由主函数或主函数所调用的函数所调用。C++ 语言程序是从主函数开始执行的。

④ C++ 语言程序中可具有若干个类，类之间可以是继承关系，也可以是包含关系。一个类可以被嵌套在另一个类中，也可以定义在一个函数体中。

⑤ C++ 语言程序中的成员函数和一般函数都是由函数头和函数体构成的，函数体由若干条语句组成的；函数头中包括函数名、函数类型和函数参数。

⑥ C++ 语言程序与 C 语言程序一样，可以使用预处理命令，也可以使用注释信息。

另外，C++ 语言程序与 C 语言程序一样，可读性比较差，因此要求在书写上要遵照习惯格式和方法，这样可以提高程序的可读性。例如一行写一个语句，大括号采用统一格式，书写时采用缩格方法，适当使用注释信息等，这些在书写 C++ 语言程序中都适用。

1.4　C++程序的实现

本节介绍如何实现 C++ 程序。介绍使用 Microsoft Visual C++ 6.0 版本编译系统实现 C++ 语言的单文件程序和多文件程序的方法。

1.4.1　C++程序的编辑、编译和运行

C++ 程序和其他高级语言源程序一样，实现 C++ 程序应有如下 3 个步骤。

1. 编辑

编辑是将编写好的 C++语言源程序通过输入设备录入到计算机中，生成磁盘文件加以保存。录入程序可采用两种方法，一种是使用机器中装有的文本编辑器，将源程序通过选定编辑器录入生成磁盘文件，并加扩展名为.cpp；另一种是选用 C++编译系统提供的编辑器，编辑 C++语言源程序，这是常用的方法。例如，Visual C++ 6.0 编译系统提供一个全屏幕编辑器，可使用它来编辑 C++语言源程序。

2. 编译

C++语言的源程序编辑完成后，存放在磁盘上，运行前必须先经过编译。编译操作是由系统提供的编译器来实现的。编译器的功能是将源代码转换成为目标代码，再将目标代码进行连接，生成可执行文件。

整个编译过程可分为如下 3 个子过程。

① 预处理过程。程序编译时，先执行程序中的预处理命令，然后再进行正常的编译过程。

② 编译过程。编译过程主要进行词法分析和语法分析。在分析过程中，发现有不符合词法和语法规则的错误，及时报告用户，将其错误信息显示在屏幕上。在该过程中还要生成一个符号表，用来映射程序中的各种符号及其属性。

③ 连接过程。将编译生成的目标代码中加入某些系统提供的库文件代码，进行必要的地址链接，最后生成能运行的可执行文件。

3. 运行

运行可执行文件的方法很多，最常用的方法是选择编译系统的菜单命令或工具栏中的按钮命令来运行可执行文件。

运行可执行文件也可以在 MS-DOS 系统下，在 DOS 提示符后，直接键入可执行文件名，如有参数还可键入参数，再按回车便可运行。

可执行文件被运行后，在屏幕上输出显示其运行结果。

1.4.2　C++程序实现举例

下面分别介绍单文件程序的实现方法和多文件程序的实现方法。

1. 单文件程序的实现方法

下面通过一个具体的 C++应用程序讲述单文件程序的实现方法。

（1）编辑 C++源程序并存入磁盘

【例 1.3】分析下列程序的输出结果。

```
#include <iostream.h>
void main()
{
    int a,b,s;
    a=15;
    b=18;
    s=a+b;
    cout<<"s="<<s<<endl;
}
```

编辑方法如下：

单击主窗口菜单栏中的"File"菜单项，弹出其下拉菜单。在该下拉菜单中选择"New"子菜单项，弹出"New"对话框。在该对话框中选择"Files"标签后，出现如图 1.1 所示的"New"对话框"Files"标签的视图。

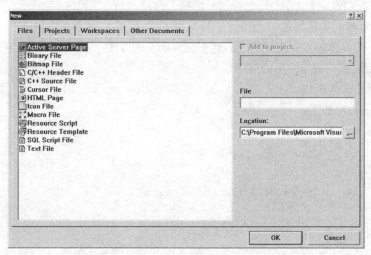

图 1.1　"New"对话框的"Files"标签窗口

双击该窗口中"C++ Source File"选项,返回到 Visual C++主窗口。这时,在该窗口的源代码编辑窗口中输入例 1.3 中的 C++源程序。该窗口是全屏幕编辑,输入和修改都很方便。输入时请注意格式,以便提高源程序的可读性。

输入完毕后,将其源文件存放在事先建好的文件夹中。存盘方法如下:

单击菜单栏中的"File"菜单项,在其下拉菜单中选择"Save"选项或"Save As"选项,弹出"保存为"对话框。在该对话框中选好存放文件的文件夹后,在"文件名"文本框内输入源文件的名字,默认的扩展名为.cpp,单击"保存"按钮,或按回车键。

(2)编译连接源文件

编译连接源文件的方法如下:

单击主窗口菜单栏中的"Build"菜单项,弹出其下拉菜单。在该下拉菜单中选择"Build"子菜单项,则对已编译好的程序进行连接。对尚未编译的程序,则先编译,后连接。在编译和连接过程中发现错误时,则将其出错信息显示在输出窗口中。该信息将指出错误性质、出现位置及出错原因等。双击某条编译的出错信息时,将会有一个提示箭头指向源代码编辑窗中的源程序的出错行。用户需根据出错信息进行分析,并将其错逐一修改,然后再重新编译连接,直到无错为止。源程序经过编译和连接后生成可执行文件。

(3)运行可执行文件

运行可执行文件的方法如下:

单击"Build"菜单项下拉菜单中的"Execute"子菜单项,或者直接单击 Build 工具栏中"!"按钮,则运行可执行文件。运行结果输出显示在 DOS 窗口的屏幕上,如图 1.2 所示。

查看结果完毕后,按任意键,将返回到 Visual C++ 6.0 主窗口。

图 1.2　显示输出结果的 DOS 屏幕

第 1 个程序执行完毕后,在编辑第 2 个程序之前,应将内存的工作区中前一个程序清除掉,否则再输入第 2 个程序时会出现两个主函数。清除工作区的方法如下:

单击主窗口菜单栏中的"File"菜单项，弹出其下拉菜单。在该下拉菜单中选择"Close Workspace"子菜单项，弹出一个待选择的对话框，选择"是"即可。

2．多文件程序的实现方法

下面通过一个具体的 C++应用程序讲述多文件的实现方法。

【例 1.4】分析下列程序输出的结果。

该程序由 3 个文件组成。

文件 1.4.cpp 内容如下：

```cpp
#include <iostream.h>
void fun1(),fun2();
void main()
{
    cout<<"这是一个 C++多文件程序的例子.这里是 main 函数.\n";
    fun1();
    fun2();
    cout<<"程序结束! \n";
}
```

文件 1.4-1.cpp 内容如下：

```cpp
#include <iostream.h>
void fun1()
{
    cout<<"这里是 fun1 函数.\n";
}
```

文件 1.4-2.cpp 内容如下：

```cpp
#include <iostream.h>
void fun2()
{
    cout<<"这里是 fun2 函数.\n";
}
```

（1）编辑程序中的多个文件

将组成该程序的多个文件逐一编辑后，起名存盘，其方法同单文件程序的编辑方法。

先后编辑了 3 个文件,存放在同一个文件夹中,其文件名分别为 1.4.cpp,1.4-1.cpp 和 1.4-2.cpp。

（2）创建项目文件

创建一个空的项目文件的方法如下：

单击菜单栏中的"File"菜单项，出现"New"对话框中"Projects"标签窗口。

单击"Win32 Console Application"选项，这时在右侧的"Platforms"文本框内出现 Win32。

接着，在该标签对话框右侧的"Project name"文本框内输入一个项目名，例如"proj1"，然后按回车键。此时，在"Location"文本框内生成一个路径名。在新建项目文件时，应选择"Create new workspace"单选钮，单击"OK"按钮后，出现如图 1.3 所示的"Win32 Console Application-Step 1 of 1"对话框。

在图 1.3 中选择"An empty project"单选钮，单击"Finish"按钮，这时，屏幕上出现"New Project Information"对话框，该对话框告诉用户所创建的控制台应用程序新框架项目的特性。单击该对话框下方的"OK"按钮，返回 Visual C++ 6.0 主窗口，项目文件 proj 1 创建完毕。

（3）将多个文件添加到项目文件中

将多个文件添加到项目文件中的方法如下：

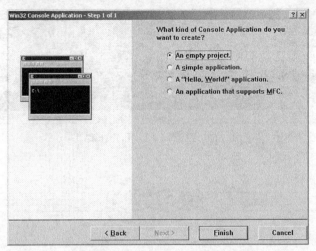

图 1.3　　"Win32 Console Application-Step 1 of 1" 对话框

单击主窗口菜单栏中的 "Project" 菜单项,弹出其下拉菜单。在该下拉菜单中选择 "Add To Project" 子菜单项,再在弹出的级联菜单中单击 "Files" 选项,弹出如图 1.4 所示的 "Insert Files into Project" 对话框。

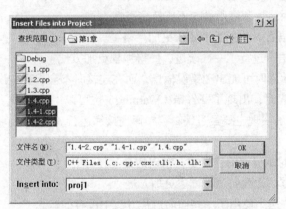

图 1.4　　"Insert Files into Project" 对话框

在图 1.4 所示的对话框中,打开存放待添加到项目文件 proj 1 中的 C++源文件的文件夹。将列表框中的 "1.4.cpp"、"1.4-1.cpp" 和 "1.4-2.cpp" 文件分别选择到该对话框的文件名文本框内。然后,单击 "OK" 按钮,则完成文件添加任务。此时,项目文件 proj 1 中包含了 3 个文件:1.4.cpp、1.4-1.cpp 和 1.4-2.cpp。

(4)编译和连接项目文件

编译和连接项目文件的方法与前边讲过的编译连接单文件的方法一样。单击主窗口中菜单栏中的 "Build" 菜单项,在其下拉菜单中选择 "Build" 子菜单项,系统则按顺序分别编译项目中的各个文件。如果发现错误,则需按输出窗口中显示的出错信息进行修改,修改后重新编译,直到无错为止。项目中所有文件编译后,进行连接。连接无错时,生成可执行文件 proj1.exe。

(5)运行项目文件

在 "Build" 菜单项的下拉菜单中选择 "Execute" 命令或在工具栏中单击 "!" 按钮,则运行该项目文件,并将其输出结果显示在 DOS 窗口中,如图 1.5 所示。

图 1.5　运行例 1.4 程序的输出结果

练习题 1

1.1　判断题

1. C++语言和 C 语言都是面向对象的程序设计语言。

2. 面向对象方法具有封装性、继承性和多态性。

3. C 语言是 C++语言的一个子集。C++语言继承了 C 语言。

4. C++语言程序与 C 语言程序一样都是函数串。

5. C++语言支持封装性和继承性，不支持多态性。

6. C++语言比 C 语言对数据类型要求更加严格了。

7. C++语言对 C 语言进行了一次改进，使得编程更加方便了。

8. C++源程序在编译时可能出现错误信息，而在连接时不会出现错误信息。

9. 编译 C++源程序时，出现了警告错（Warning）也可以生成可执行文件。

10. C++语言程序的实现也要经过编辑、编译连接和运行 3 个步骤。

1.2　单选题

1. 下列关于面向对象概念的描述中，错误的是（　　）。

  A．面向对象方法比面向过程方法更加先进

  B．面向对象方法中使用了一些面向过程方法中没有的概念

  C．面向对象方法替代了结构化程序设计方法

  D．面向对象程序设计方法要使用面向对象的程序设计语言

2. 下列各种高级语言中，不是面向对象的程序设计语言是（　　）。

  A．C++　　　　　　B．Java　　　　　　C．VB　　　　　　D．C

3. 下列关于类的描述中，错误的是（　　）。

  A．类就是 C 语言中的结构类型　　　　B．类是创建对象的模板

  C．类是抽象数据类型的实现　　　　　D．类是具有共同行为的若干对象的统一描述体

4. 下列关于对象的描述中，错误的是（　　）。

  A．对象是类的一个实例　　　　　　　B．对象是属性和行为的封装体

  C．对象就是 C 语言中的结构变量　　　D．对象是现实世界中客观存在的某种实体

5. 下列关于 C++程序中使用提取符和插入符的输入/输出语句的描述中，错误的是（　　）。

  A．提取符是对右移运算符（>>）重载得到的

  B．插入符是对左移运算符（<<）重载得到的

C．提取符和插入符都是双目运算符，它们要求有两个操作数

D．提取符和插入符在输入/输出语句中不可以连用

1.3 填空题

1．C++语言具有面向对象方法中要求的3大特性：_____、_____和_____。

2．C++程序中，有且仅有一个_____函数。

3．C++程序是由_____和_____组成的。

4．C++源程序的扩展名是_____。

5．使用插入符进行标准输出文件输出时，使用的输出流对象名是_____。

1.4 上机调试下列程序，并分析输出结果

1．

```
#include <iostream.h>
void main()
{
    int i,j;
    cout<<"Enter i j: ";
    cin>>i>>j;
    cout<<"i="<<i<<','<<"j="<<j<<endl;
    cout<<"i+j="<<i+j<<','<<"i*j="<<i*j<<endl;
}
```

假定，输入数据如下：

```
Enter x y:5_9↙
```

2．

```
#include <iostream.h>
int max(int,int);
void main()
{
    int a,b,c;
    a=5;
    b=8;
    c=max(a,b);
    cout<<"max("<<a<<','<<b<<")="<<c<<endl;
}
int max(int x,int y)
{
    return x>y?x:y;
}
```

3．文件 e1.4.3.cpp 内容如下：

```
#include <iostream.h>
void f1(),f2();
void main()
{
    cout<<"在北京.\n";
    f1();
    f2();
    cout<<"再见.\n";
}
```

文件 1.4.3-1.cpp 内容如下：

```
#include <iostream.h>
void f1()
```

```
{
    cout<<"在上海.\n";
}
```

文件 1.4.3-2.cpp 内容如下：

```
#include <iostream.h>
void f2()
{
    cout<<"在广州.\n";
}
```

1.5 编译下列程序，修改所出现的错误，获得正确结果

1.

```
main()
{
    cout<<"In main().\n"
}
```

2.

```
#include <iostream.h>
void MAIN()
{
    cin>>a;
    int b=a+a;
    cout<<"b=<<b<<\n";
}
```

3.

```
#include <iostream.h>
void main()
{
    int i,j;
    i=5;
    int k=i+j;
    COUT<<"i+j="<<k<<endl;
}
```

1.6 通过对 1.5 题中 3 个程序的修改，回答下列问题

1．从 1.5 题中第 1 题程序的修改中，总结出编程应该注意哪些问题。

2．C++程序中所出现的变量是否必须先说明后使用？在函数体内说明变量时是否都要放在函数体的开头？

3．使用 cout 和插入符（<<）输出字符串常量时应注意什么？

4．程序中定义过的变量，但没有赋值，也没有默认值，这时能否使用？

5．一个程序编译通过并已生成执行文件，运行后并获得输出结果，这一结果是否一定正确？

上机指导 1

1.1 上机目的要求

1．熟悉 C++程序的结构。

2．熟悉 Visual C++ 6.0 集成环境用来实现 C++程序的常用功能。

3．学会使用 Visual C++ 6.0 系统实现单文件的 C++程序和多文件的 C++程序。

1.2 上机练习题

1. 上机调试本章例 1.1 程序,学会实现 C++单文件程序的方法。

2. 上机调试本章例 1.4 程序,学会实现 C++多文件程序的方法。

3. 上机调试本章练习题 1 中 1.4 题 3 个程序,并分析其输出结果。

4. 上机调试本章练习题 1 中 1.5 题 3 个程序,将其出现的错误逐一改正,并输出显示正确结果。从调试程序出现的错误信息中,学会如何修正程序中的错误,并逐步积累修改错误的经验。

5. 编程使用标准文件输出函数,在屏幕上显示下述图案:

```
********
* 菜单 *
********
```

第2章
变量和表达式

本章主要介绍 C++语言的词法，具体内容包括字符集、单词、常量、变量、运算符和表达式、类型转换等。这些内容是 C++语言编程的基础，为下一章讲述语法做好准备。

2.1 C++语言的字符集和单词

2.1.1 C++语言字符集

C++语言字符集同于 C 语言字符集。

C++语言字符集由下列字符组成。

1. 大小写英文字母

a ~ z 和 A ~ Z

2. 数字字符

0 ~ 9

3. 其他字符

空格 ! # % ^ & * _(下划线)- + = ~ < > / \ | . , : ; ? ' " ( )
[ ] { }

2.1.2 单词及其词法规则

单词是一种词法记号，它是由若干个字符组成的具有意义的最小程序单元。

C++语言的单词有 6 种，简述如下。

1. 标识符

标识符是用来命名程序中一些实体的一种单词。使用标识符来命名的有变量名、函数名、类名、对象名、常量名、类型名、语句标号名和宏名等。

C++语言规定，标识符是由大小写字母、数字字符和下划线符组成的，并且以字母或下划线开头的字符集合。

定义标识符时应注意下述问题：

① 在标识符中的大小写字母是有区别的；

② 组成标识符的字符个数是不受限制的；

③ 尽量使用有意义的英文单词作标识符。系统已用的关键字和设备字不得用作标识符。

2. 关键字

关键字是系统已经定义过的标识符，它们在程序中已有了特定的含义，例如，int，char，double 等这些都是在定义变量时所使用的数据类型说明符，它们不可用来定义标识符。下列是 C++ 语言中常用的关键字。

```
auto        break       case        char        class       const
continue    default     delete      do          double      else
enum        explicit    extern      float       for         friend
goto        if          inline      int         long        mutable
new         operator    private     protected   public      register
return      short       signed      sizeof      static      static_cast
struct      switch      this        typedef     union       unsigned
virtual     void        while
```

这些关键字的含义及用法将会在本书的后续章节中介绍。

3. 运算符

运算符是一种用于进行某种操作的单词。运算符是由 1 个或多个合法字符组成的。

C++ 语言的运算符除包含了 C 语言的全部运算符外，还增加了 5 个新的运算符，它们在本章后面介绍。

C++ 语言的运算符可以重载，用户可以自己定义重载运算符。

4. 分隔符

分隔符是程序中的标点符号，它是用来分隔单词的，用来表示某个程序实体的结束和另一个程序实体的开始。

C++ 语言中常用的分隔符与 C 语言中的相同，它们包括如下几种。

① 空格符：用做单词之间的分隔符。

② 逗号符：用做变量名之间或对象名之间的分隔符，还可以用做函数表中参数之间的分隔符。

③ 分号符：专用在 for 循环语句中关键字 for 后边括号内的 3 个表达式之间的分隔符。

④ 冒号符：仅用做语句标号和语句之间以及开关语句中 case<整常型表达式>与语句序列之间的分隔符。

另外，单撇号、双撇号和花括号用于某些实体的定界符。

5. 常量

C++ 语言的常量种类与 C 语言的常量种类相同，有数字常量（包括整型常量和浮点型常量）、字符常量、字符串常量和枚举常量。

C++ 语言中使用关键字 const 来定义符号常量。

有关常量的详细介绍，见本章其后部分。

6. 注释符

注释符是用来指定注释信息的，注释信息在程序中起到对程序的注解和说明的作用，其目的是为了便于程序的阅读，提高程序的可读性。注释信息是不参与编译和运行的。

C++ 语言中保留了 C 语言的注释符（/*和*/），并且还使用一种新的行注释符。

行注释符（//）用来注释从该注释符以后的该行信息为注释信息。行注释符可以用来注释一行信息，可以放在语句后边，不可放在语句前边。

2.2 常　　量

常量是指在程序中不被改变的量。

常量是具有不同类型的，常量的值通常使用符号常量来表示。

2.2.1　常量的种类

下面介绍 C++语言中可使用的各种常量。

1. 整型常量

整型常量可以用十进制、八进制和十六进制表示。

（1）十进制整型常量

十进制整型常量是由 0~9 的数字组成，不能以 0 开始，没有前缀，没有小数部分。例如，512、7630 等。

（2）八进制整型常量

八进制整型常量是由 0~7 的数字组成，以 0 为前缀，没有小数部分。例如，0175、0263 等。

（3）十六进制整型常量

十六进制整型常量是由 0~9 以及 a~f（或 A~F）组成，没有小数部分，以 0x 或 0X 为前缀。例如，0x9A、0X3ab、0xFA 等。

另外，长整型常量加后缀 L（或 l），无符号整型常量加后缀 U（或 u）。例如：

25763L 是一个长整型常量；

46754U 是一个无符号型常量；

157682UL 是一个无符号长整型常量。

2. 浮点型常量

浮点型常量又称实型常量，它由整型部分和小数部分组成，使用十进制数表示。

浮点型常量的表示形式有如下两种。

① 小数表示形式，又称一般形式。它是由数字和小数点组成，不可省略小数点，可省略整数部分数字或小数部分数字。具体格式如下：

〈整数部分〉.〈小数部分〉

其中，〈整数部分〉和〈小数部分〉不可同时省略。例如，5.62，.74，85.等。

② 指数表示形式，又称科学表示法。它是由小数表示法后加 e（或 E）和指数组成。具体格式如下：

〈整数部分〉.〈小数部分〉e〈指数部分〉

其中，〈指数部分〉可正可负，但必须是整数。e（或 E）不可省略，e 前边必须有数字。例如，3.52e−5、.25e5、7e8 等都是合法的浮点型常量，而 e−3、.e2、5e1.3、e 等都是非法的浮点型常量。

浮点型常量分单精度、双精度和长双精度 3 类。这 3 类浮点型常量用后缀加以区别，不加后缀的为双精度浮点型常量，加后缀为 F（或 f）的为单精度浮点型常量，加后缀为 L（或 l）的为长双精度浮点型常量。例如：

单精度浮点型常量的有 2.34f、7.5e3F、.5e−2f 等；

双精度浮点型常量的有 2.51、3.12e3、4e5 等；

长双精度浮点型常量有 5.76L、0.32e5L、3.2e -1L 等。

3. 字符型常量

字符型常量是用一对单撇号括起一个字符来表示的。字符型常量表示方法有如下两种。

① 用一对单撇号括起一个图形符号。例如，'a'，'+'，'? '，'␣'（空格符），'8' 等。

② 用一对单撇号括起反斜线符加上字符的 ASCII 码值。这里可使用下述两种形式：

'\0ddd' 和 '\xhh'

前一种形式是反斜线后加上 1 ~ 3 位字符的八进制 ASCII 码值，后一种形式是反斜线后加上 1 ~ 2 位字符的十六进制 ASCII 码值。

通常没有对应图形符的字符采用这种表示形式。例如，字符 esc 的八进制 ASCII 码值为 033，十六进制 ASCII 码值为 0x1b，它可以表示为：

'\033' 和 '\x1b'

在实际应用中，使用字符的 ASCII 码值来表示字符常量很不方便，需要记住字符的 ASCII 码值，表示起来也很麻烦。通常使用转义字符来表示一些常用的不可打印图形符号的字符。转义字符的表示方法是在反斜线后边跟上一个被转义的字符。例如，'\n'表示换行符，'\a'表示响铃字符，'\b'表示退格字符等。常用的转义字符如表 2.1 所示。

表 2.1　　　　　　　　　　　　　　C++语言中常用的转义字符

符　　号	含　　义	符　　号	含　　义
\a	鸣铃	\\	反斜线
\n	换行符	\'	单撇号
\r	回车符	\"	双撇号
\t	水平制表符（Tab 键）	\0	空字符
\b	退格符（Backspace 键）		

4. 字符串常量

字符串常量是由一对双撇号括起的字符序列。被括起的字符序列可以是一个字符，也可以是多个字符，还可以没有字符，没有字符的称为空串。字符串常量又简称字符串。例如，

"if"，"This is a string.\n"，" "

都是字符串。

字符串常量可由任何字符组成，包含空格符、转义字符和其他字符，也包含汉字。

字符串都有一个结束符，用来标识字符串的结束。该结束符是'\0'，即 ASCII 码值为 0 的空字符。

由于双撇号是字符串的定界符，在字符串中出现双撇号时，使用反斜线（\）表示。例如，

"Please enter\"Y\"or\"N\": "

表示字符串 Please enter "Y" or "N"。

下面介绍字符常量与字符串常量的区别。

首先，字符常量与字符串常量在表示形式上不同。字符常量用单撇号括起，字符串常量由双撇号括起。

其次，字符常量通常存放在字符型变量中，而字符串常量被存放在字符数组或字符指针中。

再其次，字符常量和字符串常量的运算不同。

另外，存放字符串的字符数组中应包含有字符串的结束符；而存放字符常量仅一个字符

没有结束符。于是，'a'和"a"所占内存单元字节数是不同，请读者回答，它们各占几个字节。

5. 枚举常量

枚举是一种构造数据类型，具有这种类型的量称为枚举量。枚举是若干有名字的整型常量的集合，这些整型常量组成了枚举表，枚举表中的每一项称为枚举符，枚举符实际上是一个具有名字的整型常量。枚举量便是该枚举表中的一个枚举符，它实际上是一个 int 型常量，故称为枚举常量。

（1）枚举类型和枚举常量的定义

定义枚举常量之前必须先定义枚举类型。枚举类型的定义格式如下：

```
enum<枚举名>{<枚举表>};
```

其中，enum 是定义枚举类型的关键字，<枚举名>同标识符，<枚举表>是由若干个枚举符组成的，多个枚举符之间用逗号分隔。每个枚举符是一个表示整型常量的标识符，例如，

```
enum day {Sun, Mon, Tue, Wed, Thu, Fri, Sat};
```

其中，**day** 是枚举名，枚举表是由 7 个枚举符组成的。每个枚举符具有一个 int 型值，在默认情况下，首个枚举符的值为 0，其后一个的值总是前一个值加 1。在该例中，Sun 值为 0，Mon 值为 1，Tue 值为 2……Sat 值为 6。

枚举符的值可以在定义时被显式赋值。某个枚举符被显式赋值后，它的值就是被赋的值。没有被赋值的枚举符的值是它前一个的值加 1。例如，

```
enum day1 {Sun=7, Mon=1, Tue, Wed, Thu, Fri, Sat};
```

其中，Sun 和 Mon 在定义时被显式赋值，它们的值分别为 7 和 1，Tue 值为 2，Wed 值为 3 等等。

枚举量的定义格式如下：

```
enum <枚举名> <枚举量名表>;
```

或者在定义枚举类型的同时定义枚举量：

```
enum <枚举名>{<枚举表>} <枚举量名表>;
```

在<枚举量名表>中有多个枚举量时用逗号分隔。例如，

```
enum day d1, d2, d3;
```

或者

```
enum day {……} d1, d2, d3;
```

（2）枚举量的值

枚举量的值被限定为该枚举类型的枚举表中的某个枚举符。枚举量是通过对应枚举表中的枚举符给它赋值的。例如，

```
d1=Sun; d2=Mon; d3=Sat;
```

不能使用不同枚举类型的枚举表中的枚举符给枚举量赋值，也不能使用一个整型数给枚举量赋值。通常只能用该枚举表中某个枚举符给枚举量赋值。如果使用枚举符所表示的 int 型值给枚举量赋值时，需要加上枚举类型的强制，例如，

```
d1=(enum day)4;
```

它等价于

```
d1=Thu;
```

输出枚举量的值是整型值，而不是枚举符，例如，

```
cout<<d1<<endl;
```

输出结果为：

```
4
```

如果要输出其枚举符还需要使用字符数组或开关语句进行转换。

（3）使用枚举量的好处

在 C++程序中，经常使用枚举量，因为它有如下的好处。

① 枚举量的取值范围受到一定的限制，这将增加数据的安全性。

② 枚举量使用具有整型值的枚举符，可增加程序的可读性，通常通过枚举符可做到"见名知意"。例如，

```
enum color {RED, BLUE, GREEN} c1, c2;
c1=RED; c2=GREEN;
```

其中，枚举量 c1 值为 0，它表示红颜色。

③ 被说明的枚举量系统进行类型检查，这样也会增加数据的安全性。

2.2.2　符号常量

在 C++程序中，所出现的常量通常使用符号常量来表示。符号常量就是使用一个标识符来表示某个常量值。使用符号常量不仅可增加程序的可读性，而且为修改常量值带来极大的方便。

在 C++语言中，定义常量使用常类型说明符 const。具体定义格式如下：

```
const ⟨类型说明符⟩ ⟨常量名⟩=⟨常量值⟩;
```

或者

```
⟨类型说明符⟩ const ⟨常量名⟩=⟨常量值⟩;
```

例如，

```
const double pi=3.1415;
```

其中，pi 是一个双精度浮点型常量。

定义常量时应做到如下几点：

- 使用常类型说明符 const；
- 确定常量名，同标识符；
- 指定常量类型；
- 给出常量值。

例如，

```
const int number = 50*sizeof(int);
```

定义常量时，给符号常量初始化可以使用常量值，也可以使用表达式值。上例中，sizeof 是一种运算符，它可以求出 int 整型数占内存的字节数。

由于 C++语言与 C 语言兼容，C 语言中使用宏定义来定义符号常量在 C++语言中也可使用。例如，

```
#define pi 3.1415
```

在使用宏定义定义符号常量时不具有数据类型，因此在编译中便无法知道因类型而引起的错误，故在 C++语言中通常使用 const 定义常量，而很少用宏定义来定义常量。

【例 2.1】分析下列程序的输出结果，熟悉常量的用法。

程序内容如下：

```
#include <iostream.h>
const double pi=3.14159265;
void main()
{
    double a,r;
```

```
    r=1.5;
    a=pi*r*r;
    cout<<"a="<<a<<endl;
}
```

运行该程序后，输出结果如下：

a=7.06858

程序分析：

该程序的功能是已知一个圆的半径 r，求出该圆的面积 a。

该程序中使用 const 定义了一个表示圆周率的常量 pi，它是 double 型的。

2.3 变 量

变量是指在程序中可以改变的量，它是 C++程序中重要的单词。

2.3.1 变量的三要素

变量具有三个要素：名字、类型和值。

1. 变量的名字

给变量起名字时应注意遵守下列规则。

① 变量名同标识符，组成变量名中的字母大小写是有区别的。

② 命名变量时应尽量做到"见名知意"，这样有助于记忆，并增加可读性。

③ 系统中使用的关键字、库中的类名和函数名等不能用作变量名。

④ 变量名长度没有限制，但不宜过长，通常不超过 31 个字符。

下面简单介绍比较流行的两种命名变量的方法：一种是全用小写字母命名变量，两个单词之间用下划线连接，例如，is_byte，my_book 等；也可以将第 2 个单词第 1 个字母大写，去掉下划线，例如，isByte，myBook 等。另一种方法称为匈牙利标记法，在变量名前加上若干个表示类型的字符。例如，iIsByte 表示整型变量，ipMyBook 表示指向整型变量的指针。

2. 变量的类型

变量的类型包括数据类型和存储类。

（1）数据类型

数据类型分为基本数据类型和构造数据类型两种。

① 基本数据类型

基本数据类型有下述几种类型。

- 整型 说明符为 int。
- 字符型 说明符为 char。
- 浮点型 又称实型。单精度浮点型的说明符是 float，双精度浮点型的说明符是 double。
- 空值型 说明符为 void，它常用于函数和指针。
- 布尔型 说明符为 bool，其值有真（true）和假（false）。在 C 语言和 C++语言中，真用 1 表示，假用 0 表示。

前 3 种类型前边可以加上类型修饰符后，可用来表示新类型。可用的修饰符有以下 4 种。

- signed 表示有符号型，常被省略。

- unsigned　表示无符号型。
- long　表示长型。
- short　表示短型。

表 2.2 列出了各种基本数据类型的类型名、数据宽度（即在内存中占的字节数）和取值范围。这里给出的取值范围和数据宽度是在 32 位机中的情况，对于 16 位机应适当调整。

表 2.2　　　　　　　　　　　　　C++语言的基本数据类型

类型名	说明	字宽	范围
char	字符型	1	−128～127
signed char	有符号字符型	1	−128～127
unsigned char	无符号字符型	1	0～255
short [int]	短整型	2	−32768～32767
signed short [int]	有符号短整型	2	−32768～32767
unsigned short [int]	无符号短整型	2	0～65535
int	整型	4	−2147483648～2147483647
signed [int]	有符号整型	4	−2147483648～2147483647
unsigned [int]	无符号整型	4	0～4294967295
long [int]	长整型	4	−2147483648～2147483647
signed long[int]	有符号长整型	4	−2147483648～2147483647
unsigned long [int]	无符号长整型	4	0～4294967295
float	单精度浮点型	4	约 6 位有效数字
double	双精度浮点型	8	约 12 位有效数字
long double	长双精度浮点型	16	约 15 位有效数字
bool	布尔型	1	true，false

说明：

① 表中出现在[int]中的 int 可以省略。

② 表中各种类型的字宽是以字节数为单位的，1 个字符等于 8 个二进制位。

② 构造数据类型

构造数据类型又称用户自定义数据类型。这种数据类型主要包括数组、结构、联合和类等。构造数据类型是用户使用已有的基本数据类型或已定义的构造类型构成的较复杂的数据类型。关于这些构造数据类型将在本书后面章节中讲述。

（2）存储类

存储类是指变量被存放的地方，存放的地方不同决定其寿命和作用域不同。

变量的存储类有如下 4 种：

① 自动类（auto）；

② 寄存器类（register）；

③ 外部类（extern）；

④ 静态类（static）包括内部静态和外部静态。

各种不同存储类的特点如下。

① 从寿命上讲，自动类和寄存器类的寿命是短的，在它们的作用域范围内是存在的，超出作用域范围便不存在了。外部类和静态类的寿命是长的，它们被分配的单元在整个程序中都被保留。

② 从作用域上讲，自动类，寄存器类和内部静态类的作用域是在定义或说明它们的函数体内或分程序内。在作用域中它们是可见的，超出作域便不可见了。外部类的作用域是整个程序，包括该程序的所有文件。外部静态类的作用域是定义或说明它的文件内，并从定义时开始。

③ 任何一个变量在是定义或说明时都要指出存储类。静态类和寄存器类的必须给存储类说明符，静态类用 static，寄存器类用 register。自动类可以省略，而外部类在定义时不给出存储类说明符，说明时给出。注意，外部类变量定义和说明是两回事。

④ 静态类和外部类变量在定义或说明中不给初值时，它们具有默认值；自动类和寄存器类变量在定义或说明中不给初值时，它们具有无意义值。

3. 变量的值

变量在使用前必须先定义，并且还要有确定的值，即有意义的值。

（1）变量的两个值

变量被定义后，它就应该具有两个值。

① 变量本身值。该值是在定义变量时获取的，该值可以被改变，该值又称为变量值。

② 变量地址值。该值是由系统分配内存空间时确定的，它是一个内存地址值，该值是不能改变的。

（2）变量值获取的两种方法

变量值获取通常采用如下两种方法。

① 定义或说明变量时变量可获取初值、默认值或无意义值。不同存储类的变量定义或说明时都可以通过对变量进行初始化，而使得变量获取初值。如果在定义或说明变量时不对变量进行初始化时，外部类和静态类变量具有默认值，整型为 0，浮点型为 0.0，字符型为空。自动类和寄存器类变量值为无意义值。具有无意义值的变量是不能被使用的。

② 通过赋值方法改变变量的值。变量值是可以被改变的，一个变量值一旦被改变，则该变量将一直保持被改变的值到下次再改变为止。改变变量值是通过赋值的方法，使用赋值运算符，在本章后面会讲到。例如，

```
int ia=3;
ia=5;
```

前一条语句是说明语句，定义一个 int 型变量，其名是 ia，并对它进行了初始化，使变量 ia 获取初值为 3。后一条语句是执行语句，使用赋值运算符，改变变量 ia 的值为 5，于是变量从此后将保持值为 5，直到再被改变为止。

2.3.2 变量的定义格式

定义一个变量其格式如下：

〈类型〉〈变量名〉=〈初值〉,〈变量名〉…

其中，〈类型〉包括存储类和数据类型，存储类可以省略（对自动类）或不必给出（外部类），数据类型必须使用数据类型说明符给出。〈变量名〉同标识符。〈初值〉可以给出，也可以不给出，相同类型的变量可以一次定义多个，之间用逗号分隔。

一个变量被定义后，它就有确定的作用域和寿命，并且具有确定的地址值，其变量值或者为某个初值，或者为默认值，或者为无意义值。

例如，在函数体内定义如下变量：

```
static int a;
int b=5;
register char ch='a';
```

其中，变量 a 是内部静态存储类的 int 型变量，其值为默认值 0。变量 b 是自动类的 int 型变量，其值为初值 5。变量 ch 是寄存器类的字符型变量，其值为字符'a'。这些变量都有一个确定的地址值，分别表示为&a，&b 和&ch。这里的&是一个运算符，用来取地址值的，本章后面讲述。这 3 个变量的作用域都在定义它的函数体内，其寿命有长有短，变量 a 寿命长，其他两个变量寿命短。变量 ch 有可能被存放在 CPU 的通用寄存器中，变量 a 存放在内存静态工作区，变量 b 存放在内存的动态工作区。

定义变量时必须给出的有：

① 变量名，同标识符；

② 变量数据类型；

③ 变量存储类，省略的是自动类，不给出的是外部类。

另外，定义或说明变量时可以给变量赋初值，也可以不给变量赋初值。

【例 2.2】分析下列程序的输出结果，学会不同类型变量的定义方法。

程序内容如下：

```
#include <iostream.h>
static int a=5;
void main()
{
    static int b;
    double d;
    char ch='h';
    cout<<a<<','<<b<<','<<d<<','<<ch<<endl;
    a=10;
    b=20;
    d=30.5;
    ch='m';
    cout<<a<<','<<b<<','<<d<<','<<ch<<endl;
    cout<<&a <<endl;
}
```

运行该程序后，输出结果如下：

```
5, 0, ?, h
10, 20, 30.5, m
<地址值>
```

该程序的输出结果请读者自己分析。

2.3.3　变量的作用域

任何标识符都有作用域，变量也不例外。作用域就是作用范围，即为有效操作的范围。作用域有大有小，作用域大就说明作用的范围大，作用域小自然就是作用的范围小。

1．变量作用域的种类

变量的作用域大小取决于定义该变量时所指定的存储类。按其变量的存储类的不同，变量的作用域可分为如下几种。

① 存储类为外部类的变量，其作用域在整个程序中，包含该程序的所有文件，即外部类变量

的作用域是程序级的。

② 外部静态类变量的作用域是文件级的，定义外部静态类变量的文件便是该变量的作用域。

③ 自动类变量、寄存器类变量和内部静态类变量的作用域是定义它们的函数体或者分程序，它们的存储类或者是函数级的，或者是块级的。

变量的作用域按其大小可分为程序级、文件级、函数级和块级共 4 种。

在 C++语言中，作用域还有类级的，它介于文件级和函数级之间。关于这一点将在第 7 章中介绍。

2. 变量作用域规则

变量作用域规则如下所述：

一个变量在它的作用域内是可见的，而在其作用域外是不可见的。

对上述规则作如下解释：前面介绍了不同存储类变量的作用域是不同的，一个变量在它的作用域内是可见的，则该变量在作用域内是可以被访问的，即可以进行操作的。而在其作用域外是不可见的，则不可以进行访问，即不能进行操作的。一个变量在它的作用域内是可见的，也是存在的。有的变量在作用域外是不存在的，而有的变量在作用域外虽然不可见，但是还存在。例如，内部静态类变量在其作用域外仍然存在，但是它是不可见的，即不能被访问，这是内部静态类变量具有的特点。在实际应用中，根据需要来选择不同存储类的变量。

3. 相关作用域中同名变量可见性的规定

通常在不同的作用域中可以定义相同名字的变量，它们各自在自己的作用域中是可见的，在其他作用域中是不可见的。

下面介绍在相关作用域中同名变量可见性的规定：

在某个作用范围内定义的变量允许在该作用范围的子范围内重新定义该变量。这时，在子范围内可见的是重新定义的变量，而原来定义的变量在子范围内是存在的，但是不可见。当退出子范围后，它仍然可见。例如，

```
     ⋮
int fun( )
{
int a=3;
    ⋮
  {
   double a=2.5;
       ⋮
  }
      ⋮
}
```

该程序段中，先在函数 fun() 的函数体内定义一个 int 型变量 a。又在该函数体的分程序内重新定义变量 a 为 double 型的。这时，在分程序内，可见的是 double 型的变量 a，int 型的变量 a 在分程序内是不可见的，它被隐藏了。一旦退出分程序后，int 型变量 a 又被恢复了，成为可见的，而 double 型变量 a 退出分程序将不存在了。这便是相关作用域中同名变量的可见性的规定。

【例 2.3】分析下列程序的输出结果，说明不同作用域中同名变量的可见性。

程序内容如下：

```
#include <iostream.h>
void main()
```

```
{
    int a=3,b=7;
    cout<<a<<','<<b<<endl;
    {
        int a=5;
        b=9;
        cout<<a<<','<<b<<endl;
    }
    cout<<a<<','<<b<<endl;
}
```

运行该程序后，输出结果如下：

```
3, 7
5, 9
3, 9
```

程序分析：

先在函数体内定义了 int 型变量 a 和 b，并输出显示它们的值。

又在分程序中重新定义了 int 型变量 a，其初值为 5，并且改变了变量 b 的值为 9，输出变量 a 和 b 的值时，变量 a 应该是重新定的变量 a，而变量 b 的值应该是在分程序中被改变的值。

退出分程序后，输出变量 a 和 b 值，这时变量 a 应该是函数体内开始定义的变量 a，而变量 b 的值仍然是在分程序内被改变的值。

2.4 运算符和表达式

2.4.1 运算符的种类和功能

C++语言中除了包含有 C 语言的全部运算符外，它本身还有如下所示的 5 个运算符。

（1）作用域运算符::。

（2）使用对象或指向对象的指针通过指向类的成员的指针表示类的成员的运算符·*和->*。

（3）创建堆对象和堆对象数组的运算符 new，释放堆对象和堆对象数组的运算符 delete。

关于这 5 个运算符将放在第 6、7 章介绍。下面简单复习一下 C 语言的运算符。

1. 算术运算符

单目：−（求负），++（增 1），—（减 1）

双目：+（求和），−（求差），*（求积），/（求商），%（求余）。

说明：

① 单目运算符优先级高于双目运算符。

② 双目运算符中，*，/，%优先级高于+，−。

③ 求商运算符用于整型运算时，其商为整型值。

④ 求余运算的算法是余数=被除数−整商*除数。

⑤ 增 1、减 1 运算符只能作用于变量，不能作用于常量和表达式。增 1、减 1 运算符可以有前缀运算，也可以有后缀运算。前缀运算时，表达式值是变量增 1 或减 1 后的值；后缀运算时，表达式值是变量增 1 或减 1 前的值。无论前缀运算还是后缀运算变量值都被增 1 或减 1。

⑥ 增 1、减 1 运算符具有副作用。其副作用指的是除具有表达式值外，变量值被改变。

2. 关系运算符

双目：>（大于），<（小于），>=（大于等于），<=（小于等于），==（等于），!=（不等于）。

说明：

① 在上述6个关系运算符中，前4个的优先级高于后两个的优先级。

② 关系运算符组成的表达式的值是逻辑值，即布尔型（bool）值。有些系统将逻辑真值用1表示，逻辑假值用0表示。

3. 逻辑运算符

单目：!（逻辑求反）

双目：&&（逻辑与），||（逻辑或）

说明：

① 逻辑与优先级高于逻辑或。

② 逻辑运算符组成逻辑表达式，有些编译系统规定：对操作数来讲，非零为真，0为假；对其运算结果来讲，真用1表示，假用0表示。

4. 位操作运算符

位操作运算符进行二进制位操作。

（1）逻辑位运算符

单目：~（按位求反）

双目：&（按位与），^（按位异或），|（按位或）。

说明：

① 在双目运算符中，&优先级高于^，^优先级高于|。

② 由逻辑位操作运算符组成的表达式的值是算术值。

③ 该运算符组成的表达式运算时，先将操作数化为与机器位数相同的二进制数。按位求反是按二进制位的操作数中的0变1，1变0。按位与的结果是两位都为1时为1，否则为0。按位或的结果是两位都为0时为0，否则为1。按位异或的结果是两位都相同时为0，否则为1。

（2）移位运算符

双目：<<（左移），>>（右移）

说明：

① 两个双目运算符优先级相同。

② 移位规则如下：

将一个操作数化为二进制数，向左移位时，移出位丢弃，右端一律补0；向右移位时，移出位丢弃，左端或者补0，或者补符号位，视不同系统而定。

③ 移位运算符组成的表达式的值为算术值。

5. 赋值运算符

双目：=（基本赋值），+=（加赋值），-=（减赋值），*=（乘赋值），/=（除赋值），%=（求余赋值），<<=（左移赋值），>>=（右移赋值），&=（按位与赋值），|=（按位或赋值），^=（按位异或赋值）。

说明：

① 赋值运算符共有11个，其中有一个是基本赋值运算符（=），其余10个称为复合赋值运算符，它们是由某种算术运算符与赋值运算符组合而成。例如，a+=b;等价于a=a+b;。

② 赋值运算符都是双目运算符，优先级比较低，仅高于逗号运算符。

第 2 章　变量和表达式

③ 赋值运算符具有副作用。由赋值运算符组成的表达式具有确定的值，同时变量的值也被改变。通常利用其副作用来改变变量的值。

④ 赋值运算符的结合性是由右至左的。多个赋值运算符组成的表达式计算时，从右向左逐个进行计算。

6．其他运算符

除了前面介绍过的 5 种运算符以外，还有如下一些运算符。

（1）三目运算符

三目：? :

格式如下：

```
d1?d2:d3
```

其中，d1，d2 和 d3 是 3 个操作数。该运算符的功能是先计算 d1 的值。当 d1 值为非 0 时，则表达式的值为 d2 的值，否则表达式的值为 d3 的值。表达式的类型是 d2 和 d3 中高的一个。

该运算符结合性从右至左。

（2）逗号运算符

双目：,

说明：该运算符将多个表达式连起来组成一个逗号表达式。逗号表达式的值是最后一个表达式的值，表达式的类型也是最后一个表达式的类型。

逗号运算符的优先级最低。

（3）字节数运算符

单目：sizeof

说明：该运算符是用求得某种类型或某个变量在内存中存放时所占的内存字节数。其格式如下：

```
sizeof(<类型说明符>/<变量名>)
```

相同类型在不同系统或机型中所占内存的字节数可能不同。

（4）强制类型运算符

单目：(<类型说明符>)

说明：该运算符用来将一个表达式的类型强制为某种指定的数据类型，其格式如下：

```
(<类型说明符>) <表达式>
```

或者

```
<类型说明符>(<表达式>)
```

在 C++语言中，通常将高类型转换为低类型都要使用强制转换运算符。

（5）取地址和取内容运算符

单目：&（取地址），*（取内容）

这是两个与指针运算相关的运算符。

&运算符作用于变量名、数组元素名、成员名和对象名的左边表示取其在内存中存放的地址值，它不可作用在表达式、常量和数组名左边。

*运算符作用于各种指针名的左边，表示获取该指针所指向的变量或对象的值。

（6）成员选择运算符

用来表示复杂数据类型成员的两个运算符：·和–>。这两个运算符将在第 7、8 章中介绍。

（7）括号运算符

圆括号运算符()是用来改变运算符优先级的。规定在表达式中先作括号内的运算符，多层括号时，先作其内层括号，后作外层括号。

方括号运算符[ ]用来表示数组的元素，方括号内是一个下标表达式。

2.4.2 运算符的优先级和结合性

运算符的优先级和结合性决定了表达式的计算顺序，因此在介绍表达式求值和确定类型之前必须搞清楚运算符的优先级和结合性。

1. 运算符的优先级

所有运算符共分为 15 个优先级。

优先级最高的是复杂数据类型的元素或成员的表示。优先级最低的是逗号运算符。其余运算符中，大致规律是单目高，双目次之，三目低，赋值更低。在诸多的双目运算符中竟有 10 种不同的优先级，这里是算术高于关系，关系高于逻辑。两种位操作运算符介于算术关系之间的是移位运算符，介于关系逻辑之间的是逻辑位运算符。C++常用运算符的功能、优先级和结合性如表 2.3 所示。

表 2.3　　　　　　　　C++常用运算符的功能、优先级和结合性

优 先 级	运 算 符	功 能 说 明	结 合 性
1	() :: [ ] . , -> .*, ->*	改变优先级 作用域运算符 数组下标 成员选择 成员指针选择	从左至右
2	++, -- & * ! ~ +, - () sizeof new，delete	增1、减1运算符 取地址 取内容 逻辑求反 按位求反 取正数，取负数 强制类型 取所占内存字节数 动态存储分配	从右至左
3	*, /, %	乘法，除法，取余	从左至右
4	+, -	加法，减法	
5	<<, >>	左移位，右移位	
6	<, <=, >, >=	小于，小于等于，大于，大于等于	
7	==, ! =	相等，不等	
8	&	按位与	
9	^	按位异或	
10	|	按位或	
11	&&	逻辑与	
12	||	逻辑或	
13	? :	三目运算符	
14	=, +=, -=, *=, /=, %=, &=, ^=, |=, <<=, >>=	赋值运算符	从右到左
15	,	逗号运算符	从左至右

2. 运算符的结合性

在优先级相同的情况下，表达式中操作数的计算顺序取决于结合性。

运算符的结合性有两种，一种是从左到右，大多数运算符的结合性属于这种，另一种是从右到左，只有下述 3 种运算符的结合性是从右到左的，它们是单目、三目和赋值运算符。详见表 2.3。

2.4.3 表达式的值和类型

任何一个合法的表达式都有一个确定的值和类型。下面先介绍表达式的值和类型的确定方法，然后通过具体例子进一步掌握表达式的值和类型的确定方法。

1. 表达式的值和类型的确定方法

（1）求表达式值的几个步骤

首先，确定表达式中运算符的功能。由于有些相同符号的运算符，其功能却不同。例如，"*"作为单目运算符表示取内容，作为双目运算符表示相乘，又例如，"−"作为单目运算符表示求负数，作为双目运算符表示相减等。

在下列表达式中，应先确定运算符的功能：

−3−5*2

该表达式中，前一个"−"应是求负的单目运算符，后一个"−"应是相减的双目运算符。"*"应是求积的双目运算符。

其次，确定操作数的计算顺序，优先级高的运算符先作，优先级低的运算符后作。在优先级相同的情况下，由结合性决定计算顺序，有的运算符从左至右，有的运算符从右至左。另外，圆括号内的应先作。例如，在上述表达式中，单目运算符求负应先作，其次作相乘操作，最后作相减操作。

（2）确定表达式类型的方法

下面讲述各种不同表达式类型的确定方法。

① 算术表达式的类型取决于组成该表达式中各个操作数类型高的类型。

② 关系表达式的类型是逻辑型。在有些编译系统中，真用 1 表示，假用 0 表示。

③ 逻辑表达式的类型与关系表达式类型相同。

④ 赋值表达式的类型由赋值表达式左值的变量类型决定。右值表达式要转换为左值变量类型。

⑤ 条件表达式的类型取决于表达式中冒号前后两个操作数中类型高的类型。

⑥ 逗号表达式的类型是组成该表达式的最右边操作数的类型。

2. 表达式中的某些约定

（1）整数相除，其值取整商。例如，

3/5+1

其值为 1，而不是 1.6。

（2）在一个表达式中，连续出现多个运算符时，通常应用空格符分隔。例如，

a++ +b

如果表达式中多个运算符连写时，系统将根据"尽量取大"的原则进行拆分。例如，

a+++b

系统自动拆分为

a++ +b

而不是

```
a+ ++b
```

如果编程者需要的是后者，只好书写时用空格符分开，否则系统将自动拆分为前者。

2.4.4 表达式求值举例

1. 算术表达式

由算术运算符和位操作运算符组成的表达式都是算术表达式。

【例2.4】分析下列程序的输出结果。

程序内容如下：

```
#include <iostream.h>
void main()
{
    int a='a'+3/8*6-12/5;
    cout<<a<<endl;
    double d=1.2e2/12+5.2*5-10/4;
    cout<<d<<endl;
    int b(5),c(3);
    a=b+++--c;
    cout<<a<<','<<b<<','<<c<<endl;
}
```

运行该程序后，输出显示如下结果：

```
95
34
7, 6, 2
```

程序分析：

该程序中有3个算术表达式。在计算这些表达式时，应该注意下述问题。

① 整型数相除，其商值为整型。例如，3/8 值为 0，12/5 值为 2，10/4 值为 2。

② 字符常量在算术表达式中，它会自动转换为 int 型，即用它的 ASCII 码值。该程序的第一个表达式中，'a'的值为 97。请思考，下列表达式是合法的吗？上机验证其值为多少？

```
'+'-2*3+1
```

③ 在赋值表达式 a=b+++--c 中，系统自动将该表达式拆分为下述形式：

```
a=b++ + --c
```

计算时，先作 b++，表达式值为 5，b 值为 6，再作--c，表达式值为 2，c 值为 2，再作 b++与--c 值相加，其值为 7，将该值赋予变量 a。

④ 在 C++程序中，下列语句

```
int b(5), c(3);
```

等价于

```
int b=5, c=3;
```

这是两种赋初值的方法，在 C++程序中是等价的。

⑤ 该程序中还可以看到 C++程序中，在函数体内说明语句可以出现在执行语句后面。这给编程带来方便。

【例2.5】分析下列程序的输出结果。

程序内容如下：

```
#include <iostream.h>
void main()
```

```
{
    unsigned int a(0x1a),b(017);
    a&=b;
    cout<<a<<endl;
    b^=b;
    cout<<b<<endl;
    int i(-7),j(2);
    i>>=j;
    cout<<i<<endl;
    j&=~i+1;
    cout<<i<<','<<j<<endl;
}
```

运行该程序后，输出结果如下：

```
10
0
-2
-2, 2
```

程序分析：

该程序出现了一些位运算操作。位操作应先将操作数转换为二进制数。例如，将变量 a 转换为二进制为

$(1a)_{16} \rightarrow (0 \cdots 000011010)_2$

$(17)_8 \rightarrow (0 \cdots 000001111)_2$

相与后，二进制值为（ $0 \cdots 01010$ ）$_2$，转换为十进制数为 10。

当 i 为-7，j 为 2 时，计算表达式

i>>=j

先将 i 转换为二进制的补码表示：

$(1 \cdots 11001)_2$

向右移 2 位，左端补符号位 1，其结果为

$(1 \cdots 110)_2$

将其补码转换为原码，符号位除外，求反加 1：

$(10 \cdots 010)_2$

化为十进制数为-2。

请读者理解和分清下述概念。

① 负数补码的表示方法：先原码再转补码，其方法是符号位为负，其余各位求反加 1。

② 机器中的二进制补码转换为十进制输出的方法：先将补码转换为原码，符号位不变，其余位求反加 1，再将原码转换为十进制数，符号位为 1 是负数，再将二进制原码转换为十进制数。

2. 关系表达式

由关系运算符组成的表达式是关系表达式。

【例 2.6】分析下列程序的输出结果。

程序内容如下：

```
#include <iostream.h>
void main()
{
    char c1='b',c2='e';
    int i=c1<c2;
    cout<<i<<endl;
```

```
    i=c1+3==c2-1;
    cout<<i<<endl;
    cout<<('h'=='H')+(2.4<7.86)+(c2+5!='k')<<endl;
}
```

运行该程序后，输出结果如下：

```
1
0
2
```

程序分析：

该程序中出现了 3 个关系表达式。每个关系表达式的值是算术值。因为规定结果为真可用 1 表示，假用 0 表示。

具体输出结果请读者自己分析。

3. 逻辑表达式

逻辑表达式是由逻辑运算符与操作数组成的式子。逻辑表达式的值是 bool 型的。有些编译系统将真值用 1 表示，假值用 0 表示。

逻辑表达式求值有特殊规定：在逻辑表达式中，各操作数从左至右依次计算，只要出现了某个操作数的值可以确定整个逻辑表达式的值时，后面余下的操作数不再计算。例如，在多个操作数相与的逻辑表达式中，只要计算到某个操作数的值为 0，则以后的操作数不再计算，该逻辑表达式的值为 0。

【例 2.7】分析下列程序的输出结果。

程序内容如下：

```
#include <iostream.h>
void main()
{
    int a,b,c;
    a=b=c=5;
    !a&&b++&&++c;
    cout<<a<<','<<b<<','<<c<<endl;
    a||--b||c--;
    cout<<a<<','<<b<<','<<c<<endl;
    a-5&&--b||c||++b;
    cout<<a<<','<<b<<','<<c<<endl;
    --a||++b&&c||++b;
    cout<<a<<','<<b<<','<<c<<endl;
}
```

运行该程序后，输出结果如下：

```
5, 5, 5
5, 5, 5
5, 5, 5
4, 5, 5
```

程序分析：

该程序中共出现了 4 个逻辑表达式。这里仅以后边两个为例进行求值分析。

```
a-5 &&--b || c || ++b;
```

该逻辑表达式可看作 3 个操作数相或，因为&&优先级高于||。按顺序从左至右计算每个操作数的值：

```
(a-5&&--b) || c || ++b;
```

因为 a-5 值为 0，表达式 a-5&&--b 被确定为 0，这里--b 不再计算。由于这时确定不了整个表达式值，需计算下一个操作数，由于 c 值为 5，这时可确定整个表达式值为 1，后边操作数不再计算。a，b，c 值仍然都为 5。

```
--a||++b&&c||++b;
```

按优先级确定该表达式计算顺序如下：

```
--a||(++b&&c)||++b;
```

由于--a 值为 4，a 值改变为 4，可以确定整个表达式的值为 1，后面的操作数将不计算。因此，a，b，c 的值为 4，5，5。

4. 条件表达式

使用三目运算符组成的表达式称条件表达式，因为它具有简单的条件语句的功能。

【例 2.8】分析下列程序的输出结果。

程序内容如下：

```
#include <iostream.h>
void main()
{
    int a(5),b(8),c;
    c=a>b?2*a:a<b?a+b:a-b;
    cout<<a<<','<<b<<','<<c<<endl;
    double d(1.5);
    cout<<(a<b?a:d)<<endl;
    cout<<sizeof(a<b?a:d)<<endl;
}
```

运行该程序后，输出结果如下：

```
5, 8, 13
5
8
```

程序分析：

通过分析该程序的输出结果，值得注意下述几点。

① 三目运算符的结合性是从右至左的。

② 由于三目运算符的优先级低于插入符（<<）的优先级，下列语句中输出的表达式必须使用圆括号：

```
cout<<(a<b?a:b)<<endl;
```

读者可去掉输出表达式的圆括号，上机调试会出现什么问题？

③ 验证了三目运算符组成的条件表达式的类型是由冒号前后两个操作数中类型高的一个决定的这一事实。该程序中最后一条输出语句输出 sizeof(a<b?a:d)的值是 double 型变量占内存的字节数，而不是 int 型变量占内存的字节数。

读者可以输出 sizeof(a>b? a:d)的值，验证一下是 double 型变量占内存的字节数还是 int 型变量占内存的字节数。

5. 赋值表达式

由赋值运算符组成的表达式称为赋值表达式，在程序中赋值表达式语句出现得最多。

【例 2.9】分析下列程序的输出结果。

程序内容如下：

```
#include <iostream.h>
void main()
```

```
{
    int a(2),b(3),c(4);
    a+=b*=c-=1;
    cout<<a<<','<<b<<','<<c<<endl;
    a-=b/=c*=2;
    cout<<a<<','<<b<<','<<c<<endl;
    a=b=c=5;
    c=(a+=2)+(b-=3)+(c*=1);
    cout<<c<<endl;
}
```

运行该程序后，输出结果如下：

11, 9, 3

10, 1, 6

14

该程序输出结果由读者自己分析。

6. 逗号表达式

由逗号运算符将若干个表达式连成一个逗号表达式。

【例2.10】分析下列程序的输出结果。

程序如下：

```
#include <iostream.h>
void main()
{
    int a,b,c;
    a=1,b=2,c=a+b+1;
    cout<<a<<','<<b<<','<<c<<endl;
    c=(a=b=3,a==b,a+b);
    cout<<a<<','<<b<<','<<c<<endl;
    cout<<(a=3,b=a+2,a<b?++a:++b)<<endl;
    cout<<(a=1,b=a+2,a&&b||(c=5))<<endl;
}
```

运行该程序后，输出结果由读者分析，并上机验证。

2.5 类 型 转 换

C++语言中，类型转换有两种，一种是隐式的自动转换，另一种是显式的强制转换。

2.5.1 自动转换

自动转换都是隐式的保值转换。保值转换是指转换中数据精度是不受损失的，这种转换是安全的。这种转换的原则是由低类型向高类型的转换。

关于各种类型的高低顺序如下所示：

int→unsigned→long→double→long double

　↑　　　　　　　↑

short　　　　　float

char

这里，int型最低，long double型最高。其中，short型和char型自动转换为int型，float型自动转换为double型。

2.5.2 强制转换

强制转换又分成显式的强制转换和隐式强制转换两种。

1. 显式强制转换

显式强制转换是通过强制类型转换运算符来实现的。通常强制转换用来将高类型转换为低类型，这时可能出现数据精度的损失，这是非保值转换。

强制转换是暂时的，不被强制转换时还为原来的类型。

2. 隐式强制转换

下面介绍两种隐式强制转换的例子。

① 赋值表达式中，右值表达式的类型隐式转换为左值变量的类型。这里有保值转换，也有非保值转换。

② 在被调用函数带有返回值时，将 return 后面的表达式类型隐式强制转换为函数的类型。这里有保值转换，也有非保值转换。

2.6 数   组

2.6.1 数组的定义格式和数组元素的表示方法

数组是 C++语言中的一种构造的数据类型。数组类型的具体描述是数目固定、类型相同的若干个变量的有序集合。从该描述中，可见数组应具有下述特点：

① 数组类型是由多个变量组成的，每个变量称为一个数组元素。因此，一个数组是由数目固定的若干个元素组成的。

② 组成数组的变量的数据类型必须相同，它们可以是基本数据类型，也可以是构造数据类型。例如，int 型数组，结构数组等。

③ 数组的若干个元素是按照一定顺序存放在内存中的。知道了数组首元素的地址值后，便可知道该数组的其他元素的地址值。

④ 定义一个数组时，要指定数组名、数组的类型以及该数组的大小。

1. 数组的定义格式

数组的定义格式如下：

〈类型说明符〉〈数组名〉 [〈大小 1〉] [〈大小 2〉]…

其中，〈类型说明符〉是用来说明数组中元素的类型，包含存储类和数据类型。存储类如果被省略，在函数体内说明的为自动类。在函数体外定义的不加存储类说明的为外部类。外部类和静态类数组的元素具有默认值，自动类数组如不被初始化，其元素值是无意义的。数组的数据类型定义时不可省略，它可以是基本数据类型，如 int，float，double，char 等，也可以是构造数组类型，如结构等。〈数组名〉同标识符，通常使用小写字母。[〈大小〉]用来表示某一维的大小。这里的〈大小〉可以为常量表达式，但不能为变量。有一个方括号（[ ]）和它括起来的常量表达式称为一维数组，有两个方括号（[ ]）和它括起来的常量表达式称为二维数组，依此类推，有 n 个方括号和它括起来的常量表达式称为 n 维数组。下面仅举一维、二维和三维数组的例子。

（1）一维数组

一维数组的定义格式如下：

〈类型说明符〉〈数组名〉[〈大小〉]

例如，

```
int a[5];
```

其中，a 是一维数组的数组名，该数组有 5 个元素，每个元素都是 int 型变量。

一维数组的元素个数由该数组一个方括号中的大小决定的。又例如，

```
char b[10];
```

该数组名为 b，它有 10 个元素，是一维的，每个元素都是具有 char 型的变量。

（2）二维数组

二维数组定义格式如下：

〈类型说明符〉〈数组名〉[〈大小 1〉] [〈大小 2〉]

例如，

```
int bb [3] [5];
```

其中，bb 是二维数组的数组名，该数组有 15 个元素，每个元素都是 int 型变量。

二维数组的元素个数是由该数组的两个方括内的大小相乘积决定的。又例如，

```
double cc[2] [10];
```

这是一个二维的双精度浮点型数组，该数组有 20 个浮点型元素。

（3）三维数组

三维数组的定义格式如下：

〈类型说明符〉〈数组名〉[〈大小 1〉] [〈大小 2〉] [〈大小 3〉]

例如，

```
int aaa[2] [3] [5];
```

其中，aaa 是三维数组的数组名，该数组有 30 个元素，每个元素都是 int 型变量。

三维数组的元素个数是由组成该数组的 3 个方括号中的大小的连乘积决定的。又例如，

```
char ccc[5] [10] [50];
```

这是一个三维的字符型数组，该数组名为 ccc，它具有 2500 个元素。

2. 数组元素的表示方法

数组元素表示格式如下：

〈数组名〉[〈下标 1〉] [〈下标 2〉]…

其中，〈数组名〉是定义数组时指定的数组名，〈下标〉是整型表达式，该表达式又称为下标表达式。一维数组元素具有一个方括号和它所括起的下标表达式，二维数组元素具有两个方括号和它所括起的下标表达式，三维数组元素具有 3 个方括号和它所括起的下标表达式。

例如，一维数组

```
int a[5];
```

该数组的 5 个数组元素分别表示如下：

a[0], a[1], a[2], a[3], a[4]。

C++语言中，数组下标是从 0 开始的。

又例如，二维数组

```
int bb[2] [4];
```

该数组的 8 个数组元素分别表示如下：

bb[0][0], bb[0][1], bb[0][2], bb[0][3], bb[1][0], bb[1][1], bb[1][2], bb[1][3]。

又例如，三维数组

```
char ccc[2][3][2];
```

该数组的 12 个数组元素分别表示如下：

```
ccc[0][0][0], ccc[0][0][1], ccc[0][1][0], ccc[0][1][1],
ccc[0][2][0], ccc[0][2][1], ccc[1][0][0], ccc[1][0][1],
ccc[1][1][0], ccc[1][1][1], ccc[1][2][0], ccc[1][2][1]。
```

数组元素被存放在机器的内存中是按顺序存放的。

一维数组元素在内存中存放的顺序是先存放下标为 0 的元素，接着存放的元素是按其下标逐次增 1 的顺序进行的，直到存放该数组的最后一个元素为止。

二维数组元素在内存中存放的顺序是先存放两维下标都为 0 的元素，再存放第 1 维下标为 0 第 2 维下标逐次增 1 的所有元素，接着存放第 1 维下标增 1 第 2 维下标逐次增 1 的所有元素，依此类推，将二维数组所有元素存放在内存中。可以将二维数组看成是行数组和列数组，先存放的是第 0 行的各个列元素，再存放第 1 行的各个列元素，依此类推。

三维数组元素存放在内存中的顺序是遵循着前边维的下标变化较慢，而后边维的下标变化较快的原则进行的。

前面例举过的 3 个不同维数的数组元素表示的例子中，各数组元素排列的顺序就是它们在内存中存放的顺序。

2.6.2 数组的赋值

数组的赋值包括数组的初始化和数组的赋值。

1. 数组的初始化

数组初始化是在定义数组时给数组的各个元素赋初值。

给数组赋初值，即初始化，使用的是初始值表。所谓初始值表是由一对花括号（{}）括起的若干个数据项组成的，多个数据项之间用逗号分隔，每个数据项通常是一个常量，或是一个常量表达式。下面分别讲述一维、二维和三维数组的初始化。

（1）一维数组的初始化

一维数组初始化使用一重初始值表，其格式如下：

〈类型说明符〉〈数组名〉[〈大小〉]={〈数据项表〉};

例如，

```
int a[5]={5, 4, 3, 2, 1};
```

其中，初始值表中有 5 个数据项，它们按顺序给数组元素 a[0]，a[1]，a[2]，a[3]和 a[4]赋初值分别是 5，4，3，2 和 1。

在使用初始值表给数组元素初始化时，要求初始值表中数据项的个数小于或等于数组元素的个数，而不允许初始值表中数据项个数大于数组元素的个数。因此，数组在赋初值时是不会越界的。例如，

```
int b[10]={1, 2,3};
```

这种初始化是允许的。这时，数组元素 b[0]，b[1]和 b[2]分别获取初值为 1，2 和 3。而数组 b 的其余元素 b[3]，b[4]，b[5]，b[6]，b[7]，b[8]，b[9]的值为默认值 0。

在定义一维数组并给它进行初始化时，可以省略数组的大小。例如，

```
int c[ ]={1, 3, 5, 7, 9};
```

这时数组的大小由系统根据初始值表中数据项的个数来确定，即数组 c 的元素个数为 5。

（2）二维数组的初始化

二维数组的初始化使用二重初始值表，其格式如下：

〈类型说明符〉〈数组名〉[〈大小1〉] [〈大小2〉]={{〈数据项〉}, {〈数据项〉}, …};

这里，{〈数据项〉}中〈数据项〉的个数应小于等于〈大小 2〉，初始值表中{〈数据项〉}的个数应小于等于〈大小1〉。例如，

```
int bb[3][4]={{1, 2, 3, 4},{5, 6, 7, 8}, {9, 10, 11, 12}};
```

这是使用两重初始值表给一个二维数组元素进行初始化的例子。它也可以写成如下形式：

```
int bb[3][4]={1, 2, 3, 4, 5, 6, 7, 8, 9, 10, 11 ,12};
```

这种形式表示将初始值表中的 12 个数据项按二维数组 bb 在内存中存放的顺序依次赋初值。

又例如，

```
int cc[3][5]={{1, 2}, {3, 4, 5, 6, 7}, {8}};
```

经过初始化后，数组元素 cc[0][0]获初始值为 1，cc[0][1]获初值为 2，cc[0][2]，cc[0][3]，cc[0][4]这 3 个数组元素获默认值为 0。cc[1][0]，cc[1][1]，cc[1][2]，cc[1][3]，cc[1][4]元素分别获初值为 3，4，5，6 和 7。数组元素 cc[2][0]获初值为 8，该数组的其余 4 个元素为默认值 0。

如果是这样初始化 cc 数组：

```
int cc[3][5]={1, 2, 3, 4, 5, 6, 7, 8};
```

这时，数组 cc 各元素获得的初值与上边的不同。请读者分析，这时数组 cc 的各元素获取初值的情况。

同样，在定义二维数组并同时初始化时，二维数组中第 1 维的大小可以省略，但是第 2 维的大小不能省略。例如，

```
int dd[][3]={{1, 2, 3}, {4, 5, 0}, {6, 7, 8}};
```

这时，系统根据初始值表中的数据项，可以确定该数组第 1 维的大小为 3。

（3）三维数组的初始化

三维数组初始化可使用三重初始值表，其格式如下：

〈类型说明符〉〈数组名〉[〈大小1〉] [〈大小2〉] [〈大小3〉]=

　　　　{{{〈数据项〉}, {〈数据项〉}, …}, {{〈数据项〉}, {〈数据项〉}, …}, …};

这里，要求所有数据项个数不得超过数组元素的个数。

例如，

```
int aaa[2][3][2]={{{1, 2}, {3, 4},{5, 6}}, {{7, 8}, {9, 10}, {11, 12}}};
```

这时，三维数组的 12 个元素，按其内存中存放顺序分别获得 1～12 的初值。

又例如，

```
int bbb[2][2][3]={{{1}, {2}}, {{3}, {4}}};
```

定义三维数组 bbb 后，数组元素 bbb[0][0][0]获初值为 1，bbb[0][1][0]获初值为 2，bbb[1][0][0]获初值为 3，bbb[1][1][0]获初值为 4，其余元素的值为默认值 0。

在给三维数组的初始化的定义中也可以不指定一维的大小，由系统根据初始值表中的数据项来确定其大小。例如，

```
int ccc[ ][3][3]={{{1, 2, 3}, {4, 5}, {6}}, {{7, 8, 9},
            {10, 11}, {12}}};
```

系统会判断出一维的大小为 2。

2．数组的赋值

数组的赋值实际上是给数组的各个元素赋值。给数组元素赋值的方法是通过赋值表达式进行

的。无论是一维数组、还是二维数组，只要能够将它的元素表示出来都可以通过赋值表达式给它赋一个相应类型的值，三维数组也是如此。例如，

```
int m[3];
m[0]=1;
m[1]=3;
m[2]=5;
```

这是给一个一维数组的 3 个元素赋值的例子。给数组赋值就是改变数组元素原有的值。在这个例子中，定义的数组 m 如果在函数体外，它是一个外部类 int 型数组，定义后各元素的默认值为 0；如果在函数体内，它是一个自动类 int 型数组，定义后各元素值无意义。经过赋值后，使该数组的各元素获取了新值。

又例如，

```
static int n[2][4];
n[0][1]=n[0][2]=5;
n[1][2]=n[1][3]=8;
```

数组 n 是一个静态类 int 型二维数组，定义后该数组的各个元素值为默认值 0，经过赋值后，改变了数组的 4 个元素的值，没有被改变值的元素仍保留默认值 0。

下面是一个三维数组赋值的例子。

```
int aaa[2][3][4];
aaa[0][0][2]=aaa[0][0][3]=2;
aaa[1][0][0]=aaa[1][1][1]=5;
```

这里给三维数组 aaa 的 4 个元素赋值，其他元素保持定义后的值。

有时数组的各个元素的值之间有某种关系时可以使用循环语句赋值。例如，将一维 int 型数组 a 的 10 个元素都赋值为 0，可以使用下述循环语句实现赋值操作：

```
int i, a[10];
for (i=0; i<10;i++)
    a[i]=0;
```

又例如，下面是使用双重 for 循环给二维数组 aa 的各个元素赋值：

```
int i, j, aa[3][5];
for (i=0; i<3;i++)
    for (j=0; j<5;j++)
        aa[i][j]=i+j;
```

数组可以使用初始值表进行初始化，但是不可以用初始值表给数组赋值。例如，

```
int b[5];
b={1, 2, 3, 4, 5};
```

或者

```
b[5]={1, 2, 3, 4, 5};
```

都是错误的。

下面列举一些数组初始化和赋值的例子。

【例 2.11】一维数组的赋值和输出。分析下列程序的输出结果。

程序内容如下：

```
#include <iostream.h>
void main()
{
    int a[8]={1,2,3,4,5};
    a[5]=6;
    a[6]=7;
    cout<<a[0]<<','<<a[4]<<','<<a[6]<<endl;
```

```
      cout<<a[7]<<','<<a[8]<<endl;
}
```

运行该程序后，输出结果显示如下：

```
1, 5, 7
0, ?
```

程序分析：

该程序中定义一个一维数组 a，并进行了初始化，对其中前 5 个元素赋了初值，后 3 个元素为默认值 0。程序中又对两个数组元素进行了赋值。

程序中有两个使用插入符 << 的输出语句。前一个输出语句分别输出 a[0]，a[4]，a[6] 的值，后一个输出语句输出的 a[7] 的值为 0，输出 a[8] 的值是无意义的，因此可用"？"表示。因为 a[8] 已不是数组 a 的有效元素了。

【例 2.12】二维数组的赋值和输出。分析下列程序的输出结果。

程序内容如下：

```
#include <iostream.h>
void main()
{
    int i,j,ab[2][3]={{1,2,3},{4,5,6}};
    ab[1][1]=10;
    for(i=0;i<2;i++)
    {
        for(j=0;j<3;j++)
            cout<<ab[i][j]<<"  ";
        cout<<endl;
    }
}
```

运行该程序后，输出结果显示如下：

```
1  2  3
4  10  6
```

程序分析：

该程序中，先定义一个二维数组 ab，并且对它进行了初始化，又对其中一个元素 ab[1][1] 进行了赋值。接着，通过双重 for 循环语句按行列形式输出二维数组 ab 的各个元素的值。

2.6.3 字符数组和字符串

前面介绍的多是数值数组。这里专门介绍字符数组，字符数组是指数组元素为字符型变量的数组。字符串又被存放在字符数组中。

1. 字符数组的定义和赋值

（1）字符数组的定义格式

字符数组的定义格式与前边介绍的一般数组的定义格式相同，所不同的是数据类型说明符使用 char，字符数组也分一维、二维和三维字符数组。例如，

```
char s1 [50];
char s2 [3][50];
char s3 [3][5][50];
```

其中，s1 是一维字符数组的名字，该数组有 50 个字符型数组元素；s2 是二维字符数组的名字，该数组有 150 个字符型数组元素；s3 是三维字符数组的名字，该数组有 750 个字符型数组元素。

（2）字符数组的初始化

在定义字符数组时也可以给该数组进行初始化，初始化的方法以下有两种。

（1）使用初始值表

使用初始值表给定义的字符数组初始化时，初始值表中的数据项应该是字符常量，或者是字符常量表达式。例如，

```
char c1[5]={'a', 'b', 'c', 'd'+1, 'e'-1};
```

字符数组 c1 被初始化后，它的各个元素依次获取的初值为'a', 'b', 'c', 'e', 'd'。

又例如，

```
char c2[2][3]={{'a', 'b', 'c'},{'d', 'e', 'f '}};
```

字符数组 c2 被初始化后，该数组各元素都获取了一个字符常量。其中，c2[0][0]值为'a'，c2[1][2]值为'f'。

（2）使用字符串常量

使用字符串常量给定义的字符数组初始化时，该字符数组中存放被赋初值的字符串。例如，

```
char c3[ ] = "abcdef";
```

字符数组 c3 中存放了字符串"abcdef"，该字符数组有 7 个元素，不能忘记在字符数组中存放字符串时应该包含一个字符串的结束符（'\0'）。

如果将上述语句写成如下形式，请读者考虑会出现什么现象？

```
char c3[6] = "abcdef";
```

请读者再考虑，上述语句可以写成如下形式吗？

```
char c3[7]={'a', 'b', 'c', 'd', 'e', 'f', '\0'};
```

一维字符数组可以存放一个字符串，而二维字符数组可以存放多个字符串。下面举一个给二维字符数组用多个字符串进行初始化的例子。

```
char c4[3][5]={"abcd", "efgh", "ijkl"};
```

字符数组 c4 被初始化后，它存放了 3 个字符串，每个字符串的有效字符个数不得超过 4。这个二维字符数组可以看成是 3 行 5 列，每行存放一个字符串。每行的首地址的表示分别为 s[0]，s[1]和 s[2]。于是，使用下列语句：

```
cout <<s[0] <<end;
```

便可以输出显示放在首行中的字符串。

【例 2.13】练习字符数组的初始化。分析下列程序的输出结果。

程序内容如下：

```
#include <iostream.h>
void main()
{
    char c1[]={'s','t','r','i','n','g'};
    for(int i=0;i<6;i++)
        cout<<c1[i];
    cout<<endl;
    char s1[]="string";
    cout<<s1<<endl;
}
```

运行该程序后输出结果由读者自己分析。

【例 2.14】练习二维字符数组的初始化。分析下列程序的输出结果。

程序内容如下：

```
#include <iostream.h>
void main()
{
    char c2[][5]={"abcd","efgh","ijkl","mnop"};
```

```
for(int i=0;i<4;i++)
    cout<<c2[i]<<" ";
cout<<endl;
}
```

运行该程序后，输出结果显示如下：

```
abcd efgh ijkl mnop
```

该程序的输出结果请读者分析。

（3）字符数组的赋值

字符数组的赋值就是使用赋值表达式语句给字符数组中的每个数组元素赋值。每个数组元素的值应是一个字符常量。通过采用如下两种方法为字符数组赋值。

① 使用赋值表达式语句逐个对数组元素赋值。例如，

```
char c3[4];
c3[0] = 'a';
c3[1] = 'b';
c3[2] = 'c';
c3[3] = '\0';
```

首先定义一个字符数组 c3。定义后，在没有对该数组元素赋值前，数组 c3 的元素值应该是什么？请读者分两种情况考虑：一是假定数组 c3 是自动类的，二是假定数组 c3 是外部类的。经过赋值运算后，在字符数组 c3 中存放的是一个字符串"abc"。

② 使用循环语句给字符数组的各个元素赋值。例如，

```
char s[26];
for (int i=0; i<26; i++)
    s[i]= 'a'+i;
```

运行这个程序段后，字符数组 s 中的 26 个元素分别是 26 个以'a'开始的小写字母。

【例 2.15】练习一维字符数组的赋值和输出。分析下列程序的输出结果。

程序内容如下：

```
#include <iostream.h>
void main()
{
    char s[26];
    for(int i=0;i<26;i++)
        s[i]='a'+i;
    for(i=0;i<26;i++)
        cout<<s[i];
    cout<<endl;
}
```

该程序运行后的输出结果请读者分析。

2. 字符串的输入和输出

字符串在 C++语言中是十分重要的概念，对它规定了许多操作。这里仅介绍字符串的输入和输出操作，关于字符串的其他操作在后续章节中详述。

（1）字符串的输入操作

系统为方便字符串的输入提供了许多操作。这里介绍使用提取符（>>）从键盘上读取字符串的操作方法。该方法具体操作如下。

先定义一个字符数组。例如，

```
char s[50];
```

使用提取符从键盘上读取一个字符串的语句如下：

```
cin >> s;
```
这里，从键盘上输入一个字符串，以空白符结束。

同样使用这种方法可以从键盘上读取多个字符串存放在二维字符数组中。

【例 2.16】练习从键盘上输入字符串存放在字符数组中。分析下列程序的输出结果。

程序内容如下：

```
#include <iostream.h>
void main()
{
    char s[50];
    cout<<"Enter 1 string: ";
    cin>>s;
    cout<<s<<endl;
    char ss[3][10];
    cout<<"Enter 3 strings: ";
    cin>>ss[0]>>ss[1]>>ss[2];
    for(int i=0;i<3;i++)
        cout<<ss[i]<<"  ";
    cout<<endl;
}
```

运行该程序后，输出如下信息：

```
Enter 1 string: while ↙
While
Enter 3 strings: for ␣ break ␣ continue↙
for break continue
```

（2）字符串的输出操作

系统也为字符串的输出操作提供了许多方法。这里仅介绍使用插入符对字符串的输出操作。

使用插入符（<<）将一个字符串输出显示到屏幕的当前光标处的方法如下：

```
char s[ ] = "string";
cout << s << endl;
```

字符数组中的字符串 string 将显示在屏幕的当前光标处。

又例如，

```
char s[ ]= "I love Beijing! ";
cout << s+7 << endl;
```

这时，在屏幕当前光标处显示的是字符串 "Beijing!"。

【例 2.17】练习字符数组中字符串的输出。分析下列程序的输出结果。

程序内容如下：

```
#include <iostream.h>
void main()
{
    char s[]="I love Beijing!";
    cout<<s<<endl;
    cout<<s+7<<endl;
    char ss[][10]={"while","swicth","break","continue"};
    cout<<ss[0]<<','<<ss[1]<<endl;
    cout<<ss[2]+1<<endl;
    cout<<ss[3]+3<<endl;
}
```

该程序运行结果请读者自己分析。

提示

　　使用插入符（<<）输出一个字符串时，插入符右边表达式应该是一个地址值，于是所输出的字符串便是从该地址所存放的字符起一直到第1次遇到字符串结束符为止的所有字符。程序中，s+7表示从数组s中下标为7的元素开始输出一直到字符串结束。ss[3]+3表示输出字符数组第3行中存放的字符串，并从第3个字符（从第0个数起）开始一直到该字符串的结束符。

　　【例 2.18】 编程求一个已知字符串的长度。字符串的长度是该字符串中有效字符的个数，不包含字符串中的结束符。

　　程序内容如下：

```
#include <iostream.h>
void main()
{
    int i=0;
    char s[]="good morning!";
    while(s[i])
        i++;
    cout<<"String length="<<i<<endl;
}
```

运行该程序后，输出显示如下结果：

```
String length = 13
```

该程序的输出结果由读者自己分析。

练习题 2

2.1　判断题

1．C++语言的合法字符集与C语言的完全相同。

2．标识符规定大小写字母没有区别。

3．C++程序中，不得使用没有定义或说明的变量。

4．变量的存储类指出了变量的作用域和寿命。

5．变量的数据类型指出了变量在内存中存放的字节数。

6．定义变量时，变量的存储类说明符不得省略。

7．自动类变量与内部静态类变量的作用域和寿命都是相同的。

8．自动类变量可以定义在函数体外，这时应加说明符 auto。

9．外部类变量与外部静态类变量的作用域是相同的。

10．变量被定义后是否有默认值与存储类无关，与数据类型有关。

11．C++程序中，通常使用 const 来定义符号常量，定义时必须指出类型。

12．变量被定义或说明后，它一定具有有意义的值。

13．字符串常量与字符常量的区别仅表现在定义形式上的不同，一个用双撇号，另一个用单撇号。

14．所有变量的可见性和存在性都是一致的。

15．变量在它的作用域内一定是可见的，又是存在的。

16．C++语言中除了包含C语言的所有运算符外，还规定自身的若干个运算符。

17．增 1 和减 1 运算符以及赋值运算符都具有副作用。

18．增 1 和减 1 运算符不仅可以作用在变量上，也可以作用在表达式上。

19．关系运算符可以用来比较两个字符的大小，也可以比较两个字符串的大小。

20．移位运算符在移位操作中，无论左移还是右移，对移出的空位一律补 0。

21．变量的类型高低是指它被存放在内存的地址值大小。

22．使用 sizeof 运算符可以求得某种类型和某个变量在内存中占的字节数，不能求得某个表达式的类型在内存中所占的字节数。

23．在 C++语言中，非保值转换应用强制类型转换。

24．表达式中各操作数计算顺序取决于运算符的优先级和结合性。

25．在 C++程序中，变量值是可以改变的，变量的地址值是不能改变的。

26．数组中所有元素的类型都是相同的。

27．定义数组时必须对数组进行初始化。

28．数组某维的大小可以用常量表达式，不可用变量名。

29．定义一个数组没有对它进行初始化，则该数组的元素值都是无意义的。

30．用来给数组进行初始化的初始值表内的数据项的个数必须小于等于数组元素个数。

31．在定义一个数组时，对其部分元素进行了初始化，没有初始化的元素的值都是无意义的。

32．数组被初始化时是判越界的。

33．字符数组就是字符串。

34．使用重载的输入符可以输出一个字符串，也可以输出一个字符。

35．给数组元素赋值时只可用常量表达式。

2.2　单选题

1．下列变量名中，非法的是（　　　）。

　　A．A25　　　　　　B．My_car　　　　　　C．My-str　　　　　D．abc

2．下列常量中，十六进制 int 型常量是（　　　）。

　　A．0x5f　　　　　　B．x2a　　　　　　　C．046　　　　　　D．7a

3．下列常量中，不是字符常量的是（　　　）。

　　A．'\n'　　　　　　B．"y"　　　　　　　C．'x'　　　　　　D．'\7'

4．在函数体内定义了下述变量 a，a 的存储类为（　　　）。

`int a;`

　　A．寄存器类　　　B．外部类　　　　　　C．静态类　　　　　D．自动类

5．下列关于变量存储类的描述中，错误的是（　　　）。

　　A．任何变量定义后都具有一个确定的存储类

　　B．变量的存储类确定了变量的作用域和寿命

　　C．定义变量时没有存储类说明符者一律为自动类

　　D．内部静态类变量和外部静态类变量的存储类说明符都是 static

6．下列关于变量数据类型的描述中，错误的是（　　　）。

　　A．定义变量时 int 型数据类型可以省略

　　B．变量的数据类型可以决定该变量占内存的字节数

　　C．变量的数据类型是可以被强制的

　　D．变量的数据类型是有高低之分的

7. 长双精度浮点型常量的后缀是（　　　）。

    A. U　　　　　　　B. F　　　　　　　　C. L　　　　　　　D. 无

8. 下列运算符中，不能用于浮点数操作的是（　　　）。

    A. ++　　　　　　　B. +　　　　　　　　C. *=　　　　　　　D. &（双目）

9. 下列运算符中，优先级最高的是（　　　）。

    A. *（双目）　　　B. ||　　　　　　　　C. >>　　　　　　　D. %=

10. 下列运算符中，优先级最低的是（　　　）。

    A. ==　　　　　　　B. ? :　　　　　　　　C. |　　　　　　　　D. &&

11. 已知：int a(3); 下列表达式中，错误的是（　　　）。

    A. a%2==1　　　B. a--+2　　　　C. (a-2)++　　　　D. a>>=2

12. 已知：int b(5)，下列表达式中，正确的是（　　　）。

    A. b="a"　　　　　　　　　　　　　B. ++(b-1)

    C. b%2.5　　　　　　　　　　　　　D. b=3, b+1, b+2

13. 下列关于类型转换的描述中，错误的是（　　　）。

    A. 类型转换运算符是（<类型>）

    B. 类型转换运算符是单目运算符

    C. 类型转换运算符通常用于保值转换中

    D. 类型转换运算符作用于表达式左边

14. 下列表达式中，其值为 0 的是（　　　）。

    A. 5/10　　　　B. ! 0　　　　C. 2>4? 0：1　　　D. 2&&2||0

15. 下列表达式中，其值不可能为逻辑值的是（　　　）。

    A. 算术表达式　　　　　　　　　　B. 关系表达式

    C. 逗号表达式　　　　　　　　　　D. 逻辑表达式

16. 下列关于数组概念的描述中，错误的是（　　　）。

    A. 数组中所有元素的类型是相同的

    B. 数组定义后，它的元素个数是可以改变的

    C. 数组在定义时可以被初始化，也可以不被初始化

    D. 数组元素的个数与定义时的每维大小有关

17. 下列关于数组维数的描述中，错误的是（　　　）。

    A. 定义数组时必须将每维的大小都明确指出

    B. 二维数组是指该数组的维数为 2

    C. 数组的维数可以使用常量表达式

    D. 数组元素个数等于该数组的各维大小的乘积

18. 下列关于数组下标的描述中，错误的是（　　　）。

    A. C++语言中数组元素的下标是从 0 开始的

    B. 数组元素下标是一个整常型表达式

    C. 数组元素可以用下标来表示

    D. 数组元素的某维下标值应小于该维的大小值

19. 下列关于初始值表的描述中，错误的是（　　　）。

    A. 数组可以使用初始值表进行初始化

B. 初始值表是用一对花括号括起的若干个数据项组成的

C. 初始值表中数据项的个数必须与该数组的元素个数相等

D. 使用初始值表给数组初始化时，没有被初始化的元素都具有默认值

20. 下列关于字符数组的描述中，错误的是（　　　）。

A. 字符数组中的每一个元素都是字符

B. 字符数组可以使用初始值表进行初始化

C. 字符数组可以存放字符串

D. 字符数组就是字符串

21. 下列关于字符串的描述中，错误的是（　　　）。

A. 一维字符数组可以存放一个字符串

B. 二维字符数组可以存放多个字符串

C. 可以使用一个字符串给二维字符数组赋值

D. 可以用一个字符串给二维字符数组初始化

22. 已知：int a[5] = {1, 2, 3, 4}; 下列数组元素值为 2 的数组元素是（　　　）。

A. a[0]　　　　　　B. a[1]　　　　　　C. a[2]　　　　　　D. a[3]

23. 已知：int ab[ ][3] = {{1, 5, 6}, {3}, {0,2}}; 数组元素 ab[1][1]的值为（　　　）。

A. 0　　　　　　　B. 1　　　　　　　C. 2　　　　　　　D. 3

24. 已知：char s[ ]="abcd"; 输出显示字符'c'的表达式是（　　　）。

A. s　　　　　　　B. s+2　　　　　　C. s[2]　　　　　　D. s[3]

25. 已知：char ss[ ][6]={"while", "for", "else", "break"}; 输出显示"reak"字符串的表达式是（　　　）。

A. ss[3]　　　　　B. ss[3]+1　　　　C. ss+3　　　　　D. ss[3][1]

2.3　填空题

1. C++语言中，基本数据类型包含有整型、_____、_____、空值型和_____。

2. 变量的存储类可分为_____、_____、_____和静态存储类。

3. 浮点型常量可分为单精度、_____和_____浮点型常量。

4. 结合性从右至左的运算符有_____、_____和赋值运算符。

5. 条件表达式是由_____运算符组成的，该表达式的类型是由冒号左边和右边两个操作数中_____的操作数类型决定的。

6. 已知：double d−d[ ][3]={{1.2, 2.4, 3.6}, {4.8, 5.2},{6.4}}; 这里 dd 是一个_____维数组的数组名，该数组共有_____个元素，每个元素的类型是_____。数组元素 dd[0][0]的值是_____，dd[1][1]的值是_____，数组元素 dd[2][2]的值是_____。

7. 已知：char ss[ ][6]={"while", "break", "for", "else"}; 字符数组 ss 是_____维数组，它的第 1 维大小应该是_____。使用 cout 和<<输出字符串"for"时，对应的表达式是_____。使用 cout 和<<输出字符串"break"的子串"reak"时，对应的表达式是_____。使用 cout 和<<输出字符串 else 中的字符's'时，对应的表达式是_____。

2.4　分析下列程序

1.

```
#include <iostream.h>
void main()
{
    int a,b;
```

```
    cout<<"Enter a b: ";
    cin>>b>>a;
    int d=a-b;
    cout<<"d="<<d<<endl;
}
```
假定输入为 5 和 8。

2.
```
#include <iostream.h>
void main()
{
    const int A=8;
    const char CH='k';
    const double D=8.5;
    cout<<"A="<<A<<endl;
    cout<<"CH+2="<<char(CH+2)<<endl;
    cout<<"D-5.8="<<D-5.8<<endl;
}
```

3.
```
#include <iostream.h>
int a=9;
void main()
{
    int b=5;
    cout<<"a+b="<<a+b<<endl;
    static int c;
    cout<<"c+a="<<c+a<<endl;
    const long int d=8;
    cout<<"a+d-b="<<a+d-b<<endl;
}
```

4.
```
#include <iostream.h>
void main()
{
    int a=3;
    char b='m';
    cout<<"a="<<a<<','<<"b="<<b<<endl;
    {
        int a=5;
        b='n';
        cout<<"a="<<a<<','<<"b="<<b<<endl;
    }
    cout<<"a="<<a<<','<<"b="<<b<<endl;
}
```

5.
```
#include <iostream.h>
void main()
{
    cout<<6%4*5/3+3<<endl;
    cout<<(10&3|8)<<endl;
    cout<<(5<<2)+(5>>2)<<endl;
    cout<< ~ 4<<endl;
}
```

6.
```cpp
#include <iostream.h>
void main()
{
    int a=5;
    cout<<long(&a)<<','<<sizeof(a)<<','<<sizeof(int)<<endl;
    double b=1.5;
    cout<<sizeof(1.5f)<<','<<sizeof(b)<<','<<sizeof(1.5L)<<endl;
}
```
7.
```cpp
#include <iostream.h>
void main()
{
    int a=3,b=5;
    cout<<(a>b+a==b-2)<<','<<(a!=b+a<=b)<<endl;
    char c='k';
    cout<<(c<='k')<<','<<(--c!='h'+2)<<endl;
    float f=2.3f;
    cout<<(--f<=f)<<endl;
}
```
8.
```cpp
#include <iostream.h>
void main()
{
    int i,j,k;
    i=j=k=5;
    !i&&++j&&--k;
    cout<<i<<','<<j<<','<<k<<endl;
    i||j--||++k;
    cout<<i<<','<<j<<','<<k<<endl;
    i-5||j-5&&++k;
    cout<<i<<','<<j<<','<<k<<endl;
}
```
9.
```cpp
#include <iostream.h>
void main()
{
    int i(5),j(8);
    cout<<(i=i*=j)<<endl;
    i=5,j=8;
    i=5*j/(j-- -5);
    cout<<i<<','<<j<<endl;
    i=5,j=8;
    cout<<(j+=i*=j-5)<<endl;
}
```
10.
```cpp
#include <iostream.h>
int a=8;
void main()
{
    int b=6;
    double d=1.5;
    d+=a+b;
```

```
        cout<<d<<endl;
        cout<<(a=1,b=2,d=2.5,a+b+d)<<endl;
        cout<<(a<0?a:b<0?a++:b++)<<endl;
}
```

11.

```
#include <iostream.h>
void main()
{
    int m[][3]={9,8,7,6,5,4,3,2,1},s=0;
    for(int i=0;i<3;i++)
        s+=m[i][i];
    cout<<s<<endl;
}
```

12.

```
#include <iostream.h>
void main()
{
    char s[]="bhy543kpm345";
    for(int i=0;s[i]!='\0';i++)
    {
        if(s[i]>='a'&&s[i]<='z')
          continue;
        cout<<s[i];
    }
    cout<<endl;
}
```

13.

```
#include <iostream.h>
void main()
{
    int b[]={5,-3,4,1,-8,9,0,10};
    int i=0,j;
    for(j=i;i<8;i++)
        if(b[i]>b[j])
            j=i;
    cout<<j<<','<<b[j]<<endl;
}
```

14.

```
#include <iostream.h>
void main()
{
    int a[][3]={1,2,3,4,5,6,7,8,9};
    int s1(0),s2(0);
    for(int i=0;i<3;i++)
      for(int j=0;j<3;j++)
      {
        if(i!=j)
          s1+=a[i][j];
        if(i+j==1)
          s2+=a[i][j];
      }
    cout<<"s1="<<s1<<','<<"s2="<<s2<<endl;
}
```

15.

```
#include <iostream.h>
void main()
{
  char s[]="#%#";
  for(int i=0;i<3;i++)
  {
    for(int j=0;j<i;j++)
      cout<<' ';
    for(int k=0;k<3;k++)
      cout<<s[k];
    cout<<endl;
  }
  for(i=2;i>0;i--)
  {
    for(int j=0;j<i-1;j++)
      cout<<' ';
    for(int k=0;k<3;k++)
      cout<<s[k];
    cout<<endl;
  }

}
```

2.5　编程题

1. 已知：int a=3，b=5；编程计算下列两个代数式的值，并比较它们是否相等。

$(a+b)^2$ 和 $a^2+2ab+b^2$

2. 已知：int x=5；编程求下列代数式的值。

$$f(x)=3x^3+2x^2+5x+2$$

3. 从键盘上输入两个 double 型数，编程输出其中最小者。

4. 华氏温度转换成摄氏温度的计算公式如下：

$$C=(F-32)*5/9$$

其中，C 表示摄氏温度，F 表示华氏温度。从键盘上输入一摄氏温度，编程输出对应的华氏温度。

5. 从键盘上输入 5 个浮点数，输出它们的和以及平均值。

6. 将字符串"12345"，逆向输出为"54321"。

2.6　简单回答下列问题

1. C++语言中注释符的格式如何？注释信息的功能是什么？

2. 使用 const 定义符号常量比使用#define 定义符号常量有何优点？

3. 内部静态存储类变量有何特点？

4. 在使用插入符（<<）输出若干个表达式值时，有的表达式中使用的运算符的优先级低于插入符优先级时应该如何处理？

5. 由多种不同运算符组成的表达式，其类型如何确定？例如，

```
int a, b, c;
…
a=b>c? b:c;
```

这是一个条件表达式还是赋值表达式？

6. 数组元素个数是由什么决定的？

7. 数组元素下标有何规定？

8. 初始值表中数据项的类型和个数有何规定？

9. 字符数组和字符串有什么关系？

10. 一个数组中的元素类型是否一定相同？如何定义的数组元素具有默认值？

上机指导2

2.1 上机要求

通过上机练习熟悉如下概念和方法。

1. 不同类型的常量的表示方法以及符号常量的定义方法。

2. 变量类型的作用和变量值的确定方法。

3. 各种运算符的功能和用法。

4. 不同表达式的值的计算方法及其类型的确定方法。

5. 学会定义一维、二维和三维数组，学会对它们进行初始化和赋值。

6. 熟悉数组元素的表示及数组元素的运算。

7. 熟悉数组元素的输入/输出操作。

8. 学会对字符数组的操作。

2.2 上机练习题

1. 上机调试本章例 2.2 的程序，并完成该例题中思考题的要求。

2. 上机调试本章例 2.10 的程序，并完成该例题中提出的要求。

3. 上机调试本章例 2.11 的程序，将输出结果与分析结果进行比较。

4. 上机调试练习题 2.4 中的 10 个程序，并将输出结果与分析结果进行比较。

5. 上机调试练习题 2.5 中所编写的 4 个编程题程序，并获得正确结果。

6. 按下列要求编程，并上机验证某些事实。

（1）常量的值不能改变。

（2）变量在它作用域之外是不可见的。

（3）增1、减1运算符具有副作用。

（4）sizeof 可以求得一个表达式的类型。

（5）赋值表达式的类型是由左值变量类型决定的。

（6）强制类型会使数据精度受到损失。

（7）使用插入符输出多个表达式的值时，表达式的计算顺序是从右至左的（在 VC++6.0 系统中）。

（8）自动类变量是没有默认值的。

（9）类型强制是临时的，不改变被强制的表达式类型。

（10）调试下列程序，并得到输出结果。

```
#include <iostream.h>
void main()
{
    void f();
```

```
    #define A 7
    cout <<A<<endl;
    f();
}
void f()
{
    cout <<A+1<<endl;
}
```

请将主函数中的下列命令

```
#define A 7
```

改为下列语句

```
const A=7;
```

其余不变，调试时会出现什么现象？说明什么问题？应如何进行修改？

7.　上机调试本章例 2.13 的程序，并将分析结果与上机调试结果进行比较。

8.　上机调试本章例 2.14 的程序，并将分析结果与上机调试结果进行比较。

9.　上机调试本章例 2.15 的程序，并将分析结果与上机调试结果进行比较。

10.　上机调试本章例 2.17 的程序，并将分析结果与上机调试结果进行比较。

11.　上机调试本章练习题 2.4 中 11 至 15 的程序，并将调试结果与分析结果进行比较。

12.　将本章练习题 2.5 中的编程题 5 和 6 所编写的程序上机调试，直到输出正确结果为止。

13.　编程验证如下描述。

（1）数组在被初始化时是进行判界的。

（2）自动存储类数组没有初始化时，数组元素的值是无意义的。

（3）字符串存放在字符数组中最后一个字符是结束符（'\0'）。

（4）数组元素赋值是不判界的。

（5）一个数组占内存的字节数是它的各个元素占内存字节数之和。

第3章
语句和预处理

本章介绍 C++语言中的语句和预处理功能。C++语言中的语句与 C 语言中的语句基本一样，没有改进和补充，预处理功能也是这样。本章只是复习一下 C 语言中的语句，举些例子说明语句在程序中的应用。在预处理功能中，宏定义命令在 C++语言中很少使用，因为它们的功能已被其他替代，文件包含命令仍然使用较多。

3.1 表达式语句和复合语句

3.1.1 表达式语句和空语句

1. 表达式语句

使用表达式在其后加一个分号（;），便组成了表达式语句。关于表达式语句在前边的程序中见到的很多。例如，

    a=5;

就是一个赋值表达式语句，用来改变变量 a 的值。表达式语句是组成 C++程序的最普通的语句，也是应用最多的语句。

表达式语句和表达式是有区别的。在使用表达式语句的地方不可用表达式，相反地，在要求使用表达式的地方也不可用表达式语句。例如，在后面要讲述的条件语句中，关键字 if 后面括号内要求使用一个用表达式表示的条件，这时不可用表达式语句来表示条件。

通常任何一个表达式都可以组成表达式语句，但是有些表达式语句单独使用是没有意义的。例如，在程序中单独出现了下述语句，

    a<5;

是没有意义的。

2. 空语句

空语句是只有一个分号（;），而无任何表达式的语句。空语句是一条最为简单的特殊语句。该语句从格式上讲是一条语句，但是从功能上讲它是什么也不作的语句。因此，空语句被用在需要一条不作任何操作的语句的地方。例如，它可用于作循环语句的循环体，也可用于 goto 语句所要转向到的语句。关于它的应用将在本书后续章节中介绍。

3.1.2　复合语句和分程序

1. 复合语句

复合语句是相对于简单语句而言的。复合语句是由两条或两条以上的语句用花括号（{}）括起来组成的。该语句可出现在一条语句出现的地方，通常将复合语句看成一条语句进行处理。

复合语句可以出现在函数体内，可以并行出现，也可以嵌套形式出现。例如，在前边讲过例2.3 的程序中，在主函数内出现了一个复合语句。复合语句通常用作 if 语句的 if 体、else 体和循环语句的循环体等。

2. 分程序

分程序是一种复合语句。含有说明语句的复合语句称为分程序。在 2.3.3 小节中，用到了分程序的概念，它是变量最小一级的作用域。在分程序中定义或说明的变量的作用域就在该分程序内。

语句按其功能可分为说明语句和执行语句两大类。说明语句是用来定义或说明变量、函数等标识符的，而执行语句是用完成某种操作的。说明语句通常在编译时完成，执行语句在运行时完成。复合语句中可以包含有这两种语句。

函数体和分程序是不同的。虽然函数体内也可包含有说明语句和执行语句，但它不同于分程序。因为函数体可以包含若干个分程序，而分程序不可包含函数体。另外，函数体中可以有一条语句，也可以没有语句，而分程序中通常是由两条或两条以上语句组成的。请读者分清函数体和分程序的区别。

3.2　选 择 语 句

选择语句又称分支语句。使用这种语句可以实现多路分支。

选择语句有两种，一种是条件语句，另一种是开关语句。

3.2.1　条件语句

1. 条件语句的格式

条件语句的格式如下：

```
if（〈条件 1〉）
  〈语句 1〉
else if（〈条件 2〉）
  〈语句 2〉
else if（〈条件 3〉）
  〈语句 3〉
  ⋮
else if（〈条件 n〉）
  〈语句 n〉
else
  〈语句 n+1〉
```

其中，if、else if 和 else 是条件语句中使用的关键字。〈条件 1〉至〈条件 n〉作为判断的条件，它们大多是关系表达式和逻辑表达式。〈语句 1〉至〈语句 n+1〉可以是一条语句，也可以是复合语句。

2. 条件语句的功能

条件语句的功能描述如下。

先计算<条件1>给定的表达式的值。如果该值为非0时，则执行<语句1>，执行后转到该条件语句后面的语句；如果该值为0，则计算<条件2>给定的表达式的值。同样地，该值为非0，则执行<语句2>，执行后退出该条件语句，否则计算<条件3>给定的表达式的值，再进行判断，按上述方法处理。如果所有<条件>给出的表达式值都为0，则执行<条件 n+1>，执行后退出 if 语句。

在上述格式中，if 子句不可省略，并只有一个；else if 子句可以有1个或多个，也可以省略。省略 else if 子句后，成为下述格式：

```
if(<条件>)
    <语句1>
else
    <语句2>
```

这是一种可为两路分支的条件语句。

if 语句中的 else 子句只可有1个，也可省略，当 else if 子句和 else 子句都省略时，成为下述格式：

```
if(<条件>)
    <语句>
```

这是一种最简单的条件语句。

3. 条件语句举例

【例3.1】从键盘上输入两个字符，编程比较其大小，输出显示相等、大于和小于的判断结果。
程序内容如下：

```
#include <iostream.h>
void main()
{
    char ch1,ch2;
    cout<<"输入两个字符";
    cin>>ch1>>ch2;
    if(ch1!=ch2)
        if(ch1>ch2)
            cout<<"大于"<<endl;
        else
            cout<<"小于"<<endl;
    else
        cout<<"相等"<<endl;
}
```

运行该程序后，输出如下信息：

输入两个字符：m n ↙

输出结果如下：

小于

程序分析：

该程序中出现了一个 if-else 语句，该语句中的 if 体又是一个 if-else 语句，称为条件语句的嵌套。

一个条件语句中最多只有一个 else 子句，而 else 子句是与最近一个 if 子句配对的。

思考题：请读者再用另外一种 if 语句嵌套的形式实现该程序的功能，并上机调试。

【例 3.2】分析下列程序的输出结果，说明该程序中的 else 子句应与哪个 if 子句配对。

程序内容如下：

```cpp
#include <iostream.h>
void main()
{
    int a(3),b(5);
    if(a!=b)
        if(a==b)
        {
            a+=3;
            cout<<a<<endl;
        }
    else
    {
        b-=2;
        cout<<b<<endl;
    }
    cout<<a+b<<endl;
}
```

运行该程序后，输出结果如下：

```
3
6
```

程序分析：

该程序中，有两个 if 子句和一个 else 子句，根据 if 语句的规定，else 子句应该是与它最近的 if 子句配对，因此该程序结构如下所示：

```
if(…)
    if(…)
        …
    else
        …
```

输出结果证明了这种分析。

思考题：如果要使 else 子句与前一个 if 子句配对，该程序应如何修改？修改后上机调试，并从输出结果中加以验证。

3.2.2　开关语句

1. 开关语句的格式

开关语句格式如下：

```
switch(〈整型表达式〉)
{
    case(〈整常型表达式 1〉)：(〈语句序列 1〉)
    case(〈整常型表达式 2〉)：(〈语句序列 2〉)
    …
    case(〈整常型表达式 n〉)：(〈语句序列 n〉)
    default：〈语句序列 n+1〉
}
```

其中，switch 是开关语句的关键字，case 和 default 是子句的关键字。〈整常型表达式〉通常用整型数值或字符常量。〈语句序列〉是由一条或多条语句组成的程序段，也可以是空，即无任何语句。

2. 开关语句功能

开关语句功能描述如下：

先计算 switch 后面括号内的表达的值，再将该值与花括号内 case 子句中的〈整常型表达式〉的值进行比较。先与〈整常型表达式 1〉值比较，如果不相等，再与后边的〈整常型表达式 2〉的值比较，如果还不相等，则依次进行比较，直到〈整常型表达式 n〉都不相等，执行 default 后面的〈语句序列 $n+1$〉，执行完毕后，退出该开关语句，并转去执行开关语句后边的语句。在用〈整型表达式〉与〈整常型表达式〉比较中，一旦有相等时，则执行该〈整常型表达式〉后面对应的〈语句序列〉。在执行〈语句序列〉的各个语句时，遇到 break 语句时，则退出该开关语句。如果遇不到 break 语句时，则依次执行其后的〈语句序列〉，直到开关语句的右花括号，再退出该开关语句。

使用开关语句时，应注意如下事项。

① 开关语句中 case 子句的表达式是整常型表达式，通常只能使用整型数值、字符型常量或枚举型量等。用于多路分支时，只有将其分支条件能够转换为整常型表达式的才可使用，否则只能用条件语句。

② 通常的〈语句序列〉中最后一条语句是 break，表示退出该开关语句。根据需要，有的〈语句序列〉中可以没有 break 语句，这时继续执行其后的〈语句序列〉，有的〈语句序列〉可以是空，表示共用其后的〈语句序列〉。

③ 在开关语句中，default 子句可以被省略，它也可以出现在花括号内的任意位置，通常出现在最后，可省略 break 语句。

④ 开关语句可以嵌套，即在〈语句序列〉中可以出现开关语句。

⑤ 在开关语句的〈语句序列〉中，使用 break 语句是很重要的，它将关系到该〈语句序列〉执行后是否还要继续执行下面的〈语句序列〉。

3. 开关语句举例

【例 3.3】分析下列程序的输出结果，熟悉开关语句的用法。

程序内容如下：

```cpp
#include <iostream.h>
void main()
{
    char op;
    double d1,d2;
    cout<<"Enter d1 op d2: ";
    cin>>d1>>op>>d2;
    switch(op)
    {
        double temp;
        case '+': temp=d1+d2;
                cout<<d1<<op<<d2<<'='<<temp<<endl;
                break;
        case '-': temp=d1-d2;
                cout<<d1<<op<<d2<<'='<<temp<<endl;
                break;
        case '*': temp=d1*d2;
                cout<<d1<<op<<d2<<'='<<temp<<endl;
                break;
        case '/':  temp=d1/d2;
                cout<<d1<<op<<d2<<'='<<temp<<endl;
```

```
        break;
    default:   cout<<"error!\n";
    }
}
```

读者根据提示信息进行输入，验证四则运算的输出结果。

【例 3.4】分析下列程序的输出结果。

程序内容如下：

```
#include <iostream.h>
void main()
{
    int a(2),b(3),c(4),d(5);
    switch(++a)
    {
        case 2: c++;d++;
        case 3: switch(++b)
            {
                case 4: c++;
                case 5: d++;
            }
        case 4:
        case 5: c++;
                d++;
    }
    cout<<c<<','<<d<<endl;
}
```

运行该程序后，输出结果如下：

```
6,7
```

该程序的输出结果请读者自己分析。

3.3 循 环 语 句

下面讲述 3 种循环语句。

3.3.1 while 循环语句

1. while 循环语句格式

while 循环语句格式如下：

```
while (<条件>)
<语句>
```

其中，while 是 while 循环语句的关键字。<条件>是用来判断是否执行循环体<语句>。<条件>通常是一个关系表达式或逻辑表达式，也可以是其他表达式。<语句>是循环体，它可以是一条语句或者是复合语句。

2. while 循环语句功能

该循环语句功能如下：

先计算<条件>给定的表达式的值，如果其值为非 0 时，执行循环体<语句>，再计算<条件>给定的表达式的值，如果其值还是非 0 时，再执行一次循环体<语句>，直到<条件>表达式的值为

0时，退出该循环语句，执行其后面的语句。

使用 while 循环语句时应注意下述事项。

① 执行 while 循环语句时，先计算<条件>给出的表达式的值。如果第一次计算的表达式值为 0 时，一次循环体也不执行。

② 如果循环语句中给定的表达式值永远为非 0 时，而循环体内又无退出循环的语句，则为无限循环，又称"死"循环。死循环是无意义的，编程时应避免出现死循环。

③ 该循环语句可以嵌套。

3. while 循环语句举例

【例 3.5】编程求出所有的"水仙花数"。

水仙花数是一个 3 位数，其各位数的立方和等于该数。例如，$370=3^3+7^3$。

程序内容如下：

```cpp
#include <iostream.h>
void main()
{
    int n,i,j,k;
    n=100;
    while(n<1000)
    {
        i=n/100;
        j=n%100/10;
        k=n%10;
        if(i*i*i+j*j*j+k*k*k==n)
            cout<<n<<endl;
        n++;
    }
}
```

运行该程序后，输出结果如下：

```
153
370
371
407
```

程序分析：

程序中，i，j 和 k 是用来存放 3 位数的百位数、十位数和个位数的。如果是水仙花数，则应该满足下列代数式：

$$i^3+j^3+k^3=n$$

3.3.2　do-while 循环语句

1. do-while 循环语句格式

该循环语句格式如下：

```
do <语句>
while(<条件>);
```

其中，do 和 while 是该循环语句的关键字。<语句>是循环体，它可以是一条语句，也可以是复合语句。<条件>是判断是否执行循环体的，该<条件>给定的表达式值为 0 时，退出该循环语句，<条件>给定的表达式值为非 0 时，执行循环体<语句>。

2. do-while 循环语句的功能

该循环语句功能如下：

先执行一次循环体<语句>，再计算<条件>中给定的表达式的值。如果该表达式的值为非 0 时，则再执行循环体，直到其值为 0 时，退出循环语句，执行循环语句后边的语句。

使用 do-while 循环语句时应注意如下事项。

① 该循环语句的特点是无论<条件>如何，至少执行一次循环体<语句>。

② 该循环语句可以用 while 循环语句表示，其格式如下：

```
<语句>
while(<条件>)
  <语句>
```

③ 该循环语句可以嵌套。

3. do-while 循环语句举例

【例 3.6】已知一个自然数，编程将该自然数的每一位按其逆序输出。

程序内容如下：

```
#include <iostream.h>
void main()
{
    long int n=54321,d;
    do {
        d=n%10;
        n/=10;
        cout<<d;
    }while(n>0);
    cout<<endl;
}
```

运行该程序后，输出结果如下：

```
12345
```

程序分析：

该程序中使用了 do-while 循环语句，变量 n 是已知的自然数。每作一次 do-while 循环体，先将该数的个数位存放在变量 d 中，再将该数去掉最右一位，并输出 d 的值。即每次循环输出显示自然数 n 的最右边一位，直到该数的所有位全部被输出显示为止。

3.3.3　for 循环语句

1. for 循环语句的格式

for 循环语句格式如下：

```
for(d1; d2; d3)
  <语句>
```

其中，for 是 for 循环语句的关键字，括号内 d1、d2 和 d3 分别是 3 个表达式，它们用分号（；）分隔。通常情况下，d1 表达式用来表示给循环变量赋初值，d2 表达式用来表示循环是否结束的条件，d3 表达式用来表示对循环变量改变值。

2. for 循环语句的功能

for 循环语句功能如下：

先计算表达式 d1 的值，再计算表达式 d2 的值，判断是否执行循环体。如果表达式 d2 值为 0 时，则退出该循环语句，执行该循环语句后面的语句；如果表达式 d2 的值为非 0 时，则执行循环体<语句>，再计算表达式 d3，改变循环变量的值。接着，再计算表达式 d2，然后判断是否执行循环体，重复前面操作。总之，每次计算的表达式 d2 的值不为 0 时，便执行循环体，只有 d2 的值为 0 时，才会退出该循环语句。

使用 for 循环语句应注意下述事项。

① 该循环语句通常用于循环次数事先能够确定的情况。

② 该循环语句可以用 while 循环语句表示如下：

```
d1;
while(d2)
{
    <语句>
    d3;
}
```

③ 该循环语句使用灵活，形式多样。这一点将通过例 3.7 进行说明。

3. for 循环语句应用举例

【例 3.7】使用 for 循环语句编程求出自然数 51～100 之和。这里共使用了不同的 5 种形式。

程序内容如下：

形式一

```
#include <iostream.h>
void main()
{
    int sum(0);
    for(int i=51;i<=100;i++)
        sum+=i;
    cout<<"sum="<<sum<<endl;
}
```

形式二

```
#include <iostream.h>
void main()
{
    int i(51),sum(0);
    for(;i<=100;i++)
        sum+=i;
    cout<<"sum="<<sum<<endl;
}
```

形式三

```
#include <iostream.h>
void main()
{
    int i(51),sum(0);
    for(;i<=100;)
        sum+=i++;
    cout<<"sum="<<sum<<endl;
}
```

形式四

```
#include <iostream.h>
void main()
{
    int i(51),sum(0);
    for(;;)
    {
```

```
        sum+=i;
        if(i==100)
           break;
        i++;
    }
    cout<<"sum="<<sum<<endl;
}
```

形式五

```
#include <iostream.h>
void main()
{
    for(int i(51),sum(0);i<=100;sum+=i,i++)
        ;
    cout<<"sum="<<sum<<endl;
}
```

这 5 个程序都是等价的，运行每个程序都得到如下结果：

```
sum=3775
```

关于这 5 种形式的特点请读者自己分析。

【例 3.8】使用下列公式，编程求π值。

π/4=1-1/3+1/5-1/7+…

直到最后一项绝对值小于 1e-8 为止。

程序内容如下：

```
#include <iostream.h>
#include <math.h>
void main()
{
    double x(1),s(0);
    for(int i(1);fabs(x)>1e-8;i++)
    {
        x*=(-1.0)*(2*i-3)/(2*i-1);
        s+=x;
    }
    s*=4;
    cout<<"pi is "<<s<<endl;
}
```

运行该程序后，输出结果如下：

```
pi is 3.14159
```

程序分析：

程序中使用一个公式求π的近似值。假定公式的第 i 项为 d，则第 i+1 项，表示如下：

```
x*(-1)*(2*i-3)/(2*i-1)
```

由于是求近似值，要求最后一项的绝对值要小于一个很小的数，程序中作为 for 循环语句的结束条件：

```
fabs(x)>1e-8
```

其中，fabs()是求绝对值的函数，它包含在 math.h 的文件中。

3.3.4　多重循环

多重循环又称为循环嵌套,多重循环是指在某个循环语句的循环体内还可以包含有循环语句。前边讲述的 3 种不同形式的循环语句不仅可以自身嵌套，还可以相互嵌套。在嵌套时，只需注意

在一个循环体内包含另一个完整的循环结构。例如，

```
...
for(…)
{
    ...
    while(…)
    {…}
    do {
    ...
    }while(…);
    ...
}
```

这是一个在for循环语句的循环体内嵌套了一个while循环语句和一个do-while循环语句的例子。

【例3.9】编程求出51～100自然数中所有的素数，并要求每行输出6个素数。

程序内容如下：

```
#include <iostream.h>
const int MIN=51;
const int MAX=100;
void main()
{
    int n(0);
    for(int i=MIN;i<MAX;i+=2)
    {
        for(int j=2;j<i;j++)
            if(i%j==0)
                break;
        if(j==i)
        {
            if(n%6==0)
                cout<<endl;
            n++;
            cout<<' '<<i;
        }
    }
    cout<<endl;
}
```

该程序的输出结果请读者自己上机调试，并分析其结果是否正确。

程序分析：

素数是只能被1和该数本身所整除的自然数。最小的素数为2。

该程序的算法是将从51开始至100的每一个自然数，除去能被2整除的之外，逐个进行验证，如果该数能被其本身之外的大于等于2的任何一个数整除，则该数就不是素数，否则是素数。以j为循环变量的for循环语句就用来完成该功能。退出j为循环变量的for循环语句后，判断j是否等于i，如果相等，则为素数，通过下列判断实现每行输出6个素数。

```
if(n%6==0)    cout<<endl;
```

如果j不等i，说明i不是素数，继续下次循环，直到将100判断后结束外重循环。

【例3.10】有20只猴子吃掉50个桃子。已知公猴每只吃5个，母猴每只吃4个，小猴每只吃2个。编程求出公猴、母猴和小猴各多少只。

程序内容如下：

```
#include <iostream.h>
void main()
{
    int a,b,c;
    for(a=1;a<11;a++)
      for(b=1;b<13;b++)
       {
         c=20-a-b;
         if(5*a+4*b+2*c==50)
           cout<<"公猴="<<a<<', '<<"母猴="<<b<<','<<"小猴="<<c<<endl;
       }
}
```

运行该程序后，输出结果如下：

公猴=2，母猴=2，小猴=16

该程序输出结果由读者自己分析。

3.4　转　向　语　句

C++语言中可使用的转向语句有如下 3 种。

3.4.1　goto 语句

该语句形式如下：

goto 〈语句标号〉；

其中，goto 是关键字。〈语句标号〉是一种用来标识语句的标识符，起名规则同标识符规定。语句标号放在语句的最左边，用冒号（:）与语句分隔，也可以放在语句的上一行，也用冒号分隔。

C++程序中限制 goto 语句的使用范围，规定该语句只能在一个函数体内转向，不允许从一个函数体转向到另一个函数体，这样保证了函数是结构化程序的最小模块。在一个函数体内，语句标号是唯一的。

C++程序中最好不用 goto 语句，个别情况下，为了简化程序，增强可读性可以使用 goto 语句。

【例 3.11】编程求出若干个整型数中第一次出现负数的位置及该数值。假定有 6 个整型数被放在一个一维 int 型数组中。

程序内容如下：

```
#include <iostream.h>
void main()
{
    int a[]={23,41,56,-64,78,23};
    for(int i=0;i<6;i++)
      if(a[i]<0)
        goto found;
    cout<<"no find!\n";
    goto end;
found: cout<<"a["<<i<<"]="<<a[i]<<endl;
end: ;
}
```

请读者上机调试该程序，并获得正确结果。

3.4.2　break 语句

该语句格式如下：

```
break;
```

其中，break 是该语句的关键字。

break 语句在 C++程序仅可用于下述两种情况。

① 用于开关语句的〈语句序列〉中，其功能是退出该开关语句。

② 用于循环语句的循环体中，其功能是退出该重循环。

【例 3.12】编程求出从键盘上输入若干个正数之和，遇到负数时终止程序，输出显示和值。输入数不超过 10 个。

程序内容如下：

```cpp
#include <iostream.h>
const int M=10;
void main()
{
    int n,sum(0);
    cout<<"Enter number: ";
    for(int i=0;i<M;i++)
    {
        cin>>n;
        if(n<0)
            break;
        sum+=n;
    }
    cout<<"sum="<<sum<<endl;
}
```

请读者自己上机调试该程序，并验证该程序的正确性。

3.4.3　continue 语句

该语句格式如下：

```
continue;
```

其中，continue 是该语句的关键字。

该语句只用于循环语句的循环体中，其功能是用来结束本次循环。

【例 3.13】编程求出从键盘上输入的 10 个 int 型数中所有正数之和。

程序内容如下：

```cpp
#include <iostream.h>
const int N=10;
void main()
{
    int n,sum(0);
    cout<<"Enter number: ";
    for(int i=0;i<N;i++)
    {
        cin>>n;
        if(n<0)
            continue;
        sum+=n;
```

```
    }
    cout<<"sum="<<sum<<endl;
}
```

请读者自己上机调试该程序，并验证该程序的正确性。

3.5 类型定义语句

1. 类型定义语句的格式
类型定义语句格式如下：

```
typedef 〈已有类型名〉 〈新类型名表〉;
```

其中，typedef 是类型定义语句的关键字；〈已有类型名〉是指系统所提供的已有的类型名，也包含已被定义的类型名；〈新类型名表〉中是被定义的新类型名，可以是一种，也可以是多种，多种新类型名之间用逗号（,）分隔。例如，

```
typedef double WAGES,BONUS;
```

该语句中定义了两个新类型 WAGES 和 BONUS。这两个新类型都是 double 型的，即用它们再去定义的变量，其类型为 double 型。例如，

```
WAGES weekly;
BONUS monthly;
```

这里，变量 weekly 和 monthly 都是 double 型变量。由此可见，类型定义不是重新定义新的数据类型，而是对已有的数据类型起个新名字，如在上例中，新定义的类型 WAGES 和 BONUS 都是 double 型的新名。用它们可以再去定义 double 型的变量。

2. 使用类型定义语句时应注意的事项
使用类型定义语句定义新类型时应注意如下事项。

① 通常为了将新定义的类型与系统已有类型加以区别，习惯于将新定义的类型名用大写字母。实际上，新定义的类型名用小写字母也可以。

② 类型定义可以嵌套，即用定义过的新类型可以再去定义类型。例如，

```
typedef char *STRING;
typedef STRING MONTHS[3];
MONTHS spring={"Februay","March","April"};
```

这里，先用已有类型 char*定义了一个新类型 STRING，又用已定义的类型 STRING 定义了另一种新类型 MONTHS[3]。MONTHS[3]是被定义的具有 3 个元素的字符指针数组，而用 MONTHS 定义的变量 spring 便是一个具有 3 个字符指针元素的字符指针数组，并给它进行了初始化。这里表现出了类型定义的嵌套。

3. 使用类型定义的好处
使用类型定义有如下几点好处。

① 可增加所定义的变量的信息，改善程序的可读性。例如，从前面定义的新类型 WAGES 可知，它是工资的意思，使用它定义的变量 weekly，具有周工资的含义，其类型是 double 型的。于是便增加了所定义变量的一些信息，这在编写应用程序中是很有用的。

② 可以将复杂类型定义为简单类型，从而达到书写简练的目的。例如，

```
typedef struct student
{
    //若干个成员说明
```

```
}STUDENT;

STUDENT S1,S2;
```

其中，S1 和 S2 是结构类型 student 的结构变量，而 STUDENT 是被定义的新类型，该类型是结构名为 student 的结构类型。

关于结构类型的定义格式可见第 7 章。

③ 可提高数据的安全性。因为使用类型定义的新类型定义的变量，系统进行类型检查。

3.6　预处理功能

预处理功能是由一些预处理命令组成的。由于这些命令是在程序正常编译之前就被执行故得此名。

本节讲述的预处理命令有：

- 文件包含命令。
- 宏定义命令。

预处理命令具有下述特点。

① 这些命令在正常编译之前被执行。

② 为识别预处理命令，要求书写该命令时在左边加井号（#）。

③ 预处理命令可放在程序的任何位置，有些预处理命令，如文件包含命令，放在程序首部更为合适。

④ 预处理命令不是语句，书写时不要加分号（；）结束。

⑤ 通常一条预处理命令单独占一行。如果命令过长需要写成多行时，要加续行符（\），放在前一行的末尾。

3.6.1　文件包含命令

这是一条在 C++程序中常用的预处理命令。

1. 文件包含命令的格式

文件包含命令的格式如下：

```
#include <<文件名>>
```

或者

```
#include "<文件名>"
```

其中，include 是关键字，#是预处理命令的标识符号。<文件名>给出要包含的文件的全名，包含扩展名。这里有两种格式，一个用尖括号将<文件名>括起来，另一个是用双撇号将<文件名>括起来。这两种不同格式的区别如下：

使用尖括号引用要包含的文件名时，所包含的文件被系统存放在指定的目录下，系统会到指定的目录去查找要包含的文件；使用双撇号引用要包含的文件名时，系统先到当前目录下查找，再到相连的目录下查找，最后到系统所指定的目录下查找，由此可见，系统定义的被包含文件最好使用尖括号来引用，而用户定义的被包含文件一定要使用双撇号来引用。

2. 使用文件包含命令应注意的事项

使用文件包含命令时，应注意如下事项。

① 系统提供的被包含文件，选用尖括号的包含格式，用户定义的被包含文件，选用双撇号的包含格式。

② 一条文件包含命令只能包含一个文件，若有多个被包含文件可使用多条文件包含命令。

③ 定义的被包含文件中还可以使用文件包含命令，即文件包含命令可以嵌套使用。在使用嵌套的文件包含命令时，应注意所包含文件的前后顺序，被使用的包含内容要在使用前被包含。

④ 为了提高被包含文件的利用效率，尽量减少因文件包含所增加的目标代码长度，要求定义被包含文件时应尽量短小。

⑤ 文件包含命令最好放在程序头。因为该命令所放置的位置就是被包含文件内容出现的地方，要求被包含的内容一定要在引用这些内容的语句之前出现。

【例 3.14】使用文件包含命令将多个文件归为一个文件。该例在文件 3.14.cpp 中包含了文件 3.14-1.cpp，只需编译运行 3.14.cpp 即可。

文件 3.14.cpp 内容如下：

```
#include <iostream.h>
#include "3.14-1.cpp"
void main()
{
    int a(67),b(34);
    int sum=fun(a,b);
    cout<<"sum="<<sum<<endl;
}
```

文件 3.14-1.cpp 内容如下：

```
int fun(int x,int y)
{
    return x+y;
}
```

运行 3.14.cpp 文件后，输出结果如下：

```
sum=101
```

程序分析：

该程序有两个文件：3.14.cpp 和 3.14-1.cpp。

在主文件 3.14.cpp 中，包含了文件 3.14-1.cpp，使用下述文件包含命令：

```
#include "3.14-1.cpp"
```

由于被包含文件 3.14-1.cpp 是用户定义的，并存放在当前目录中，因此应使用双撇号来引用。

被包含的文件通常是头文件（.h），也可以是.cpp 的源程序文件或其他源文件。

3.6.2　宏定义命令

该命令在 C 语言程序中使用较多，但是在 C++程序中使用较少，其原因是宏定义命令被 C++语言的其他格式所代替。

在 C++程序中，使用 const 修饰符来说明符号常量，代替了用不带参数的宏定义来定义符号常量。C++程序中又使用内联函数来代替带参数的宏定义命令，详见第 5 章。

下面简单复习一下 C 语言中所使用宏定义命令。

1．宏定义命令的格式

宏定义命令分为不带参数的宏定义命令和带参数的宏定义命令两种，其格式如下所示。

不带参数的宏定义命令格式如下：

```
#define 〈标识符〉〈串〉
```

带参数的宏定义命令格式如下：

```
#define 〈宏名〉(〈参数表〉)〈宏体〉
```

其中，define 是宏定义命令的关键字；〈标识符〉是不带参数的宏名，通常用大写字母；〈串〉是被定义的替代内容；〈宏名〉同标识符，建议用大写字母；〈参数表〉中给定一个或多个参数名，多个参数时用逗号（,）分隔，对参数不必指出类型，定义宏名时的参数称形参；〈宏体〉中包含有被用来替代的形参和其他字符，替换时用程序中宏名的实形来替代宏体中的形参，其他部分不变。例如，

```
#define PI 3.1415
#define SQ(x)  (x)* (x)
```

2. 使用宏定义命令时应注意的事项

使用宏定义命令时应注意下述事项。

① 宏定义命令所定义的宏名的作用域是文件级的。取消宏定义命令 undef〈标识符〉可以用来取消被定义的宏名。

② 宏定义命令可以嵌套。可以使用已被定义的宏名再定义新的宏名。

③ 带参数的宏定义中，对于宏体中出现的参数应适当地加以括号很重要，这样可以避免因优先级引起的误解。

【例 3.15】分析下列程序的输出结果。

程序内容如下：

```
#include <iostream.h>
#define ADD(x,y)  (x)+(y)
void main()
{
    int a(8),b(4);
    int sum=ADD(a+2,b-3);
    cout<<"sum="<<sum<<endl;
}
```

运行该程序后，输出结果如下：

```
sum=11
```

程序分析：

该程序中，出现了带参数的宏定义：

```
#define ADD(x,y)  (x)+(y)
```

它具有求两个数之和的功能。

思考题：请将该程序中，下列语句

```
int sum=ADD(a+2, b-3);
```

改写为

```
int sum=20/ADD(a+2, b-3);
```

其他不变。上机调试后，输出结果是什么？为什么？

练习题 3

3.1 判断题

1. 表达式和表达式语句是不同的。

2．空语句是一种没有用处的语句。

3．复合语句就是分程序。

4．条件语句中 if 子句和 else 子句都是必须有并且仅有一个。

5．条件语句中 else if 子句可以没有，也可以有多个。

6．开关语句可实现多路分支。

7．开关语句的<语句序列>中必须有一个 break 语句，否则该开关语句便无法退出。

8．任何循环语句都是至少执行一次循环体。

9．退出 for 循环语句必须是 for 后面括号内的中间一个表达式的值为 0。

10．do-while 循环语句至少要执行一次循环体。

11．循环语句的循环体中可以出现 if 语句，if 语句的 if 体内不能出现循环语句。

12．goto 语句中所使用的语句标号是一种标识符，它的作用域是文件级的。

13．break 语句和 continue 语句都可以出现在循环体中，但是它们的作用是不同的。

14．文件包含命令所能包含的文件类型是不受限制的。

3.2　单选题

1．下列关于语句的描述中，错误的是（　　）。

　　A．一条语句是由若干个单词组成的

　　B．每条语句都要实现某种操作

　　C．条件语句是用来实现分支操作的

　　D．循环语句是用来在一定条件下重复执行某段程序的

2．下列关于条件语句的描述中，错误的是（　　）。

　　A．if 语句中最多只能有一个 else 子句

　　B．if 语句的 if 体内可以出现开关语句

　　C．if 语句中 else if 子句和 else 子句的顺序是没有限制的

　　D．if 语句中 else 子句是与它最近的 if 子句配对的

3．下列关于开关语句的描述中，错误的是（　　）。

　　A．开关语句中，case 子句的个数是不受限制的

　　B．开关语句中，case 子句的语句序列中一定要有 break 语句

　　C．开关语句中，default 子句可以省略

　　D．开关语句中，右花括号具有退出开关语句的功能

4．下列关于循环语句的描述中，错误的是（　　）。

　　A．while 循环语句中<条件>给定的表达式不能为非 0 的常量，否则便是死循环

　　B．for 循环语句的循环体内可以出现 while 循环语句、do-while 循环语句和 for 循环语句

　　C．循环语句的循环体可以是空语句

　　D．循环语句的循环体内可以出现 break 语句，也可以出现 continue 语句

5．已知：int i(3)；下列 do-while 循环语句的循环次数是（　　）。

```
do{
    cout<<i--<<endl;
    i--;
}while(i!=0);
```

　　A．0　　　　　　　　B．3

　　C．1　　　　　　　　D．无限

6. 下列 for 循环语句的循环次数是（　　　　）。

```
for(int i(0), j(5); i=3; i++, j--);
```

    A. 3　　　　　　　　B. 无限　　　　　　　　C. 5　　　　　　　　D. 0

7. 下列 while 循环语句的循环次数是（　　　）。

```
while(int i(0)) i--;
```

    A. 0　　　　　　　　B. 1　　　　　　　　C. 2　　　　　　　　D. 无限

8. 下列程序段执行后，j 值是（　　　　）。

```
for(int i(0), j(0); i<10; i++)
  if(i) j++;
```

    A. 0　　　　　　　　B. 9　　　　　　　　C. 10　　　　　　　D. 无限

9. 已知：typedef char CH; 下列描述中，正确的是（　　　　）。

    A. 使用 CH 定义的变量是 char 型变量

    B. 使用 CH 定义的是一个字符常量

    C. 使用 CH 定义的变量其类型不确定

    D. 使用 CH 定义的是一个字符串

10. 下列关于预处理命令的描述中，错误的是（　　　　）。

    A. 预处理命令最左边的标识符是#

    B. 预处理命令是在编译前处理的

    C. 宏定义命令可以定义符号常量

    D. 文件包含命令只能包含.h 文件

3.3 填空题

1. 表达式语句是一个表达式后边加上＿＿＿＿＿组成的。空语句是＿＿＿＿＿。

2. 复合语句是由＿＿＿＿＿条或＿＿＿＿＿条以上的语句加上＿＿＿＿＿组成的。

3. 分程序是一种带有＿＿＿＿＿语句的复合语句。

4. 循环语句的共同特点是都应具有＿＿＿＿＿和＿＿＿＿＿。

5. 下列程序是求 100 之内的能被 7 整除的自然数之和。

```
#inelude <iostream.h>
void main( )
{
    int sum;
    _____;
    for(int i(1);_____; i++)
    if(_____)
        sum+=i;
    cout<<sum<<endl;
}
```

3.4 上机调试下列程序，并分析其输出结果

1.

```
#include <iostream.h>
void main()
{
    int a(8),b(5);
    if(!a)
        b--;
    else if(b)
```

```
        if(a)
            a++;
        else
            a--;
    else
        b++;
    cout<<a<<','<<b<<endl;
}
```

2.

```
#include <iostream.h>
void main()
{
    int a(10);
    while(--a)
    {
        if(a==5)  break;
        if(a%2==0&&a%3==0)  continue;
        cout<<a<<endl;
    }
}
```

3.

```
#include <iostream.h>
void main()
{
    int b(10);
    do {
            ++b;
            cout<<++b<<endl;
            if(b==15)  break;
    }while(b<15);
    cout<<"ok! "<<endl;
}
```

4.

```
#include <iostream.h>
void main()
{
    int w(5);
    do {
            switch(w%2)
            {
              case 1: w--; break;
              case 0: w++; break;
            }
            w--;
            cout<<w<<endl;
    }while(w>0);
}
```

5.

```
#include <iostream.h>
void main()
{
    int a(4),b(5),i(0),j(0);
    switch(a)
    {
```

```
        case 4: switch(b)
              {
                  case 4: i++; break;
                  case 5: j++; break;
                  default: i++;j++;
              }
        case 5: i++; j++;
              break;
        default: i++;j++;
    }
    cout<<i<<','<<j<<endl;
}
```

6.
```
#include <iostream.h>
void main()
{
    int b(10);
    for(int i=9;i>=0;i--)
    {
      switch(i)
        {
            case 1: case 4: case 7: b++;break;
            case 2: case 5: case 8: break;
            case 3: case 6: case 9: b+=2;
        }
    }
    cout<<b<<endl;
}
```

7.
```
#include <iostream.h>
void main()
{
    int a(6);
    for(int i(1);i<=a;i++)
    {
        for(int j=1;j<=a-i;j++)
            cout<<' ';
        for(j=1;j<=2*i-1;j++)
            cout<<'A';
        cout<<endl;
    }
}
```

8.
```
#include <iostream.h>
#define MAX(x,y) (x)>(y)?(x):(y)
void main()
{
    typedef int IN;
    IN a(3),b(4),c;
    c=MAX(a,b)*2;
    cout<<c<<endl;
}
```

3.5 编程题

1．求 100 之内的自然数中奇数之和。

2．求两个整数的最大公约数和最小公倍数。

3．求下列分数序列前 15 项之和。

2/1，3/2，5/3，8/5，13/8，…

4．按下列公式，求 e 的近似值。

e=1+1/1！+1/2！+1/3！+…+1/n！

5．求下列式子之和，假定 n=10。

S=1+(1+2)+(1+2+3)+…+(1+2+3+…+n)

3.6 简单回答下列问题

1．分程序是复合语句吗？复合语句与分程序的区别是什么？

2．if 语句中，else 子句的功能是什么？

3．在开关语句中，是否每个 case 子句后面的<语句序列>中都应该有 break 语句？

4．循环语句的循环体中出现的 continue 语句的作用是什么？

5．文件包含命令的功能吗？该命令一定要放在程序首部吗？

上机指导 3

3.1 上机要求

（1）熟悉 C++程序所使用的各种语句的格式和使用方法。

（2）熟悉预处理功能中的文件包含命令和宏定义命令的用法。

（3）学会使用各种语句和命令编写顺序结构、选择结构和循环结构模块的程序。

3.2 上机练习题

1．上机调试本章例 3.1 程序，并回答所提出的思考题。

2．上机调试本章例 3.2 程序，并回答所提出的思考题。

3．上机调试本章例 3.3 程序，并按其要求验证其结果。

4．上机调试本章例 3.11 程序，并输出正确结果。

5．上机调试本章例 3.12 程序，并输出正确结果。

6．上机调试本章例 3.13 程序，并输出正确结果。

7．上机调试本章例 3.15 程序，并回答所提出的思考题。

8．上机调试本章练习题 3.4 中的 8 个程序，并将输出结果与分析结果进行比较。

9．上机调试本章练习题 3.5 中的 5 个编程题。

第4章
指针和引用

指针在 C 语言中是一个十分重要的概念，在 C++ 语言中指针也很重要，但是它的应用不像在 C 语言中那么广泛。掌握指针的概念和应用对于 C++ 语言编程是很重要的。本章将介绍指针定义和运算以及指针在数组方面的应用。

本章介绍引用概念，这一概念是 C 语言中没有的。这是 C++ 语言中一个较为重要的概念。引用在 C++ 语言中通常用作函数的参数和返回值，这一点将在第 5 章中介绍，本章仅介绍引用概念，并将引用与指针作一比较。

4.1　指针和指针的定义格式

本节介绍有关指针的概念，包括什么是指针和如何定义指针。

4.1.1　什么是指针

指针是一种特殊的变量。这句话告诉我们，指针是变量，但它又不同于一般变量。指针的特殊性将从变量的三要素讲起。

指针的名字同标识符，这一点同于一般变量。

指针的值是用来存放某个变量或对象的地址值的。该地址值便是变量或对象存放在内存中的地址值。

指针的类型是该指针所指向的变量或对象的类型，而不是它所存放的值的类型，因为它所存放的值的类型都是整型或长整型的地址值。指针所指向的变量或对象是指指针所存放的地址值的变量或对象。这就是说，一个指针存放了哪个变量或对象的地址值，则该指针就指向那个变量或对象。

总之，对指针的认识简单描述如下：

指针是一种用来存放某个变量或对象地址值的变量；一个指针存放了哪个变量或对象的地址值，则该指针便指向哪个变量。指针的类型是该指针所指向的变量的类型。

下面通过图示方法介绍指针与它所指向的变量的关系。

已知：int a=5;

假定指针 pa 是指向变量 a 的指针。

图 4.1 中，1000H 表示变量 a 在内存中的地址值，H 表示十六进制。2000H 表示指针 pa 在内

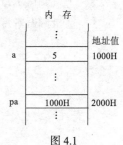

图 4.1

存中的地址值。指针 pa 所存放的便是变量 a 的内存地址值，称 pa 是指向变量 a 的指针。由于变量 a 是 int 型的，所以指针 pa 的类型也是 int 型的。

4.1.2　指针的定义格式

指针的定义格式如下：

〈类型〉＊〈指针名〉［=〈初值〉］；

其中，〈类型〉指出指针的类型，〈指针名〉同标识符。*是说明符或修饰符，用来表示它后面的标识符是指针名。指针在定义时可以被初始化，也可以不被初始化。用来给指针初始化的初值应该是一个与该指针类型相同的变量的地址值。一般变量的地址值是用运算符&后边加上变量名来表示的。数组元素和结构变量的地址值也是用&后边加上数组元素和结构变量名表示。数组名本身就是一个地址值。例如，

```
int a=5;
int *pa=&a;
```

其中，pa 是一个指向 int 型变量 a 的指针。

下面列举一些常用的不同类型的指针的定义格式。

```
double *pd;          // pd 是一个指向 double 型变量的指针
char *pc;            // pc 是一个指向 char 型变量的指针
float *pfl;          // pfl 是一个指向 float 型变量的指针
int (*pa)[3];        // pa 是一个指向一维数组的指针，该数组是具有 3 个元素的 int 型数组。
int (*pfu)();        // pfu 是一个指向函数的指针，该函数是一个无参数的 int 型函数。
int **pp;            // pp 是一个指向一级指针的指针，即为二级指针。
```

此外，还有指向结构变量的指针和文件指针等。

下面介绍取内容运算符*的用法。该运算符通常作用在指针名的左边，表示取该指针所指向的变量值。例如，

```
int a=3, *pa=&a;
*pa=8;
```

赋值表述式*pa=8 表示将 8 赋值给指针 pa 所指向的变量 a，它与 a=8 表达式是等价的。

【例 4.1】熟悉指针的概念。分析下列程序的输出结果。

程序内容如下：

```
#include <iostream.h>
void main()
{
    int a=5,*pa=&a;
    cout<<a<<','<<*pa<<endl;
    cout<<pa<<','<<&a<<endl;
    *pa=10;
    cout<<a<<','<<*pa<<endl;
}
```

运行该程序后，输出结果如下：

```
5, 5
〈地址值〉,〈地址值〉
10, 10
```

程序分析：

通过该程序应学会定义指针和给指针初始化，了解指针所存放的值是该指针所指向的变量的

地址值，掌握通过指针给它所指向的变量的赋值方法。

4.2　指针的运算

由于指针是一种特殊的变量，因此指针的运算受到限制。通常指针除了赋值运算外，仅有加减整数运算和相减及比较运算。

4.2.1　指针的赋值运算和增值运算

1. 指针的赋值运算

指针在定义或说明时可以被赋初值，指针也可以被赋值。

指针赋值的规则如下：

指针被赋的值应该是变量或对象的地址值，并且要求类型相同、级别一致。

例如，

```
double d=1.5,*pd;
int a=7;
```

下列赋值是正确的：

```
pd=&d;
```

下列赋值是错误的：

```
pd=&a;
```

因为指针类型是 double 型的，变量 a 的类型是 int 型的。

又例如，

```
int a[5], b[3][5], *p;
```

下列赋值是正确的：

```
p=a;
```

数组名本身是一个常量指针，即为数组首元素地址值。一维数组名为一级指针。

下列赋值是错误的：

```
p=b;
```

因为数组 b 是二维数组，该数组名为二级指针，p 是一级指针，所以两者级别不一致。

在给指针赋值时除了要遵循上述规则外，还应注意如下事项。

① 指针定义后在没有确定值前绝对不能使用，否则会出现问题。

② 暂时不用的指针为了安全起见，可先给它赋值为 0，即为一个空指针。以后需要时再赋值。

③ 可将一个已知指针赋值给相同类型的另一个指针。例如，

```
int a(5),*p1=&a,*p2;
p2=p1;
```

将指针 p1 赋值给 p2，使得 p2 和 p1 都是指向变量 a 的指针。

④ 指针可以使用 malloc()函数赋值。例如，

```
int *p;
p=(int*) malloc(sizeof(int));
```

p 是一个指向 int 型变量的指针，可以通过下列表达式给 p 所指向的 int 型变量赋值：

```
*p=100;
```

指针赋值运算是 C++编程中常用的一种运算。

2. 指针的增值减值运算

指针可以被加上或减去一个 int 型数，包括加 1 或减 1 运算。指针增值或减值运算实际是移动指针的位置。例如，

```
int a[5], *p=a;
++p;
```

这里，p 是一个指向一维数组 a 的首元素的指针，++p 使得指针 p 指向了数组 a 下标为 1 的元素，即首元素的下面一个元素。

【例 4.2】分析下列程序的输出结果，熟悉指针增值减值运算。

程序内容如下：

```
#include <iostream.h>
void main()
{
    int a[]={1,2,3,4,5};
    int *pa=a+4;
    cout<<*pa<<endl;
    cout<<*--pa<<endl;
    cout<<*(pa-3)<<endl;
}
```

运行该程序后，输出结果如下：

```
5
4
1
```

程序分析：

该程序中出现了指针加减 int 型数运算的表达式有：

```
a+4, --pa, pa-3
```

数组名 a 是一个常量指针，pa 是定义的 int 型指针。常量指针和变量指针都可以加减一个 int 型数，但是常量指针不可用++，--运算进行操作。例如，a--，++a 都是非法的。

这里应特别注意，pa 指针开始指向数组 a 下标为 4 的元素，经过--pa 运算后，将改变指针 pa 指向了数组 a 下标为 3 的元素，所以经过 pa-3 运算后，其值为下标为 0 元素地址值，*(pa-3) 的值为首元素值 1。

【例 4.3】分析下列程序输出结果，熟悉指针运算和字符串的操作。

程序内容如下：

```
#include <iostream.h>
void main()
{
  char s[]="abcdef",*ps=s;
  cout<<s<<endl;
  cout<<ps+2<<endl;
  cout<<++ps+2<<endl;
  cout<<*(ps+1)<<endl;
}
```

该程序的输出结果由读者自己分析。

4.2.2　指针的比较运算和相减运算

在一定条件下，两个指针可以进行比较，也可以进行相减运算。

这里应注意如下两个问题。

① 指针的比较运算和相减运算是有条件的，不是任何两个指针进行比较运算和相减运算都是有意义的。一定条件可以是同一个数组，即指向同一个数组的两个指针可以进行比较运算和相减运算。

② 相减运算和比较运算是对两个相同类型的指针而言的。

【例4.4】编程将一个字符串逆序输出。例如，已知字符串"1 2 3 4 5"，逆序输出为"5 4 3 2 1"。分析该程序中使用了哪些指针运算。

程序内容如下：

```cpp
#include <iostream.h>
void main()
{
    char s[]="abcdef",*ps;
    ps=s;
    int i(0),n;
    while (s[i++]!='\0')
        ps++;
    n=ps-s;
    for (ps=s+n-1;ps+1!=s;ps--)
        cout<<*ps;
    cout<<endl;
}
```

运行该程序后，输出结果如下：

fedcba

程序分析：

下面是程序中出现的有关指针的运算：

```
ps=s
ps++
n=ps-s
ps=s+n-1
ps+1 !=s
ps--
*ps
```

请读者说出上述的运算是指针的什么运算？

4.2.3 指针运算和地址运算

指针运算实际上是地址运算，但是指针运算又不同于地址运算。

指针加1不同于地址加1。因为指针加1实际上所加的地址值不一定是1，而是该指针的类型所占内存的字节数。例如，int型指针加1在32位机上，地址值被加4。不同类型的指针加1时，地址值被加的字节数是不同的。

【例4.5】编程验证指针加1和地址加1运算的区别。分析下列程序的输出结果。

程序内容如下：

```cpp
#include <iostream.h>
void main()
{
    int i,*pi1=&i,*pi2;
    double d,*pd1=&d,*pd2;
    pi2=pi1+1;
    pd2=pd1+1;
    cout<<pi2-pi1<<','<<pd2-pd1<<endl;
```

```
    cout<<(int)pi2- (int)pi1<<','<<(int)pd2- (int)pd1<<endl;
}
```

运行该程序后，输出结果如下：

```
1, 1
4, 8
```

程序分析：

从该程序的输出结果可以看出：

两个相邻的指针相减其值为 1。类型不同的两个指针的地址值相差却是不同的，int 型指针加 1 相当于地址值加 4，double 型指针加 1 相当于地址值加 8。这是在 32 位机上运行的结果。指针运算 与地址运算的表现方式不同，地址运算时要在指针名前面加上（int），表示强制成 int 型的意思。

4.3 指针和数组

本节介绍指针在数组方面的应用，指针可以表示数组元素，指针可以作为数组的元素，这种 数组称为指针数组。另外，指针可以指向数组的元素，指针还可以指向一维数组、二维数组等等。

4.3.1 指针可表示数组元素

前面章节中介绍过数组元素可以用下标表示，下面介绍数组元素可以用指针表示，使用指针 表示的数组元素通常在处理上比使用下标表示的数组元素效率高些。

1. 一维数组元素的指针表示

为了方便使用指针表示数组元素，特规定数组名是一个常量指针，该指针的值是该数组首元 素的地址值。

假定一维数组 a 定义如下：

```
int a[5];
```

该数组的下标表示为 a[i]，i=0 ~ 4。

由于数组名 a 是首元素的地址值，数组元素的下标是从 0 开始，每次增 1，于是第 i 个数组元 素的地址值表示如下：

a+i，其中，i=0 ~ 4。

第 i 个数组元素的值表示为：

*(a+i)，其中，i=0 ~ 4。

这便是一维数组元素的指针表示。

【例 4.6】分析下列程序的输出结果，熟悉一维数组元素的指针表示。

程序内容如下：

```
#include <iostream.h>
int a[]={1,2,3,4,5,6};
void main()
{
    int *p=a;
    for (int i(0);p+i<a+5;i++,p++)
        cout<<*(p+i)<<"  ";
    cout<<endl;
    cout<<a[2]<<','<<*(a+1)<<endl;
    cout<<*p<<','<<p[-3]<<endl;
```

```
}
```

运行该程序后，输出结果如下：

```
1   3   5
3, 2
4, 1
```

程序分析：

在该程序中，数组 a 是一个常量指针，指针 p 是一个变量指针，开始时 a 和 p 都指向数组 a 的首元素。请读者通过该程序的调试回答如下问题：

常量指针与变量指针有何不同？

2. 二维数组元素的指针表示

假定 b 是一个二维数组，定义如下：

```
int b[3] [5];
```

该数组元素的下标表示为 b[i][j]，其中，i=0~2，j=0~4。

按二维数组元素在内存中存放的顺序，已知数组首元素的地址为&b[0][0]时，该数组其他各元素的地址可表示如下：

&b[0][0]+5*i+j，其中，i=0~2，j=0~4。

该数组各元素值可表示为：

*(&b[0][0]+5*i+j)

这是二维数组元素用一级指针表示的一种方法。

二维数组可以看作是由行数组和列数组组成的，行数组和列数组都是一维数组。例如，b[3][5] 可以看作是一个一维行数组，该数组有 3 个元素，每个元素又是一个一维的列数组，即将二维数组看作一维数组的一维数组。根据一维数组元素的指针表示方法，二维数组元素中行、列数组都用指针表示的形式如下：

((b+i)+j)

当行数组用指针，列数组用下标表示的形式如下：

(*(a+i))[j]

当行数组用下标，列数组用指针表示的形式如下：

*(a[i]+j)

以上是二维数组元素的指针、下标表示的各种形式。

除掌握二维数组元素的各种表示方法外，还要知道二维数组的两种地址的表示方法。

二维数组元素的地址值表示有如下几种形式：

&b[i][j], b[i]+j, *(b+i)+j, &b[0]+5*i+j, &(*(b+i))[j]

二维数组的行地址表示有如下几种形式：

a+i, &a[i]

二维数组的行地址是一个二级指针的地址值，它的值就是该行首列元素的地址值。

【例 4.7】分析下列程序的输出结果，熟悉二维数组元素值和地址值的表示方法。

程序内容如下：

```
#include <iostream.h>
void main()
{
    int b[3][5];
    for (int i=0;i<3;i++)
      for(int j=0;j<5;j++)
          b[i][j]=i+j+1;
```

```
for (i=0;i<3;i++)
{
    for (int j=0;j<5;j++)
        cout<<*(*(b+i)+j)<<"  ";
    cout<<endl;
}
cout<<b<<','<<*b<<','<<*b+2<<endl;
cout<<b[0]<<','<<&b[0]<<','<<*(b+1)+2<<endl;
cout<<b[0][1]<<','<<*(*(b+1)+1)<<','<<(*(b+2))[2]<<endl;
}
```

运行该程序后，输出结果如下：

```
1 2 3 4 5
2 3 4 5 6
3 4 5 6 7
```

〈地址值 1〉，〈地址值 1〉，〈地址值 2〉

〈地址值 1〉，〈地址值 1〉，〈地址值 3〉

2，3，5

程序分析：

该程序中出现了二维数组元素值、二维数组元素的地址值以及行地址值的各种表示方法。

二维数组元素值的表示形式有：b[i][j], (*(*(b+i)+j)), b[0][1], *(*(b+1)+1), (*(b+2))[2]

二维数组元素的地址值的表示形式有：*b, *b+2, b[0], *(b+1)+2

二维数组行地址的表示形式有 b，&b[0]

该程序输出结果中 4 个〈地址值 1〉的地址值都是相同的，它们都是该数组首元素的地址值。这 4 个地址值分别是首行地址值 b 和&b[0]，二者表示等价。另外首行首列元素地址值*b 和 b[0]，二者表示也是等价的。

3. 三维数组元素的指针表示

三维数组可以看作是一个二维数组，该数组元素是一维数组，或者看作是一维数组的一维数组的一维数组。前边讲过了一维数组和二维数组元素的指针表示方法，利用讲过的知识，将三维数组元素的指针、下标表示描述如下。

假定三维数组 c 定义如下：

```
int c[2] [3] [4];
```

三维数组元素都用下标表示为

c[i][j][k]，其中，i=0~1, j=0~2, k=0~3

三维数组元素都用指针表示为

```
*(*(*(c+i)+j)+k)
```

三维数组元素中二维用指针一维用下标表示为

```
 (*(*cc+i)+j) [k]
*((*(c+i))[j]+k
*(*(c[i]+j)+k)
```

三维数组元素中一维用指针二维用下标表示为

```
 (*(c+i))[j] [k]
 (*(c[i]+j)) [k]
*(c[i][j]+k)
```

还有一种是按三维数组在内存中存放顺序用数组的首地址表示如下：

```
*(&c[0][0][0]+3*4*i+4*j+k)
```

以上是关于三维数组元素使用指针和下标表示的若干种形式。

4.3.2 字符指针和字符串处理函数

1. 字符指针

字符指针是指向字符串的指针，它与指向字符型变量的指针在说明的形式上相同。

字符指针指向字符串的首字符。通过字符指针可以对该字符串实现各种操作，正像通过字符数组对该数组中的字符串所实现的操作一样。由于字符指针名是变量指针，要比字符数组名（常量指针）操作起来更加方便。

值得注意的是，字符数组只能在定义或说明时用字符串对它进行初始化，而字符指针不仅可用字符串对它进行初始化，而且还可以用字符串对它赋值，因此，使用字符指针对字符串的操作更加方便。

下面是字符指针的定义形式：

```
char *p1="while", *p2;
p2="switch";
```

其中，p1 和 p2 是两个字符指针，p1 经过初始化后指向字符串"while"，p2 经过赋值后指向字符串"switch"。p1 和 p2 都是指向字符串的首字符。

【例 4.8】使用字符指针编程，将一个字符串每个字符加 2 生成新字符串，再将它还原成为原字符串。

程序内容如下：

```
#include <iostream.h>
void main()
{
    char *p1,s1[20],s2[20];
    p1="I am a teacher. ";
    for (int i=0;i<15;i++)
        s1[i]=*p1++ +2;
    s1[i]='\0';
    cout<<s1<<endl;
    for (i=0;i<15;i++)
        s2[i]=*(s1+i) -2;
    s2[i]='\0';
    cout<<s2<<endl;
}
```

运行该程序后，输出结果如下：

```
K"co"c"vgcejgt 0
I am a teacher.
```

该程序输出结果由读者自己分析。

2. 字符串处理函数

为方便对字符串的操作，系统提供了一些字符串处理函数，存放在 string.h 文件中。

下面列举一些比较常用的字符串处理函数作以简单介绍。

（1）字符串长度函数 strlen( )

该函数的功能是用来求出一个字符串的长度。字符串长度是指字符串中有效字符的个数。

该函数格式如下：

```
int strlen (char *s)
```

其中，strlen 是函数名，该函数有一个参数 s，它可以是字符数组、字符指针或字符串常量。该函数返回值是 int 型数，即为参数中给定的字符串的长度。例如，

```
char *p = "string";
```

```
strlen(p);
strlen("break");
```
（2）字符串比较函数 strcmp()

该函数的功能是对两个字符串进行比较，并返回其比较结果，即一个 int 型数。返回值为 0 时，表明两个字符串相等，返回值大于或小于 0 时，表明两个字符串不等。两个字符串比较的方法是从头至尾顺序地将其对应字符进行比较，当遇到两个字符不等时，便停止比较，并用前边字符串中的该字符与后边字符串中的对应字符相减，得到一个正的或负的 int 型数值。

函数格式如下：
```
int strcmp (char *s1, char *s2)
int strncmp(char *s1, char *s2, int n)
```
其中，strcmp 和 strncmp 是函数名，s1 和 s2 是字符指针，也可以用字符数组。函数 strcmp()和 strncmp()的区别仅在于后者仅比较前 n 个字符，前者比较所有字符。

（3）检索字符串函数 index()

该函数的功能是用来检索在一个指定的字符串中第一次出某个指定字符的位置。如果给定字符出现在某字符串中则返回该字符出现的位置，即为一个指针，该函数是指针函数；如果指定字符不出现在某字符串中则返回 NULL。

函数格式如下：
```
char *index(char *p, char c)
char *rindex(char *p, char c)
```
其中，index 和 rindex 是函数名，p 是用来存放字符串的字符指针，c 是存放指定的字符。函数 index()和 rindex()的区别仅在于前者是从左至右（从头至尾）方向检索，后者是从右至左（从尾至头）方向检索。

（4）字符串连接函数 strcat()

该函数的功能是将两个给定的字符串连接成一个字符串。该函数返回一个 char *，指向连接后的新字符串的首元素。

该函数格式如下：
```
char * strcat (char s1[ ], char s2[ ])
char * strncat (char s1[ ], char s2[ ], int n)
```
其中，strcat 和 strncat 是函数名，s1 和 s2 是数组名，也可以是字符指针，n 是 int 型数。该函数是将字符数组 s2 中的字符串连接到字符数组 s1 的后边，即将 s1 中字符串的结束符用 s2 数组中字符串的首字符代替，连接成一个新的字符串，返回字符数组 s1 的首元素地址值。函数 strcat()和 strncat()的区别仅在于前者连接数组 s2 中所有字符，后者仅连接前 n 个字符。使用该函数时应注意，要求字符数组足够大，能够容纳要连接的 s2 中的所有字符。

（5）字符串复制函数 strcpy()

该函数的功能是将一个指定的字符串复制到指定的字符数组或字符指针中。该函数返回指向复制后的字符串的指针。

函数格式如下：
```
char *strcpy (char s1[ ], char s2[ ])
char *strncpy (char s1[ ],char s2[ ], int n)
```
其中，strcpy 和 strncpy 是函数名，s1 和 s2 是字符数组名，也可以是字符指针，n 是 int 型数。该函数将字符数组 s2 中的字符串复制到字符数组 s1 中，字符数组 s1 如果原来有字符将被覆盖。使用该函数时要求字符数组 s1 要足够大，应该能容纳下字符数组 s2 中所有字符。该函数返回字符数组 s1 的首元素地址值。函数 strcpy()和函数 strncpy()的区别仅在于前者复制字符数组 s2 中所有字符，而后者仅复制字符数组 s2 中的前 *n* 个字符。

【例 4.9】编程对若干个字符串进行排序，可用冒泡排序法。

程序内容如下：

```
#include <iostream.h>
#include <string.h>
void main()
{
    char s[][8]={"while","switch","break","case","for","typedef"};
    char t[8];
    for (int i=0;i<5;i++)
      for (int j=5;j>i;j--)
        if (strcmp(s[j],s[j-1])<0)
        {
            strcpy(t,s[j]);
            strcpy(s[j],s[j-1]);
            strcpy(s[j-1],t);
        }
    for (i=0;i<6;i++)
      cout<<s[i]<<endl;
}
```

运行该程序后，输出结果如下：

```
break
case
for
switch
typedef
while
```

程序分析：

该程序中使用冒泡排序法，将待排序的若干个字符串放在一个二维字符数组 s 中。

该程序中使用了两种字符串处理函数 strcmp()和 strcpy()，它们放在 string.h 文件中。

4.3.3　指向数组的指针和指针数组

1. 指向数组元素的指针

指向数组元素的指针是指向数组中的某个元素，可以是首元素，也可以是尾元素，可以是任意元素。由于数组元素通常是某种类型的变量，因此，指向数组元素的指针是一级指针。无论是指向一维、二维还是三维数组元素的指针都是一级指针。例如，

```
int a[5], b[3][4];
int *p1, *p2;
p1=&a[2];
p2=&b[2][2];
```

其中，p1 是指向一维数组 a 中下标为 2 的数组元素的指针；p2 是指向二维数组 b 中数组元素 b[2][2] 的指针。

一个指向数组元素的指针只要将某个数组元素的地址值赋给它，它便指向该数组元素。

使用指向数组元素的指针可以对该数组元素进行各种操作。在有些操作中，指向数组元素的指针要比数组名更加方便。因为指向数组元素的指针是变量指针，而数组名是常量指针。

【例 4.10】分析下列程序的输出结果，熟悉指向数组元素的指针的用法。

程序内容如下：

```
#include <iostream.h>
void main()
    {
    int a[2][3]={5,6,7,8,9,10};
    int *pa=&a[1][1];
    cout<<*pa<<endl;
    cout<<*--pa<<endl;
    pa-=3;
    cout<<*pa<<endl;
}
```

运行该程序后，输出结果如下：

```
9
8
5
```

程序分析：

该程序中定义了一个指向二维数组的数组元素 a[1][1]的指针 pa。通过指针 pa 的运算输出二维数组某元素的值。这里对指针 pa 的运算使用数组名是不允许的。

2. 指向一维数组的指针

指针不仅可以指向数组的元素，而且还可以指向一维数组或二维数组。这里主要讲述指向一维数组的指针。

指向一维数组的指针定义格式如下：

〈类型〉(*〈指针名〉)[〈大小〉]

例如，

```
int (*pa) [5];
```

pa 是一个指向一维数组的指针，pa 所指向的是一个具有 5 个 int 型元素的一维数组。

通常使用指向一维数组的指针指向二维数组的某一行，于是便可使用该指针来表示二维数组的各个元素。

【例 4.11】 分析下列程序的输出结果，熟悉指向一维数组的指针的用法。

程序内容如下：

```
#include <iostream.h>
void main()
{
    int a[2][3]={4,5,6,7,8,9};
    int (*pa) [3]=a;
    for (int i(0);i<2;i++)
    {
        for (int j(0);j<3;j++)
            cout<<pa[i][j]<<"  ";
        cout<<endl;
    }
    pa=a+1;
    cout<<pa[-1][0]<<','<<*(*pa+2)<<endl;
}
```

运行该程序的输出结果由读者自己分析。

3. 指针数组

指针数组是指数组元素为指针的数组。数组元素可以是一级指针，也可以是二级指针，通常有一维一级指针数组，一维二级指针数组，二维一级指针数组等。这里，主要讨论一维一级指针数组。

一维一级指针数组的定义格式如下：

〈类型〉*〈数组名〉[〈大小〉]

例如，

int *pa[5];

这里，pa 是一个一维一级指针数组名，该数组有 5 个元素，每个元素是一个指向 int 型变量的指针。

指针数组与一般数组一样，数组元素在内存中都是按顺序连续存放的，数组名也都是该数组的首元素地址。所不同的仅在于指针数组是若干个指针的集合。

指针数组与指向一维数组的指针在定义形式上很相似，但是两者还是有区别。从定义的格式上可以看到指向数组的指针是带括号的，将*和指针名用括号括起来，改变了与后边的[]的优先级，而指针数组没有加括号，使得〈数组名〉与其后的[]先结合，形成数组格式，而〈类型〉和*一起作为该数组的类型。

指向一维数组的指针和一维一级指针数组名都是二级指针。给二级指针赋的地址值一定要是二级指针的地址值。例如，给指向一维数组的指针赋值通常用某个二维数组的行地址，这样才保证级别一致。

【例 4.12】分析下列程序的输出结果，熟悉指针数组的使用方法。

程序内容如下：

```
#include <iostream.h>
void main()
{
  char s1[]="break",s2[]="while",s3[]="default";
  char *ps[3]={s1,s2,s3};
  for (int i(0);i<3;i++)
    cout<<*(ps+i)<<endl;
  cout<<endl;
  for (i=0;i<3;i++)
    cout<<(*(ps+i))[2]<<endl;
}
```

运行该程序后，输出结果如下：

```
break
while
default

e
i
f
```

程序结果由读者自己分析。

4.4 引　　用

引用是 C++语言中引进的概念。C++语言中引进引用的目的是为了尽量少用指针。因为指针在使用中容易出现问题，使用引用可以取代指针的某些应用。本节主要介绍引用的概念，关于引用的应用将在第 5 章中讲述。

4.4.1 引用和引用的创建方法

1. 什么是引用

引用是某个变量或对象的别名。引用不是变量，引用不占用内存空间。在建立引用时要用某个变量或对象对它初始化，于是引用便绑定在用来给它初始化的那个变量或对象上。这时，当变量或对象发生变化时，它的引用也跟着发生变化。同样地，当引用值被改变了，被引用的变量或对象也发生变化。

当创建某个变量的引用后，引用的值就是被引用的变量值，引用的地址值也是被引用的变量的地址值，引用就是被引用变量的别名。因此，可以看出引用不是一个实体，只是一个实体的别名。

2. 如何创建引用

引用的创建格式如下：

〈类型〉& 〈引用名〉= 〈变量名/对象名〉

其中，〈引用名〉同标识符，&是修饰符，用来说明它后面的标识符是引用名，其作用与定义指针时所用的*相似，它们都是修饰符。*后边的标识符是指针名。在创建引用时，一定要对引用进行初始化，初始化就是确定该引用是哪个变量或对象的别名，即给出被绑定的变量或对象。

例如，

```
int a=5;
int & ra = a;
```

其中，ra 是一个引用名，ra 是变量 a 的别名，即将 ra 绑定在变量 a 上，ra 和 a 都是 int 型的。这里，类型相同是很重要的，引用和被引用的变量必须类型相同。下面的创建引用是错误的：

```
double d=1.5;
int & rd = d;
```

【例 4.13】分析下列程序的输出结果，熟悉引用的特性。

程序内容如下：

```
#include <iostream.h>
void main()
{
    int v(10);
    int &rv=v;
    cout<<v<<','<<rv<<endl;
    cout<<&v<<','<<&rv<<endl;
    v-=5;
    cout<<v<<','<<rv<<endl;
    rv+=10;
    cout<<v<<','<<rv<<endl;
    int b=20;
    rv=b;
    cout<<v<<','<<rv<<endl;
}
```

运行该程序后，输出结果如下：

```
10, 10
〈地址值〉,〈地址值〉
5, 5
15, 15
20, 20
```

程序分析：

该程序中出现了引用的创建方法。

分析该程序的输出结果可以看出引用的特性。

① 引用被绑定在创建时对它初始化的变量上，引用是该变量的别名。

② 引用本身不占内存空间，不是一个变量。但是，引用具有值，也具有地址值，它们都是被绑定的变量的。

③ 引用值的改变影响到被绑定的变量值，反之亦然。

初学者引用时一定要认识引用不是变量这一概念。通常不说定义引用，而称创建或建立引用。

4.4.2 引用和指针

引用和指针是两个完全不同的概念，但是它们在应用上却有很多相似之处。例如，它们都可以作函数的参数和函数的返回值。有关这方面的详细讲述请见第 5 章。因此，这里将引用和指针作一比较，可以加深对引用的理解。

引用和指针的区别有如下几点。

1. 指针是变量，引用不是变量

指针是一种用来存放某个变量或对象的地址值的特殊变量，指针的类型是它所指向的变量或对象的类型。

引用不是变量，它本身没有值和地址值，引用的地址值是它被绑定的变量或者对象的地址值，它的值也是被绑定变量的值。这一点在本章例 4.13 中已经反映出来了。

2. 指针可以引用，引用不可以引用

因为指针是变量，它可以引用。例如，

```
int *p;              // p 是一个指向 int 型变量的指针
int *& rp = p;       // rp 是一个指针 p 的引用
int a=15;
rp = &a;             // 给 rp 赋一个变量 a 的地址值
```

这时，*p 和*rp 都为 15。

创建引用的引用是错误的。

3. 指针可以作数组元素，引用不可以作数组元素

指针作数组元素，该数组称为指针数组。例如，

```
int *pa[3];
```

数组 pa 是一个指针数组，该数组有 3 个元素，每个元素都是 int 型指针。例如，

```
int a[3];
int & refa[3] = a;    // 错误
```

这表明引用不能作数组元素。

4. 可以有空指针，不能有空引用

下列语句是合法的：

```
int *p = NULL;
```

p 是一个空指针。而

```
int &rp = NULL
```

是非法的。

【例 4.14】 分析下列程序的输出结果，并熟悉引用的概念。

程序内容如下：

```
#include <iostream.h>
void main()
{
    int *p;
    int *&rp=p;
    int a=15;
    p=&a;
    cout<<*p<<','<<*rp<<endl;
    int b=10;
    rp=&b;
    cout<<*p<<','<<*rp<<endl;
    int c[ ]={1,2,3,4};
    int &rc=c[2];
    rc=8;
    cout<<c[2]<<endl;
}
```

运行该程序后，输出结果如下：

```
15, 15
10, 10
8
```

该程序输出结果由读者自己分析。

练习题 4

4.1 判断题

1. 指针是变量，它具有的值是某个变量或对象的地址值，它还具有一个地址值，这两个地址值是相等的。

2. 指针的类型是它所指向的变量或对象的类型。

3. 定义指针时不可以赋初值。

4. 指针可以赋值，给指针赋值时一定要类型相同，级别一致。

5. 指针可以加上或减去一个 int 型数，也可以加上一个指针。

6. 两个指针在任何情况下相减都是有意义的。

7. 数组元素可以用下标表示，也可以用指针表示。

8. 指向数组元素的指针只可指向数组的首元素。

9. 指向一维数组的指针是一个二级指针。

10. 指针数组的元素可以是不同类型的指针。

11. 字符指针是指向字符串的指针，可以用字符串常量给字符指针赋值。

12. 引用是一种变量，它也有值和地址值。

13. 引用是某个变量的别名，引用是被绑定在被引用的变量上。

14. 创建引用时要用一个同类型的变量进行初始化。

15. 指针是变量，它可以有引用，而引用不能有引用。

4.2 单选题

1. 下列关于定义一个指向 double 型变量的指针，正确的是（   ）。

    A．int a(5)；double *pd=a；   B．double d(2.5)，*pd=&d；

    C．double d(2.5)，*pd=d；   D．double a(2.5)，pd=d；

2. 下列关于创建一个 int 型变量的引用，正确的是（   ）。

    A．int a(3)，&ra=a；   B．int *a(3),&ra=&a；

    C．double d(3.1)；int &rd=d；   D．int a(3)，ra=a；

3. 下列关于指针概念的描述中，错误的是（   ）。

    A．指针中存放的是某变量或对象的地址值

    B．指针的类型是它所存放的数值的类型

    C．指针是变量，它也具有一个内存地址值

    D．指针的值（非常量指针）是可以改变的

4. 下列关于引用概念的描述中，错误的是（   ）。

    A．引用是变量，它具有值和地址值

    B．引用不可以作数组元素

    C．引用是变量的别名

    D．创建引用时必须进行初始化

5. 已知：int a[5]，*p=a；则与++*p 相同的是（   ）。

    A．*++p   B．a[0]   C．*p++   D．++a[0]

6. 已知：int a[ ]={1，2，3，4，5}，*p=a；在下列数组元素地址的表示中，正确的是（   ）。

    A．&(a+1)   B．&(p+1)   C．&a[2]   D．*p++

7. 已知：int a[3][4]，(*p)[4]；下列赋值表达式中，正确的是（   ）。

    A．p=a+2   B．p=a[1]   C．p=*a   D．p=*a+2

8. 已知：int b[3][5]={0}，下列数组元素值的表示中，错误的是（   ）。

    A．**(b+1)   B．(*(b+1))[2]   C．*(*(b+1)+1)   D．*(b+2)

9. 已知：int a=1，b=2，*p[2]；下列表达式中正确的是（   ）。

    A．p=&a   B．p=&b

    C．p[0]=&a，p[1]=&b   D．p[ ]={&a，&b}；

10. 已知：int a(5)，&ra=a；下列描述中，错误的是（   ）。

    A．ra 是变量 a 的引用，即为变量的别名

    B．ra 的值为 5

    C．ra 的地址值为&a

    D．改变 ra 的值为 10，变量 a 值仍为 5

4.3 填空题

1. 单目运算符&作用在变量名左边，表示该变量的_____，单目运算符*作用在指针名的左边，表示取该变量的_____。

2. 指向一维数组元素的指针是_____级指针，指向二维数组元素的指针是_____级指针，指向一维数组的指针是_____级指针，指向一级指针的指针是_____级指针，一维一级指针数组名是_____级指针的地址值，二维数组的数组名是_____级指针的地址值。

3. 在一个二维数组 b[3][5]中，b[0]与_____是等价的，&b[1]与_____是等价的。

4．指针的运算有 4 种，它们是_____运算、一个指针加减整型数的运算、两个指针相减和_____运算。

5．引用不是变量，它是某个变量或对象的_____。引用的值是_____，引用的地址值是_____。

4.4　分析下列程序的输出结果

1.

```cpp
#include <iostream.h>
void main()
{
    int a[]={5,4,3,2,1};
    int *p=&a[2];
    int m(5),n;
    for(int i(2);i>=0;i--)
    {
        n=(*(p+i)<*a)?*(p+i):*a;
        cout<<n<<endl;
    }
}
```

2.

```cpp
#include <iostream.h>
void main()
{
    char *p1,*p2;
    p1="abcqrv";
    p2="abcpqo";
    while(*p1&&*p2&&*p2++==*p1++)
        ;
    int n=*(p1-1)-*(p2-1);
    cout<<n<<endl;
}
```

3.

```cpp
#include <iostream.h>
int a[]={10,9,6,5,4,2,1};
void main()
{
    int n(7),i(7),x(7);
    while(x>*(a+i))
    {
    *(a+i+1)=*(a+i);
     i--;
     }
    *(a+i+1)=x;
    for(i=0;i<n;i++)
      cout<<*(a+i)<<',';
    cout<<a[i]<<endl;
}
```

4.

```cpp
#include <iostream.h>
int a[][3]={1,2,3,4,5,6,7,8,9};
int *p[]={a[0],a[1],a[2]};
int **pp=p;
void main()
```

```
{
    int (*s)[3]=a;
    for(int i(1);i<3;i++)
      for(int j(0);j<2;j++)
          cout<<*(a[i]+j)<<','<<*(*(p+i)+j)<<','
              <<(*(pp+i))[j]<<','<<*(*s+3*i+j)<<endl;
}
```

5.
```
#include <iostream.h>
int a[]={1,2,3,4,5,6,7,8,9};
void main()
{
    int *pa=a;
    cout<<*pa<<',';
    cout<<*(pa++)<<',';
    cout<<*++pa<<',';
    cout<<*(pa--)<<',';
    pa+=4;
    cout<<*pa<<','<<*(pa+2)<<endl;
}
```

6.
```
#include <iostream.h>
void main()
{
    char str[][4]={"345","789"},*m[2];
    int s(0);
    for(int i=0;i<2;i++)
      m[i]=str[i];
    for(i=0;i<2;i++)
      for(int j(0);j<4;j+=2)
          s+=m[i][j]-'0';
    cout<<s<<endl;
}
```

7.
```
#include <iostream.h>
void main()
{
    double d1=3.2,d2=5.2;
    double &rd1=d1,&rd2=d2;
    cout<<rd1+rd2<<','<<d1+d2<<endl;
    rd1=9.3;
    cout<<rd1+rd2<<','<<d1+d2<<endl;
    d2=0.8;
    cout<<2*rd2<<endl;
}
```

8.
```
#include <iostream.h>
void main()
{
    int *p;
    int *&rp=p;
    int a=90;
    p=&a;
    cout<<"a="<<a<<','<<"*rp="<<*rp<<endl;
```

```
int b=50;
rp=&b;
cout<<"b="<<b<<','<<"*rp="<<*rp<<endl;
}
```

4.5 编程题（使用指针）

1. 已知 4 个字符串，编程输出它们中最小的一个。

2. 将一个长度为 n 的字符串，编程实现其逆序输出。

3. 已知一个二维 int 型数组，编程求出它的最小的元素值。

4. 已知字符型指针数组中存放若干个字符串，编程从键盘上修改其中某个字符串。

5. 有 n 个小孩排成一圈。从第 1 个小孩开始作 1 至 3 报数，凡报数为 3 的小孩从圈中出来，求最后出圈的小孩的顺序号是多少？

4.6 简单回答下列问题

1. 指针与一般变量有何不同？

2. 指针可以作哪些运算？

3. 指针可以作数组元素，这种数组叫什么数组？

4. 什么是字符指针？字符指针与字符数组有何不同？

5. 什么是引用？引用有哪些特征？

上机指导 4

4.1 上机要求

1. 要求掌握指针的概念，学会正确定义指针，给指针赋值，并掌握指针的运算。

2. 学会指针在数组方面的应用。指针可以表示数组元素，指针可以指向数组元素，还可以指向数组。指针可以作数组元素，字符指针的使用和字符串处理函数。

3. 要求掌握引用的概念，引用的特性以及对引用的操作。

4.2 上机练习题

1. 上机调试本章例 4.3 程序，并将调试的结果与分析结果进行比较。

2. 上机调试本章例 4.11 程序，并将调试的结果与分析结果进行比较。

3. 上机调试本章练习题 4.4 中的 8 个程序，将调试结果与上机结果进行比较。

4. 上机调试本章练习题 4.5 中的 5 个编程题，将所编写的程序调试到输出正确结果为止。

5. 上机调试并验证下述的事实。

（1）指针赋值要求指针的类型要与被赋地址值的变量的类型相同，级别一致。

提示：上机验证如果类型不同，级别不一致会出现什么问题。

（2）两个指针相减和比较要求在一定条件下才有意义。

提示：毫无关系的两个指针进行相减或比较会出现什么问题。

（3）使用字符指针可以对它所指向的字符串中的每个字符进行操作。

（4）编程对字符指针数组中的某个字符串中的某个字符进行修改操作。

（5）引用的值和地址值是被引用的变量的值和地址值。

第5章
函数

在面向过程的结构化程序设计中，函数是结构化程序的最小模块，它是程序设计的基本单位。函数是对处理问题过程的一种抽象，通常在编程中将相对独立、经常被使用的某种功能抽象为函数，它可以被反复地使用，在使用时只需关心其功能及用法，而不必关心其功能的具体实现。C++语言全面继承了 C 语言的语法，包括了函数的定义及使用方法，因此，在面向对象的程序设计语言 C++中，保留了函数是程序的组成部分的特征。在 C++语言的程序中，有两类函数，一类是像 C 语言程序中组成程序的一般函数，如程序中的主函数和一些被调用函数，另一类是 C++语言的类体内定义的成员函数。所以，函数在 C++语言中，同样是十分重要的，它是面向对象程序设计中对于某种功能的抽象。函数在程序设计中，对于代码重用和提高程序的可靠性是十分重要的，它也便于程序的分工合作和修改维护，从而可以提高程序的开发效率。

本章主要介绍函数的定义格式和说明方法，函数的参数和返回值，函数的调用方法，函数的嵌套调用和递归调用，函数的重载和内联函数等内容。在介绍的过程中，特别强调在函数方面 C++语言对 C 语言的改进和补充。

5.1　函数的定义和说明

5.1.1　函数的定义

下面介绍函数的定义格式，并指出 C++语言中函数的定义格式与 C 语言中的不同。

1. 函数的定义格式

C++语言中，函数的定义格式如下：

〈类型〉〈函数名〉（〈形参表〉）
{
　　〈函数体〉
}

其中，〈类型〉包含存储类和数据类型。存储类对函数来讲有两种：一种是外部函数，存储类说明符为 extern，通常被缺省；另一种是内部函数，存储类说明符为 static，该说明符不可省略。数据类型包括 C++语言中所允许出现的各种类型，包括基本数据类型，也可以是构造数据类型，如结构变量和对象，还可以是指针和引用等。数据类型不得缺省。如果某个函数无返回值时应用 void 说明。〈函数名〉同标识符。〈形参表〉中可以有一个参数，也可以有多个参数，多个参数之间用逗号分隔，还可以没有参数。每个参数要给出参数名和对应的类型。该参数表中的参数称为形式参数，简称形参。形参的意思是在该函数被调用之前，它不被分配内存单元，只有它被调用后，系统用实参给它初始化时，形参才有内存单元。以上是函数头的内容，下面讲述函数体。函数体是由一对花括号括起来的若干条语句组成的，花括号不可缺省。花括号内的语句可以是一条，也可以是多条，还可以无语句。函数体内无语句的函数被称为空函数。总之，函数的定义包括两部分：函数头和函数体。在使用 VC++ 6.0 系统时，要求函数参数的类型和参数名字一同写在圆括号内。

下面列举几个简单函数的定义。

```
void nothing()
{  }
```

这是一个最简单的函数，其函数名为 nothing，该函数无参数，无返回值，void 表示无返回值，不可省略。该函数的函数体也是空的，但是一对花括号不得省略。

又例如，

```
void fun1()
{
  cont <<"ok!" <<endl;
}
```

该函数名为 fun1，无参数，无返回值，函数体内仅有一条输出字符串"ok!"和换行的语句。

又例如，

```
double add(double d1, double d2)
{
    double sum;
    sum=d1+d2;
    return sum;
}
```

该函数名为 add，有两个 double 型的形参，函数的返回值为 double。该函数的函数体内有一条说明语句和两条执行语句。

C++程序中，可以定义多个函数，其中有一个主函数 main()，其余函数都是被调用的函数。C++语言中不允许在函数体内再定义函数，例如，

```
    int fun()
    {
    …
        void f1()
        {
          …
        }
    …
    }
```

在函数 fun() 的函数体内，定义了函数 f1()，这是不允许的。

2. 在函数定义方面 C++语言与 C 语言的不同

在函数定义方面 C++语言与 C 语言有两点不同。

① 在定义函数时，C 语言允许省略函数的数据类型，但 C++语言中不允许省略任何的数据类型。没有返回值的函数应加 void 作数据类型说明，返回值为整型数的函数应加 int 类型说明。总之，在 C++语言中不允许出现没有加数据类型说明符的函数。

② C 语言规定：函数体内或分程序内，说明语句一定要放在执行语句的前面，即在执行语句后面不得出现说明语句。在 C++语言中取消了这条限制，即在函数体或分程序内说明语句可根据

需要出现在程序的任何位置。例如，下列函数的定义是合法的。

```cpp
int fun(int a)
{
    int n;
    cout<<"Enter n:";
    cin>>n;
    int s(0);
    for(int i(0);i<n;i++)
        s+=a;
    cout<<s<<endl;
}
```

该函数的功能是求某个 int 型数 a 的 n 次和，n 是从键盘上输入的一个 int 型数，再将其和输出显示在屏幕上。在该函数体内，对变量 s 和 i 的说明，被放在执行语句的后面，这在 C++语言中是允许的。

5.1.2　函数的说明方法

前面讲过函数的定义格式，可以看到定义一个函数就是通过若干条语句给出该函数的功能。任何一个函数都具有一个功能，该功能通过语句来实现。

函数在调用之前，除了需要定义，或者用户定义，或者系统提供定义外，还需要说明，在 C++语言中，对于定义在后，调用在先的函数，在调用之前必须说明，该说明可放在函数体内，也可放在函数体外。如果所调用的函数定义在先，调用在后，这时在调用前可以对函数不加说明。

1.　函数的说明方法

在 C++语言中，对函数的说明要求使用原型说明。函数的原型说明包括不仅要说明函数名和函数类型，还要说明该函数的参数个数及参数类型，参数名可以说明也可以不说明。例如，前边讲过一个名为 add 的函数，它的原型说明如下所示：

```cpp
double add(double,double);
```

或者

```cpp
double add(double d1, double d2);
```

上述两种说明是等价的。

2.　在函数说明方面 C++语言与 C 语言的不同

在函数说明方面 C 语言要求使用简单说明或原型说明都可以，通常使用简单说明。简单说明只说明函数名和函数类型，而不必说明函数的参数。而 C++语言中，对函数的说明要求用原型说明不能用简单说明。C++语言的这种做法，反映了 C++语言对其参数类型要求更为严格了。

5.2　函数的参数和返回值

5.2.1　函数的参数

函数的参数有实参和形参之分。C++语言中还可以设置参数的默认值。

1.　函数的实参和形参

函数的实参指的是调用的参数，它可以是表达式，也可以是地址值，实参的特征是该参数具有一个确定的值。

函数的形参指的是被定义函数的参数，它可以是变量名、指针或引用，形参的特征是该参数在函数未被调用时是没有被分配内存单元的。

一个函数的形参和实参有时可以用相同的名字，因为它们的作用域是不相同的，通常要求函数的形参和实参个数相等，对应的类型相同。

2. 函数实参的求值顺序

函数实参通常可以是表达式，在函数调用时应先计算函数各实参的值，然后用实参去初始化形参。当一个函数具有多个实参时，允许不同编译系统在计算函数实参时有不同的计算顺序，即可以从左至右计算，也可以从右至左计算。通常不同的计算顺序对计算的表达式值是没有影响的。但是，在多个参数中出现了具有副作用的运算符时，不同的求值顺序可能造成不同的计算结果。于是便可能出现二义性。为了避免这种二义性，应该限制函数实参中出现的带副作用的运算符。下面举一个例子说明不同编译系统由于计算参数顺序的不同可能出现的二义性。

【例 5.1】分析下列程序的输出结果,并说明由于对参数的计算顺序的不同而可能出现的二义性。程序内容如下：

```
#include <iostream.h>
int fun(int a,int b)
{
    return a+b;
}
void main()
{
    int a(13),b(25);
    int sum=fun(--a,a-b);
    cout<<sum<<endl;
}
```

在 VC++ 6.0 系统下运行该程序，得到的结果如下：

```
0
```

程序分析：

从该程序输出结果中可以知道，所使用的编译系统 VC++ 6.0 对函数参数的计算顺序。如果参数计算顺序是从左至右的，函数 fun()的两个实参值分别为 12 和–13，该程序的输出结果应该是–1。如果参数计算顺序是从右至左的，函数 fun()的两个实参值分别是 12，–12，该程序的输出结果是 0。而该程序的输出结果为 0，于是可判知 VC++ 6.0 系统对于函数参数的计算顺序应该是从右至左的。

请读者再编写一个程序来验证一下你所用编译系统对函数参数的计算顺序。

为了避免由于不同编译系统对函数参数计算顺序不同而造成的二义性,该程序可作如下修改：

```
...
int a(13), b(25);
int t=--a;
int sum=fun(t,a-b);
...
```

这样便避免了可能发生的二义性。

5.2.2 设置函数参数的默认值

C++语言允许设置函数参数的默认值，这将给函数的调用带来方便性和灵活性。

例如，有一个函数 fun()，它有 3 个 int 型参数，给其中两个参数设置默认值，其形式如下：

```
int fun(int a, int b=8, int c=10);
```

这是一条对函数 fun()的说明语句，在该函数的 3 个参数中设置了两个参数的默认值。

关于设置函数参数默认值的规则如下。

① 一个函数有多个参数时，可以给该函数的部分参数或全部参数设置默认值。

② 在给函数的部分参数设置默认值时，应该从参数表的右端开始，在设置了默认值的参数的右端不允许出现没有设置默认值的参数。

③ 如果一个函数需要说明时，默认的参数值应设置在函数的说明语句中，而不是函数的定义中。如果没有函数说明时，默认的参数值可设置在函数的定义中。

④ 在函数调用时，对应参数如果有实参值，则将用该实参值取代设置的默认值；如果没有给定实参值时，则用参数的默认值。

⑤ 在给函数参数设置默认值时，可以用相同类型的常量、变量以及同类型表达式，也可以是函数，通常应使用全局量。

【例 5.2】分析下列程序的输出结果，熟悉设置函数参数默认值的方法。

程序内容如下：

```
#include <iostream.h>
void main()
{
    void fun(int i=1,int j=2,int k=3);
    fun();
    fun(4);
    fun(5,6);
    fun(7,8,9);
}
void fun(int i,int j,int k)
{
    cout<<i+j+k<<endl;
}
```

运行该程序后，输出结果如下：

```
6
9
14
24
```

该程序的输出结果分析由读者自己完成。

【例 5.3】分析下列程序的输出结果，熟悉设置函数参数默认值的方法。

程序内容如下：

```
#include <iostream.h>
int a(9),b(8);
int iadd(int x,int y=a+b,int z=a/b);
void main()
{
    int i(6),j(7);
    int s1=iadd(i);
    int s2=iadd(i,j);
    int s3=iadd(i,j,i+j);
    cout<<"s1="<<s1<<endl;
    cout<<"s2="<<s2<<endl;
    cout<<"s3="<<s3<<endl;
}
int iadd(int x,int y,int z)
```

```
{
    return x+y+z;
}
```

运行该程序后，输出结果如下：

```
s1=24
s2=14
s3=26
```

程序分析：

该程序中设置了函数 iadd()参数的默认值，并且使用了表达式 a+b 和 a/b 给函数参数设置默认值。该程序调用了 3 次 iadd()函数，前两次都使用了设置的参数默认值，后一次用的全部是实参值。

5.2.3 函数返回值的实现

C++语言中，关于函数返回值的实现与 C 语言中的相同。如果一个函数具有返回值，则需要在该函数体内有如下形式的返回语句：

```
return 〈表达式〉;
```

该语句将返回〈表达式〉的值。

函数返回值的具体实现过程描述如下。

① 执行带有返回值的 return 语句时，先计算 return 关键字后边的〈表达式〉的值。

② 根据函数的类型来确定表达式的类型。如果表达式类型与函数类型不一致时，强行将表达式类型转换为函数类型。

③ 将表达式的值作为函数的返回值传递给调用函数，作为调用函数的值，通常调用函数将其值赋给某个同类型的变量，或者输出显示。

④ 将程序的执行顺序转回到调用函数的语句，接着执行调用函数下面的语句。

如果函数没有返回值，被调用函数中可能出现不带表达式的返回语句，其格式如下：

```
return;
```

该语句被执行后，只是返回语句执行的控制权给调用函数。

有的被调用函数中没有返回语句，因为函数体的右花括号具有 return 的功能，有的被调用函数中有多个 return 语句，根据条件其中某个被执行，起到返回作用。

【例 5.4】分析下列程序的输出结果，熟悉返回语句中表达式类型的转换。

程序内容如下：

```
#include <iostream.h>
int fun(double a,int b)
{
    return a-b;
}
void main()
{
    double x(11.5);
    int y(10);
    int z=fun(x,y);
    cout<<z<<endl;
}
```

运行该程序后，输出结果如下：

```
1
```

程序分析：

该程序中，函数 fun() 将返回表达式 a-b 的值，该表达式的类型应该是 double 型的，而函数类型为 int 型的，按规定系统会将表达式的类型由 double 型转换为 int 型，这时类型转换是不安全的，可能造成精度上的损失，于是编译该程序时会出现一个警告错。请读者思考如何消除警告错？即对 fun() 函数作少许改动。

5.3　函数的调用

在 C++语言中，函数的调用方式除了保留了 C 语言中的传值调用，还有另外一种调用方式，即引用调用。

5.3.1　函数的传值调用

函数传值调用的特点是将调用函数的实参表中的实参值按位置依次对应地传递给被调用函数形参表的形参，要求函数的实参与形参个数相等，类型相同。

在传值调用中，称传递实参数据值的为传值调用，称传递实参地址值的为传址调用。这两种传值调用具有不同的传递机制的特点。下面分别介绍。

1．传值调用方式

这种调用方式的数据传递机制如下：

实参用表达式，形参用变量名，在函数调用时，实参将其表达式值传递给对应的形参，即用实参值对形参变量进行初始化。这种传递数据的特点是实参将拷贝一个副本给形参。

这种调用方式的特点如下：

由于传值调用的机制是实参拷贝副本给形参，于是在被调用函数中通过形参只能改变副本中实参传递过来的值，而无法改变实参变量的值。

2．传址调用方式

这种调用方式的数据传递机制如下：

这种调用要求实参用地址值，形参用同类型的指针。在函数调用时，将用实参的地址值初始化形参的指针，于是使得形参的指针获得实参地址值，即使形参的指针指向实参的变量。这种传递方式不是实参拷贝副本给形参，而是让形参指针直接指向实形变量。

这种调用方式的特点如下：

由于传址调用的机制是用形参指针指向实参变量，因此很容易在被调用函数中通过指针来改变调用函数的实参值。于是这种调用增加了函数之间信息传递的一种途径。这种特点有时有用，例如，需要在被调用函数中改变调用函数某变量的值。有时又要避免，例如，为了数据安全，避免在被调用函数中改变调用函数中变量的值。

这两种调用方式中，传址调用方式的实参传递给形参的效率要比传值调用方式中的高，因为传址调用只传地址值，而传值调用要拷贝副本，这对于传递较复杂的数据类型的变量要用较多的时间和空间的开销。因此，都认为传址调用的效率要比传值调用的高些。

下面列举一个关于传址调用的例子，关于传值调用的例子已举过多个，后面还会列举。

【例 5.5】分析下列程序的输出结果，并回答所提出的问题。

程序内容如下：

```
#include <iostream.h>
```

```
void fun1(int *,int *),fun2(int *,int *);
void main()
{
    int x(7),y(9);
    fun1(&x,&y);
    cout<<x<<','<<y<<endl;
    fun2(&x,&y);
    cout<<x<<','<<y<<endl;
}
void fun1(int *p1,int *p2)
{
    int p=*p1;
    *p1=*p2;
    *p2=p;
}
void fun2(int *p1,int *p2)
{
    int *p=p1;
    p1=p2;
    p2=p;
}
```

分析该程序，回答下列问题：

（1）在主函数中，调用函数 fun1()和函数 fun2()是传址调用还是传值调用？

（2）调用函数 fun1()是否改变了调用函数的实参 x 和 y 的值？

（3）调用函数 fun2()是否改变了调用函数的实参 x 和 y 的值？

（4）该程序运行后的输出结果是什么？

上述问题请读者自己回答。

5.3.2　函数的引用调用

引用的概念前边已经讲述。引用的一个重要用途就是用它来作函数的形参，引用作函数形参的函数调用方式称为引用调用。因为引用是变量或对象的别名，又称引用调用为传名调用。

引用调用方式数据传递的机制如下：

引用调用要求函数的实参用变量名或对象名，形参是引用名，调用时系统将实参的变量名传递给形参引用，即用变量名对形参引用进行初始化，于是形参引用便成为了实参变量的别名。在引用调用中，不拷贝实参的副本。实际上只传递地址，使形参变成了实参的引用。从传递机制上看，引用调用具有传址调用的机制，但是要比传址调用更加直观和方便。因为引用调用中，实参直接用变量名，而不用变量的地址值，这在书写上更为简捷方便，免去了忘记用地址值带来的麻烦。

引用调用具有如下特点：

引用调用可以在被调用函数中通过改变形参引用的值来改变调用函数中的实参值。这一点与传址调用相同。因此，可以说引用调用具有传址调用的特点，而且在使用上又比传址调用简单，这就是在 C++语言中人们常用引用调用来替代传址调用的原因，这也是引进引用概念的一个原因。

【例 5.6】分析程序的输出结果，熟悉引用作函数参数的特点。

程序内容如下：

```
#include <iostream.h>
int a[]={2,5,3,8,6,9,5,7};
void fun(int [],int,int &);
void main()
```

```
{
    int x,y;
    fun(a,8,x);
    fun(a+3,5,y);
    cout<<x+y<<endl;
}
void fun(int b[],int n,int &d)
{
    d=0;
    for(int i=0;i<n;i+=2)
      d+=b[i];
}
```

运行该程序后，输出结果如下：

40

程序分析：

该程序中，fun()函数有一个参数是引用，在调用函数 fun()中，实参用变量名，对应的形参用引用名，实现引用调用。在被调用函数中通过引用 d 来改变调用函数的实参 x 和 y 的值，这就是引用调用的特点。

5.3.3 函数的嵌套调用

函数的嵌套调用是指当一个函数调用另一个函数时，被调用函数又再调用其他函数。例如，在调用 A 函数的过程中，可以调用 B 函数，在调用 B 函数的过程中，又调用了 C 函数……当 C 函数执行完毕后，返回到 B 函数，当 B 函数调用结束后，再返回 A 函数。这便是函数调用多重嵌套的过程。为了熟悉和掌握函数多重嵌套调用的过程，下面举例说明。

【例 5.7】分析下列程序的输出结果，熟悉函数多重嵌套调用的执行过程。

程序内容如下：

```
#include <iostream.h>
void fun1(),fun2(),fun3();
void main()
{
    cout<<"It is in main()."<<endl;
    fun2();
    cout<<"It is back in main()."<<endl;
}
void fun1()
{
    cout<<"It is in fun1()."<<endl;
    fun3();
    cout<<"It is back in fun1()."<<endl;
}
void fun2()
{
    cout<<"It is in fun2()."<<endl;
    fun1();
    cout<<"It is back in fun2()."<<endl;
}
void fun3()
{
    cout<<"It is in fun3()."<<endl;
}
```

运行该程序后，输出结果如下：

```
It is in main().
It is in fun2().
It is in fun1().
It is in fun3().
It is back in fun1().
It is back in fun2().
It is back in main().
```

该程序的结果分析请读者自己完成。

【例 5.8】编程计算下述表达式。假定，k 为 5，n 为 6。

$$1^k+2^k+3^k+\cdots+n^k$$

程序内容如下：

```
#include <iostream.h>
const int K(5),N(6);
int powers(int a,int b)
{
    int p(1);
    for(int i(1);i<=b;i++)
      p*=a;
    return p;
}
int sum(int k,int n)
{
    int s(0);
    for(int i(1);i<=N;i++)
      s+=powers(i,K);
    return s;
}
void main()
{
    cout<<sum(K,N)<<endl;
}
```

运行该程序后，输出结果如下：

```
12201
```

程序分析：

该程序中出现了函数嵌套调用，在主函数 main()中，调用了 sum()函数，在 sum()函数中又调用了 powers()函数。

5.4　指针和引用作函数参数和返回值

5.4.1　指针作函数参数和返回值

1. 指针作函数参数

指针作函数参数实现传址调用，实参用地址值，形参用指针，具有较高的传递效率。在被调用函数中可以通过指针来改变调用函数的实参值。

【例 5.9】分析下列程序的输出结果，熟悉传值调用和传址调用的区别。

程序内容如下：

```
#include <iostream.h>
void fun(int,int*);
void main()
{
    int x(5),y(9);
    cout<<x<<','<<y<<endl;
    fun(x,&y);
    cout<<x<<','<<y<<endl;
}
void fun(int a,int *p)
{
    a*=a;
    *p/=*p;
    cout<<a<<','<<*p<<endl;
}
```

运行该程序后，输出结果如下：

```
5, 9
25, 1
5, 1
```

该程序的输出结果请读者自己分析。

从程序输出结果可以看出传值调用和传址调用的区别。该区别是什么，请读者分析。

2. 指针可以作函数的返回值

指针作函数的返回值，该函数被称为指针函数。在前一章讲述的字符串处理函数中就有指针函数。

【例 5.10】编写一个求出某字符串中前 n 个字符中的最大字符的函数，并通过调用该函数的实例验证其正确性。

程序内容如下：

```
#include <iostream.h>
#include <string.h>
char *maxc(char [],int);
void main()
{
    char str[]="This is a string. ";
    char *pc=maxc(str,strlen(str));
    cout<<*pc<<endl;
}
char *maxc(char s[],int n)
{
    char max=s[0],*p;
    for(int i(0);i<n;i++)
      if(max<s[i])
      {
        max=s[i];
        p=s+i;
      }
    return p;
}
```

请读者分析该程序的输出结果。

5.4.2 引用作函数参数和返回值

1. 引用作函数参数

引用作函数参数称为引用调用，它具有与传址调用相同的特点。一是传递效率高，不拷贝副本，只传递地址值；二是可以在被调用函数中改变调用函数的实参值，因为形参是实参的引用。

【例 5.11】将例 5.9 程序中，函数 fun()的参数指针改为引用，其余不变，并将指针作函数参数，与引用作函数参数进行比较。

程序内容如下：

```
#include <iostream.h>
void fun(int,int &);
void main()
{
    int x(5),y(9);
    cout<<x<<','<<y<<endl;
    fun(x,y);
    cout<<x<<','<<y<<endl;
}
void fun(int a,int &r)
{
    a*=a;
    r/=r;
    cout<<a<<','<<r<<endl;
}
```

运行该程序后，输出结果与例 5.9 程序的输出结果完全相同。

程序分析：

该程序与例 5.9 程序进行比较后可以发现，输出结果完全相同，但是该程序要比例 5.9 程序简洁明了。可见，引用作参数的引用调用比指针作参数的传址调用更加方便。

2. 引用可以作函数的返回值

引用作函数的类型时，该函数返回的是某个变量或对象的引用，而不是数据值。因此，要求返回语句 return 后面要用变量名，返回的是该变量的引用。由于返回的是引用，而不是值，可以对它进行变量的操作，例如，增 1、减 1 运算和赋值运算都可以。函数返回引用时不产生副本，将它直接传递给接收返回值的变量或对象。这里，值得注意的问题是被引用的变量或对象要求是长寿命的，即外部的或静态的。

【例 5.12】分析下列程序的输出结果，熟悉引用作函数返回值的使用方法。

程序内容如下：

```
#include <iostream.h>
int &fun(int);
void main()
{
    int x(5),y(8);
    int s1=fun(x);
    int s2=fun(y);
    cout<<s1<<','<<s2<<endl;;
}
int &fun(int a)
{
    static int t;
```

```
    t=2*a;
    return t;
}
```

运行该程序后，输出结果如下：

```
10, 16
```

程序分析：

该程序的 fun() 函数返回引用。这里，要求变量 t 是长寿命的，程序中定义 t 为内部静态变量。

思考题：

（1）将 fun() 函数中变量 t 改为自动类的会出现什么问题？再改为外部类的会出现什么现象？

（2）在 main() 函数中，将下列语句

```
int s1=fun(x);
```

修改为

```
int s1=++fun(x);
```

会出现什么现象？

5.5　重载函数和内联函数

这里将介绍两种 C 语言中没有的，C++语言中增添的函数。它们是重载函数和内联函数。

5.5.1　重载函数

1. 重载函数的概念

为什么要引进重载函数的概念，先回忆 C 语言中，每个函数须有一个唯一的名字。例如，求一个数的绝对值，由于不同类型的数，则需要有如下一组函数：

```
int abs(int);
long labs(long);
double fabs(double);
```

这些函数的功能是相同的，都是求一个数的绝对值。由于不同的函数名字，给使用带来不方便。因此，考虑是否可以给这些函数起一个名字，只是它们各自的函数体不同，对应着不同类型的数据。这便是引进重载函数的由来。

在 C++语言中，引进了重载函数，允许同一个函数名对应着不同的实现。就以求绝对值为例，给上述 3 个求绝对值的函数起一个名字 abs。于是，上述的 3 个函数表示如下：

```
int abs(int);
long abs(long);
double abs(double);
```

这 3 个同名函数对应着不同的实现，即各自有自己的函数体。

2. 重载函数的选择规则

由于同一个函数名字对应着多个不同的实现，在调用一个重载函数时，如何选择不同的实现呢？调用重载函数时，编译选择原则如下。

① 重载函数至少要在函数的参数类型、参数个数和参数顺序上有所不同。根据重载函数的参数类型、参数个数和参数顺序的不同进行选择。例如，有如下 3 个同名函数：

```
int fun(int, double);
int fun(double, int);
```

```
void fun(int, double);
```
前两个函数可以重载，因为它们在参数的顺序上有所不同。而第 1 个与第 3 个函数仅在返回值类型上不同，不可重载。

② 重载函数选择是按下述先后顺序查找的，将实参类型与所有被调用的重载函数的形参类型一一比较。

● 先查找的是严格匹配的；
● 再查找通过类型转换可以匹配的；
● 最后是通过用户的强制类型转换达到匹配的。

例如，重载函数 f1() 有下述两种：
```
void f1(int);
void f1(double);
```
对下列调用 f1() 函数匹配情况如下：

```
f1(5);              // 严格匹配 f1(int)
f1(2.8);            // 严格匹配 f1(double)
f1('a')             // 通过内部类型转换后匹配 f1(int)
f1((double)5)       // 通过强制类型转换后匹配 f1(double)
```
使用重载函数时应注意以下事项。

① 不允许使用 typedef 语句定义的类型名来区分重载函数的参数。例如，
```
typedef int INT;
void fun(int)
{…}
void fun(INT)
{…}
```
这里的两个同名函数算作重复定义。

② 定义重载函数时，要注意同名函数应具有相类似的功能。

③ 重载函数中的形参如果设置了默认值，则会影响重载函数的选择。例如，
```
int f1(int);
int f1(int, int);
```
两个同名函数 f1() 可以重载，按参数个数的不同进行选择。如果出现下述情况，
```
int f1(int);
int f1(int, int=5);
```
这时，出现一个实参的 f1(2) 函数，将无法选择唯一的实现。因此，应尽量避免设置默认参数，以保证重载函数的正常选择。

【例 5.13】使用重载函数编程求一个数的平方。

程序内容如下：
```
#include <iostream.h>
void square(int);
void square(double);
void main()
{
    square(9);
    square('a');
    square(1.25);
    square(2.5f);
    square((int)5.789);
}
```

```
void square(int n)
{
    cout<<n*n<<endl;
}
void square(double n)
{
    cout<<n*n<<endl;
}
```

运行该程序后，输出结果显示如下：

```
81
9409
1.5625
6.25
25
```

程序分析：

该程序中使用了重载函数求一个数的平方，相同函数名 square()的两个函数具有不同的类型的参数。

主函数 main()中，5 次调用 square()函数中，第 1 次和第 3 次调用时是严格匹配，第 2 次和第 4 次调用时是内部转换类型后匹配，第 5 次调用时是强制转换类型后匹配。

【例 5.14】编程求出几个 int 型数中最大的一个。

程序内容如下：

```
#include <iostream.h>
int max(int,int),max(int,int,int),max(int,int,int,int);
void main()
{
    cout<<max(57,69)<<endl;
    cout<<max(60,59,61)<<endl;
    cout<<max(51,52,53,54)<<endl;
}
int max(int a,int b)
{
    return a>b?a:b;
}
int max(int a,int b,int c)
{
    int t=max(a,b);
    return max(t,c);
}
int max(int a,int b,int c,int d)
{
    int t1=max(a,b);
    int t2=max(c,d);
    return max(t1,t2);
}
```

运行该程序后，输出结果如下：

```
69
61
54
```

程序分析：

该程序中出现了 3 个同名函数，它们的选择将依据参数个数的不同。

5.5.2 内联函数

内联函数是 C++ 语言中引进的又一个新概念。

1. 内联函数的概念

在前面介绍过函数的调用要增加额外的时间和空间的开销，这对于频繁调用的函数来讲，这种额外的开销将会降低系统的运行效率，为此引进内联函数来解决这一问题。在程序编译时，系统将程序中出现的内联函数调用表达式用该内联函数的函数体进行替换。这样处理虽然会增加目标代码，但是避免了因函数调用而产生的额外开销。这对于调用次数较多，函数体代码较小的函数，还是有助于提高运行效率的。

2. 内联函数的定义方法

定义内联函数的方法很简单，即在函数头前面加关键字 inline，其他与一般函数相同。例如，定义一个求两个 int 型数之和的函数为内联函数，其方法如下：

```
inline int isum(int a, int b)
{
    return a+b;
}
```

这里，isum() 函数是内联函数。在程序中出现的该函数的调用函数将用该函数的函数体代替，而不是转去调用该函数，于是便可提高运行效率。

使用内联函数应注意如下事项。

① 内联函数的函数体内不允许出现循环语句和开关语句等大语句。如果内联函数的函数体内含有这些语句时，系统将它按普通函数处理。

② 内联函数的函数体不宜过大，通常以 1～5 行为宜。过大会增加源程序的代码量。

③ 在类结构中，在类体内定义的成员函数都是内联函数。

【例 5.15】 使用内联函数编程求出自然数 1～10 中各个数的立方值。

程序内容如下：

```
#include <iostream.h>
inline int cube(int);
void main()
{
    for(int i(1);i<=10;i++)
    {
        int p=cube(i);
        cout<<i<<'*'<<i<<'*'<<i<<'='<<p<<endl;
    }
}
inline int cube(int n)
{
    return n*n*n;
}
```

该程序的输出结果由读者自己分析。

5.6　函数的存储类

函数的存储类有两种，一种是外部函数，另一种是内部函数。

5.6.1　外部函数

外部函数的作用域是整个程序，包含该程序的所有文件。

外部函数的定义格式如下：

```
[extern] 〈数据类型〉〈函数名〉(〈参数表〉)
{
    〈函数体〉
}
```

其中，存储类说明符 extern 可以省略，实际上外部函数大都省略其存储说明符。〈数据类型〉不可省略，可以是基本数据类型，也可以是构造数据类型。〈函数体〉由 1 条或多条语句组成，也可以没有语句。

前面讲过的不带有存储类说明符的函数都是外部函数。

【例 5.16】下列程序是一个多文件程序，分析该程序的输出结果。

该程序由如下 3 个文件组成。

文件 5.16.cpp 内容如下：

```cpp
#include <iostream.h>
int i(5);
extern int reset(),next(),last(),other(int);
void main()
{
    int i=reset();
    for(int j(1);j<=3;j++)
     {
        cout<<i<<','<<j<<',';
        cout<<next()<<',';
        cout<<last()<<',';
        cout<<other(i+j)<<endl;
     }
}
```

文件 5.16-1.cpp 内容如下：

```cpp
static int i(10);
extern int next()
{
   return i+=1;
}
extern int last()
{
   return i-=1;
}
extern int other(int i)
{
   static int j(6);
   return i=j+=1;
}
```

文件 5.16-2.cpp 内容如下：

```cpp
extern int i;
extern int reset()
{
   return i;
```

```
}
```

运行该程序后，输出结果如下：

```
5, 1, 11, 10, 7
5, 2, 11, 10, 8
5, 3, 11, 10, 9
```

程序分析：

该程序中，除主函数外的其他函数都是在函数头前加了 extern，因此，它们都是外部函数，包括主函数。通过创建 project 文件的方法，运行多文件程序。在该程序中，请读者分清变量 i 和 j 在不同函数体中的存储类。

5.6.2　内部函数

内部函数的作用域是定义在该函数的文件内。在程序的一个文件中定义的内部函数只能在该文件中调用，在该程序的其他文件中是不能调用的。

内部函数的定义格式如下：

```
static 〈数据类型〉 〈函数名〉(〈参数表〉)
{
    〈函数体〉
}
```

其中，static 是内部函数的存储类。

【例 5.17】下列程序中定义了内部函数，分析该程序的输出结果。该程序与例 5.14 程序有相似之处。

程序内容如下：

```
#include <iostream.h>
int i(3);
static int reset(),next(int),last(int),other(int);
void main()
{
    int i=reset();
    for(int j(1);j<=3;j++)
    {
        cout<<i<<','<<j<<',';
        cout<<next(i)<<',';
        cout<<last(i)<<',';
        cout<<other(i+j)<<endl;
    }
}
static int reset()
{
    return i;
}
static int next(int j)
{
    j=i++;
    return j;
}
static int last(int j)
{
    static int i(10);
```

```
    j=i--;
    return j;
}
static int other(int i)
{
    int j(5);
    return i=j+=i;
}
```

运行该程序后，输出结果如下：

3, 1, 3, 10, 9

3, 2, 4, 9, 10

3, 3, 5, 8, 11

程序分析：

该程序中定义了一些内部函数，而该程序仅一个文件，因此，在定义这些内部函数的文件中调用是允许的。

在该程序中，请读者将变量 i 和 j 在各个函数中的存储类搞清楚是很重要的。

练习题 5

5.1 判断题

1. 函数的调用可以嵌套，函数的定义不能嵌套。

2. C++语言中，函数可以用原型说明，也可用简单说明。

3. 定义函数时，存储类可以缺省，数据类型也可以省略。

4. 函数可以没有参数，但是不能没有返回值。

5. 函数定义时必须给出函数体，函数体内至少有一条语句。

6. 没有参数的两个函数是不能重载的。

7. 函数调用方式有传值调用和引用调用两种，传值调用中又分传值和传址两种。

8. 函数的存储类有外部的和静态的两种，它们的作用域分别是程序级的和文件级的。

9. 没有返回值的函数不能设置为内联函数。

10. 函数可以设置默认的参数值，默认参数值必须设置在函数定义时的形参上。

5.2 单选题

1. 当一个函数没有返回值时，该函数类型应说明为（　　）。

　　A. void　　　　　　B. int　　　　　　　　C. 无　　　　　　　　D. 任意

2. 下列关于设置函数默认的参数值的描述中，错误的是（　　）。

　　A. 可对函数的部分参数或全部参数设置默认值

　　B. 在有函数说明时，默认值应设置在函数说明时，而不是定义时

　　C. 设置函数默认参数值时，只可用常量不可用含有变量的表达式

　　D. 设置函数参数默认值应从右向左设置

3. 下列关于被调用函数中 return 语句的描述中，错误的是（　　）。

　　A. 一个函数中可以有多条 return 语句

　　B. return 语句具有返回程序控制权的作用

    C．函数通过 return 语句返回值时仅有一个

    D．一个函数中有且仅有一条 return 语句

4．函数返回值的类型是由（　　　）决定的。

    A．调用该函数的调用函数的类型

    B．定义该函数时所指定的类型

    C．return 语句中表达式的类型

    D．接收函数返回值的变量或对象的类型

5．下列设置函数参数默认值的说明语句中，错误的是（　　　）。

    A．int fun(int x , int y=10);　　　　　　B．int fun(int x=5, int =10);

    C．int fun(int x=5, int y);　　　　　　　D．int fun(int x , int y=a+b);

（其中，a 和 b 是已定义过具有有效值的变量）

6．下列选择重载函数的不同实现的判断条件中，错误的是（　　　）。

    A．参数类型不同　　　　　　　　　　　B．参数个数不同

    C．参数顺序不同　　　　　　　　　　　D．函数返回值不同

7．已知：int fun (int & a),m=10；下列调用 fum() 函数的语句中，正确的是（　　　）。

    A．fun(& m);　　　　　　　　　　　　　B．fun (m*2);

    C．fun (m);　　　　　　　　　　　　　　D．fun (m++);

8．在函数的引用调用中，函数的实参和形参分别应是（　　　）。

    A．变量值和变量　　　　　　　　　　　B．地址值和指针

    C．变量名和引用　　　　　　　　　　　D．地址值和引用

9．在函数的传址调用中，函数的实参和形参分别应是（　　　）。

    A．变量值和变量　　　　　　　　　　　B．地址值和指针

    C．变量名和引用　　　　　　　　　　　D．地址值和引用

10．说明一个内联函数时，应加关键字是（　　　）。

    A．inline　　　　　　B．static　　　　　　C．void　　　　　　　D．extern

5.3　填空题

1．如果将调用一个函数的过程分为 3 个步骤，第 1 步是＿＿＿＿＿，第 2 步是＿＿＿＿＿，第 3 步是返回操作。

2．函数的存储类分两种，它们分别是＿＿＿＿函数和内部函数，其中＿＿＿＿函数的存储类说明不可省略，该说明符是＿＿＿＿。

3．使用关键字 inline 说明的函数称为＿＿＿＿函数。具有相同函数名但具有不同实现的函数称为＿＿＿＿函数。

4．在调用一个函数过程中可以直接或间接地调用该函数，则该函数称为＿＿＿＿函数。这种调用称为＿＿＿＿调用。

5．在引用调用中，函数实参用＿＿＿＿，形参用＿＿＿＿。

5.4　分析下列程序的输出结果

1.

```
#include <iostream.h>
int fun(int n)
{
   int p(1),s(0);
```

```
    for(int i(1);i<n;i++)
    {
        p*=i;
        s+=p;
    }
    return s;
}
void main()
{
    int s=fun(4);
    cout<<s<<endl;
}
```

2.
```
#include <iostream.h>
void fun();
void main()
{
    for(int i(0);i<4;i++)
        fun();
}
void fun()
{
    int a(0);
    a++;
    static int b;
    b++;
    cout<<"a="<<a<<','<<"b="<<b<<endl;
}
```

3.
```
#include <iostream.h>
int fac(int);
void main()
{
    int s(0);
    for(int i(1);i<=5;i++)
        s+=fac(i);
    cout<<"5!+4!+3!+2!+1!= "<<s<<endl;
}
int fac(int n)
{
    static int b=1;
    b*=n;
    return b;
}
```

4.
```
#include <iostream.h>
int fun(char *,char *);
void main()
{
    char *p1,*p2;
    p1="abcfgy";
    p2="abcdhu";
    int n=fun(p1,p2);
    cout<<n<<endl;
```

```
}
int fun(char *s1,char *s2)
{
    while(*s1&&*s2&&*s1++= =*s2++)
        ;
    s1--;
    s2--;
    return *s1-*s2;
}
```

5.
```
#include <iostream.h>
void fun(int,int,int *);
void main()
{
    int a,b,c;
    fun(5,6,&a);
    fun(7,a,&b);
    fun(a,b,&c);
    cout<<a<<','<<b<<','<<c<<endl;
}
void fun(int i,int j,int *k)
{
    j+=i;
    *k=j-i;
}
```

6.
```
#include <iostream.h>
int add(int,int =5);
void main()
{
    int a(8);
    cout<<"sum1="<<add(a)<<endl;
    cout<<"sum2="<<add(a,add(a))<<endl;
    cout<<"sum3="<<add(a,add(a,add(a)))<<endl;
}
int add(int i,int j)
{
    return i+j;
}
```

7.
```
#include <iostream.h>
void swap(int &,int &);
void main()
{
    int a(8),b(5);
    cout<<"a="<<a<<','<<"b="<<b<<endl;
    swap(a,b);
    cout<<"a="<<a<<','<<"b="<<b<<endl;
}
void swap(int &i,int &j)
{
    int t;
    t=1;
    i=j;
```

```
        j=t;
    }
8.
#include <iostream.h>
void print(int),print(char),print(char *);
void main()
{
    int a(800);
    print(a);
    print('a');
    print("break");
}
void print(int i)
{
    cout<<i<<endl;
}
void print(char i)
{
    cout<<i<<endl;
}
void print(char *i)
{
    cout<<i<<endl;
}
```

5.5　编程题

1. 从键盘上输入 8 个浮点数，编程求出其和以及平均值。要求写出求和以及平均值的函数。

2. 从键盘上输入 8 个整型数，编辑求出它们中间最大的数和最小的数。要求写出求最大数和最小数的函数。

3. 给定某个年、月、日，计算出这一天是属于该年的第几天。要求写出计算闰年的函数和计算日期的函数。

4. 编写一个程序验证：任何一个充分大的偶数（≥6）总可以表示成两个素数之和。要求编写一个求素数的函数 prine()，它有一个 int 型参数，当参数值为素数时返回 1，否则返回 0。

5.6　简单回答下列问题

1. 没有返回值的函数是否有函数类型？函数参数类型与函数的类型是否有关系？

2. 函数的缺省的存储类是什么？函数的存储类与函数什么关系？

3. 函数的调用方式有哪两种？传址和引用调用方式有何不同？

4. 内联函数与一般函数有何不同？

5. 对重载函数设置默认参数值，对重载函数的选择是否会有影响？

上机指导 5

5.1　上机要求

1. 熟悉函数的定义格式和说明方法，熟悉函数返回值的使用。

2. 熟悉函数调用的方式和过程。比较下述 3 种不同调用方式的差异：

（1）传值调用　　　　（2）传址调用　　　　（3）引用调用

3．熟悉设置函数默认值的方法，学会定义内联函数和使用重载函数。

5.2 上机练习题

1．在熟悉例 5.1 程序的基础上，上机编写一个程序来验证你所用的系统对函数的计算顺序。

2．上机调试本章例 5.4 程序，如何去掉可能出现的警告错误？

3．上机调试本章例 5.5 程序，将输出结果与分析结果进行比较。

4．上机调试本章例 5.10 程序，将输出结果与分析结果进行比较。

5．上机调试本章例 5.12 程序，回答所提出的思考题。

6．上机调试本章例 5.13 程序，并获取正确的输出结果。

7．结合本章例 5.14 程序，上机练习多文件程序的实现。

8．上机调试练习题 5.4 中的 8 个程序，将输出结果与上机前的分析结果进行比较。

9．上机调试练习题 5.5 中的 4 个编程题，将你所编写的程序上机调试通过。

10．按下列要求，上机编程。

输入 5 个学生 4 门功课的成绩，然后求出：

（1）每个学生的总分；

（2）每门功课 5 个学生的平均分；

（3）输出总分最高的学生姓名和总分数。

提示：学生姓名可放在一个字符数组中，学生成绩存放在一个整型或浮点型数组中。

第6章
类和对象（一）

　　面向对象程序设计语言的最基本特性是封装性。封装性是通过类和对象来体现的。本章和下一章将介绍 C++语言的类和对象的全部内容。本章主要介绍类的结构及类中成员的特性，下一章主要介绍对象和对象的种类。

　　本章内容包括：类的定义格式及对象说明方法，对象的成员表示及赋值，对象的初始化和释放，类的静态成员，类的常成员，指向类的成员的指针，类类型与其他类型的转换，友元函数和友元类。

6.1　类的定义格式和对象的定义方法

　　类是一种构造数据类型，类是对客观事物的抽象，将具有相同属性的一类事物称作某个类。例如，可将路上跑的各种汽车的相同属性抽象出来，称作汽车类。任何一种汽车都是属于汽车类的一个实体，或称一个实例，这便是对象。

　　类是用来确定若干具有相同属性的一类对象的行为，这些行为是由类的内部数据结构和相关操作来确定。构成类的这些行为的内部数据结构和相关操作，称为类的成员。类的部分成员在类体外是不可见的，因此，类具有隐藏性，类的有些成员可以提供外部服务，被称为类的对外接口。可见，类是一种封装体，它将其成员封装在一起，有些成员类外是不可见的，人们不必关心它们，有些成员在类外是可见的，人们只关心这些对外所提供的服务成员就够了。

6.1.1　类的定义格式

　　类的定义格式与结构的定义格式相似，在结构的定义中只有若干个数据成员，而没有任何操作。类的定义中，不仅包含若干数据成员，而且还包含有对它们的若干操作，另外，类中的成员是具有不同的访问权限的，而结构中成员的访问权限都是公有的。

　　下面给出一个关于日期类的定义。

```
//说明部分
class Date
{
  public:
    void SetDate(int y, int m, int d);
    int IsLeap Year();
    void Print();
  private:
```

```
    int year, month,day;
};
//实现部分
void Date:: SetDate(int y, int m, int d)
{
    year=y;
    month=m;
    day=d;
}
int Date:: IsLeapYear()
{
    return year%4==0&&year%100!=0||year%400==0;
}
void Date:: Print()
{
    cout<<year <<'/'<<month<<'/'<<day<<endl;
}
```

这是定义一个类的全部内容。

下面给出定义类的一般格式：

```
//说明部分
class 〈类名〉
{
    public:
        〈成员函数和数据成员的说明或实现〉
    private:
        〈数据成员和成员函数的说明或实现〉
};
//实现部分
〈函数类型〉〈类名〉::〈成员函数名〉(〈参数表〉)
{
    〈函数体〉
}
```

关于类定义的若干说明如下。

① 定义类的关键字通常用 class，也可以用 struct 等。使用 class 定义的类，默认的访问权限是 private，使用 struct 定义的类，默认的访问权限是 public。

② 类的定义由两大部分构成：说明部分和实现部分。说明部分包括类头和类体。类头是由 class 加上〈类名〉组成，〈类名〉同标识符。类体是由一对花括号加分号组成，类体内有若干成员。实现部分包含对类中说明的成员函数的定义，如果类中说明的成员函数都定义在类体内，则实现部分便可以省略。

③ 类的成员分为数据成员和成员函数两种。数据成员的说明包含成员名和类型，不得在说明时进行初始化；成员函数的说明是函数原型，成员函数可以定义在类体内，也可以定义在类体外。定义在类体内的为内联函数。

④ 类的成员具有不同的访问权。类成员的访问权限有如下 3 种。

● public（公有的）：公有成员不仅在类体内是可见的，而且在类体外也是可见的。公有成员是类对外服务的体现。

● private（私有的）：私有成员仅在类体内是可见的，即可被类体内的成员函数所访问，在类体外是被隐藏的。私有成员是封装体的隐藏部分。

● protected（保护的）：保护成员对于定义它的类来讲，相当于私有成员，类体外不可见；对于该类的派生类来讲，相当于公有成员，派生类中是可见的。

类中的任何成员都有访问权限。类体内3种访问权限的说明符出现的顺序和次数是不受限制的。

数据成员和成员函数都可说明公有成员或私有成员，通常较多的成员函数被说明为公有成员，它们成为该类对外服务的接口；较多的数据成员被说明为私有成员，它们被隐藏在封装体内。

⑤ 成员函数可以定义在类体内，也可以定义在类体外。定义在类体外的成员函数在定义时前边必须加上类名限定，其格式如下：

〈类名〉::

这将说明所定义的函数不是一般函数，而是属于指定类的成员函数。

成员函数可以都定义在类体内，这时类的实现部分可以省略。上述日期类可定义成如下格式：

```
//Date类的定义如下:
class Date
{
    public:
      void Set Date (int y,int m int d)
      {
         year=y, month=m; day=d;
      }
      int IsLeapYear()
      {
          return year%4==0&&year%100!=0||year%400==0;
      }
      void Print()
      {cout<<year<<'/'<<month<<'/'<<day <<endl;}
    private:
      int year, month,day;
};
```

该类中定义了3个公有的成员函数，并将函数体写在类体内，又定义了3个私有的数据成员。

6.1.2　对象的定义方法

类是一种类型，它是对客观事物的抽象；对象是类的实例，它是具体的实体，定义对象时，系统将给它分配相应的内存单元。任何对象都是属于某个类的对象，对象具有属于它的类的所有成员。因此，在定义对象前，必须先定义类。

对象中仅存放类中的数据成员，类中成员函数不存放在每个对象中，它们被存放在一个可被对象访问的公共区中。

对象定义的方法有如下几种。

（1）先定义类类型，再定义对象

这种分开定义对象的格式如下：

〈类名〉〈对象名表〉；

其中，〈类名〉是所定义的对象所属的类的名字；〈对象名表〉中可以是一个对象名，也可以是多个对象名，多个对象名之间用逗号分隔。对象名包含一般对象名，对象引用名，指向对象的指针名和对象数组名。

例如，

```
Date d1, d2, *pd, date[31];
```

Date 是前边定义过的类名，d1 和 d2 是两个一般对象名，pd 是一个指向 Date 类的对象的指针名，date 是对象数组名。

又例如，

```
Date d1, &rd=d1;
```

其中，rd 是 Date 类的对象引用，即是对象 d1 的别名。

（2）定义类类型同时定义对象

这种同时定义对象的格式如下：

```
class 〈类名〉
{
  〈类体成员〉
}〈对象名表〉;
```

例如，

```
class Date
 {
 〈省略该类中的成员函数和数据成员〉
 }d1, d2, *pd, date[31];
```

（3）使用无名类直接定义对象

用无名类直接定义对象的格式如下：

```
class
{
  〈类体成员说明与定义〉
}〈对象名表〉;
```

使用这种方法只能定义一次对象，因为该类无类名，无法单独再定义对象。

比较以上定义对象的 3 种方法，通常采用第 1 种分开定义的方法，这种方法使用起来比较灵活。后两种方法也可以使用。

6.1.3 对象成员的表示

对象的成员就是该对象所属类的成员。对象成员的表示与 C 语言中结构变量的成员表示相似。具体规定如下。

（1）一般对象的成员表示用运算符.

〈对象名〉.〈数据成员名〉

〈对象名〉.〈成员函数名〉(〈参数表〉)

例如，

```
Date d1;
d1.year, d1.month, d1.SetDate(2005, 6, 24)等。
```

（2）指向对象指针的成员表示用运算符->

〈对象指针名〉-> 〈数据成员名〉

〈对象指针名〉-> 〈成员函数名〉(〈参数表〉)

例如，

```
Date d1, *pd=&d1;
pd->year, pd->day, pd->print()等。
```

（3）对象引用的成员表示用运算符.

〈对象引用名〉.〈数据成员名〉

〈对象引用名〉.〈成员函数名〉(〈参数表〉)

例如，

```
Date d1, &rd=d1;
rd.month, rd.day, rd.IsLeapYear()等。
```

（4）对象数组元素的成员表示同一般对象

〈数组名〉[〈下标〉].〈成员名〉

【例6.1】分析下列程序的输出结果，并熟悉对象的定义和成员的表示。

程序内容如下：

```cpp
#include <iostream.h>
class Date
{
  public:
    void SetDate(int y,int m,int d)
    {
      year=y;month=m;day=d;
    }
    int IsLeapYear()
    {
      return year%4= =0&&year%100!=0||year%400= =0;
    }
    void Print()
    {
      cout<<year<<'/'<<month<<'/'<<day<<endl;
    }
  private:
    int year,month,day;
};
void main()
{
  Date d1,d2,*pd=&d2;
  d1.SetDate(2005,6,24);
  pd->SetDate(2000,2,8);
  cout<<d1.IsLeapYear()<<','<<d2.IsLeapYear()<<endl;
  d1.Print();
  d2.Print();
}
```

运行该程序后，输出结果如下：

```
0, 1
2005/6/24
2000/2/8
```

程序分析：

该程序中先定义一个 Date 类。在主函数中，定义了该类的两个一般对象 d1 和 d2，又定义了一个指向类 Date 对象的指针 pd，初始化后它指向对象 d2。

通过调用成员函数 SetDate()分别给对象 d1 和 pd 指针所指向的对象 d2 进行了赋值，即改变了这两个对象的数据成员的值。

随后又调用成员函数 IsLeapYear()来判断 d1 和 d2 是否是闰年，从输出结果来看，d1 的年份不是闰年，d2 的年份是闰年。

最后，通过调用成员函数 Print()来输出显示对象 d1 和 d2 的数据成员的值。

思考题：请读者上机验证能否通过下述语句输出显示 d1 和 d2 的数据成员值？为什么？

```
cout <<d1.year <<',' <<d1.month <<',' <<d1.day <<endl;
cout <<d2.year <<',' <<d2.month <<',' <<d2.day <<endl;
```

6.2　对象的初始化

C++语言在创建对象时，系统总会自动调用相应的构造函数对对象进行初始化。当一个对象生存期终止时，系统又会自动调用析构函数来释放这个对象。因此，构造函数和析构函数是类中十分重要的成员函数。

6.2.1　构造函数的功能、种类和特点

构造函数是一种特殊的成员函数。

1. 构造函数的功能

构造函数的主要功能就是用来初始化对象。此外，构造函数中还可以定义一些与初始化对象无关的语句，例如，输出显示一条信息的语句等。

2. 构造函数的种类

构造函数通常有如下 3 种。

（1）默认构造函数

这种构造函数的特点是不带参数。凡是不带参数的构造函数都被称为默认构造函数。当创建不带任何实参的对象时，通常调用默认的构造函数。

默认构造函数用户可以定义。如果在一个类体中，用户没有定义任何构造函数时，系统会自动创建一个默认的构造函数，给对象初始化。在例 6.1 的程序中，用户没有定义任何构造函数，因此，系统自动创建默认构造函数，在创建对象 d1 和 d2 时，系统将自动调用默认构造函数给 d1 和 d2 进行初始化。如果被初始化的对象是自动存储类的，则初始化的值是无意义的；如果被初始化的对象是外部和静态存储类的，则初始化的值为默认值。

（2）带参数的构造函数

构造函数可以带有参数，根据需要可以带一个参数，也可带多个参数。

创建对象时，如果被创建的对象带有实参时，系统将根据实参的个数，调用相应参数的构造函数给对象进行初始化。

（3）拷贝构造函数

拷贝构造函数是用来使用已知对象给所创建对象进行初始化时所选用的构造函数。

拷贝构造函数的格式如下：

〈构造函数名〉（〈类名〉&〈对象引用名〉）

{

　　〈函数体〉

}

拷贝构造函数带有一个参数，该参数是该类的对象引用。

如果一个类中，用户没有定义拷贝构造函数时，系统自动创建一个默认的拷贝构造函数。

3. 构造函数的特点

构造函数是被说明在类体内的成员函数，具有成员函数的特性，此外构造函数还具有与一般成员函数不同的特点。

① 构造函数的名字同类名。

② 说明或定义构造函数时不必指出类型，也无任何返回值。

③ 构造函数是系统在创建对象时自动调用的。

6.2.2　析构函数的功能和特点

析构函数的功能正好与构造函数相反，它是用来释放所创建的对象的。一个对象在它的寿命结束时，系统将会自动调用析构函数将它释放掉，即从内存中清除掉。

析构函数也是一种特殊的成员函数，它除了具有成员函数的特点外，还有如下与一般成员函数所不同的特点。

① 析构函数名同类名，为与构造函数区别在析构函数名前加"～"符号，表示其功能与构造函数相反。

② 析构函数定义时不必给出类型，也无返回值，并且无参数。

③ 析构函数是由系统自动调用，用户不能调用。

如果一个类体内，用户没有定义析构函数时，系统会自动创建一个默认的析构函数。

析构函数由于没有参数，它不能被重载，一个类体内只可定义一个析构函数。使用析构函数是释放对象，被释放的对象不可再使用。

值得注意的是，使用构造函数创建对象的顺序与使用析构函数释放对象的顺序正好相反。

【例 6.2】分析下列程序的输出结果，熟悉构造函数和析构函数的定义和用法。

程序内容如下：

```cpp
#include <iostream.h>
class Date1
{
  public:
    Date1(int,int,int);
    Date1()
    {  cout<<"Default constructor called.\n";  }
    ~Date1()
    {   cout<<"Destructor called.\t"<<day<<endl;  }
    void Print();
  private:
    int year,month,day;
};
Date1::Date1(int y,int m,int d)
{
    year=y;
    month=m;
    day=d;
    cout<<"Constructor called.\n";
}
void Date1::Print()
{
cout<<year<<'/'<<month<<'/'<<day<<endl;
}
void main()
{
    static Date1 d1;
    Date1 d2(2005,6,25);
```

```
   cout<<"d1 is ";
   d1.Print();
   cout<<"d2 is ";
   d2.Print();
}
```

运行该程序后，输出显示结果如下：

```
Default constructor called.
Constructor called.
d1 is 0/0/0
d2 is 2005/6/25
Destructor called.   25
Destructor called.    0
```

程序分析：

该程序定义的类 Date1 中，有一个带有 3 个参数的构造函数，还有一个默认的构造函数，它们都是重载函数，随后又定义了一个析构函数。其中带有 3 个参数的构造函数定义在类体外，它是外联函数，如果要使它成为内联函数，则可在类体外定义时前边加修饰符 inline。

在该类的构造函数和析构函数的定义中都加了一条输出信息，又称跟踪信息。当它们被调用时会在屏幕上显示其跟踪信息。

从该程序的输出结果中可以看出：

在主函数 main()中，创建对象 d1 时，系统调用默认的构造函数，由于 d1 是内部静态的，因此，d1 的数据成员 year，month 和 day 将获得默认值 0。创建对象 d2 时，由于带有 3 个实参，系统会调用带有 3 个参数的构造函数给 d2 进行初始化，使对象 d2 的 3 个数据成员 year，month 和 day 的值分别为 2005，6 和 25。然后，输出对象 d1 和 d2 的数据成员的值显示在屏幕上，这时调用了类中的 Print()函数。

最后，在退出主函数前，由于创建的两个对象 d1 和 d2 将结束它的生存期，于是系统将自动调用其析构函数释放它们。从输出结果中不难看出先释放的是 d2，后释放的是 d1，这正好与创建对象的顺序相反。

【例 6.3】分析下列程序的输出结果，熟悉拷贝构造函数的用法及对象赋值的含义。

程序内容如下：

```
#include <iostream.h>
class Point
{
  public:
    Point(int i,int j)
    {  X=i;Y=j;  }
    Point(Point &rp);
    ~Point()
    {   cout<<"Destructor called.\n"; }
    int Xcood()
    {  return X;  }
    int Ycood()
    {  return Y;  }
  private:
    int X,Y;
};
Point::Point(Point &rp)
{
    X=rp.X;
```

```
        Y=rp.Y;
        cout<<"Copy Constructor called.\n";
    }
    void main()
    {
        Point p1(6,9);
        Point p2(p1);
        Point p3=p2,p4(0,0);
        p4=p1;
        cout<<"p3=("<<p3.Xcood()<<','<<p3.Ycood()<<")\n";
        cout<<"p4=("<<p4.Xcood()<<','<<p4.Ycood()<<")\n";
    }
```

运行该程序后，输出结果如下：

```
Copy Constructor called.
Copy Constructor called.
p3=(6,9)
p4=(6,9)
Destructor called.
Destructor called.
Destructor called.
Destructor called.
```

程序分析：

在该程序的类 Point 中，定义了一个带有两个参数的构造函数和一个拷贝构造函数，还有一个析构函数。拷贝构造函数和析构函数中有跟踪信息。

在 main()中，先创建了一个对象 p1，调用两个参数的构造函数进行初始化，接着又创建对象 p2，调用拷贝构造函数进行初始化，又创建了对象 p3，对象 p3 也是调用拷贝构造函数，用对象 p2 进行初始化，最后调用两个参数的构造函数创建对象 p4。在创建的 4 个对象中，有两个对象（p1 和 p4）是调用两个参数的构造函数进行初始化的，另外两个对象（p2 和 p3）是调用拷贝构造函数进行初始化的。

程序中语句：

```
    p4=p1;
```

是赋值表达式语句，系统中通过默认的重载的赋值运算符将同类的两个对象进行赋值运算。对象赋值是将一个对象的数据成员在内存中的存储状态复制给另一个对象的数据成员的内存空间。而对象的成员函数不必考虑。

6.3 数据成员的类型和成员函数的特性

类体内包含有数据成员和成员函数这两种成员，本节讨论对类中数据成员类型的规定和类中成员函数具有的特性。

6.3.1 类中数据成员类型的规定

类中数据成员的数据类型是没有限制的，它可以是整型、浮点型和字符型等基本数据类型，也可以是数组、结构、联合、权举等构造数据类型，还可以是指针和引用。另一个类的对象、对象指针和对象引用都可作该类的成员，但是，自身类的对象是不允许的，自身类的指针和引用是可以的。数据成员的数据类型决定了该成员在内存中应占的字节数，同时也确定该成员所允许的合法操作。

数据成员的存储类只有静态类。加存储类说明符 static 的为静态数据成员。有关静态成员本章后面讲述。

6.3.2 成员函数的特性

成员函数是被说明在类体内的函数，它的实现可以放在类体内，也可以放在类体外。成员函数在类体内是具有某种访问权限的。成员函数具有一般函数的一些特性，包括可以重载，可以定义为内联函数，还可设置参数的默认值等。

1. 成员函数可以重载

成员函数可以重载，重载时应遵循参数可以区别的规则，即重载函数在函数参数的类型、个数和顺序上应有区别。

【例 6.4】分析下列程序的输出结果，熟悉成员函数重载的用法。

程序内容如下：

```cpp
#include <iostream.h>
class AB
{
  public:
    AB(int i,int j)
    {    a=i;b=j;  }
    AB(int i)
    {  a=i;b=i*i;  }
    int Add(int x,int y);
    int Add(int x);
    int Add();
    int aout()
    {  return a;  }
    int bout()
    {  return b;  }
  private:
    int a,b;
};
int AB::Add(int x,int y)
{
    a=x;
    b=y;
    return a+b;
}
int AB::Add(int x)
{
    a=b=x;
    return a+b;
}
int AB::Add()
{
    return a+b;
}
void main()
{
    AB a(5,8),b(7);
```

```
        cout<<"a="<<a.aout()<<','<<a.bout()<<endl;
        cout<<"b="<<b.aout()<<','<<b.bout()<<endl;
        int i=a.Add();
        int j=a.Add(4);
        int k=b.Add(3,9);
        cout<<i<<endl<<j<<endl<<k<<endl;
    }
```

运行该程序后，输出结果如下：

```
a=5,8
b=7,49
13
8
12
```

程序分析：

该程序中，在 AB 类内出现两组重载函数，一组是构造函数重载，被重载的函数是 AB (int, int)和 AB(int)，另一组是成员函数重载，被重载的函数是 Add(int,int)，Add(int)和 Add()。

2．成员函数可以被说明为内联函数

内联函数是一种函数体被替换，而不是被调用的函数。C++语言规定，成员函数如果被定义在类体内，则为内联函数，而定义在类体外的函数为外联函数。如果要使定义在类体外的函数也为内联函数，需在定义时在函数头前加上关键字 inline。

【例 6.5】分析下列程序的输出结果，熟悉内联函数的定义方法。

程序内容如下：

```
#include <iostream.h>
class M
{
  public:
    M(int i,int j)
    {    a=i;b=j;  }
    int fun1()
    {  return a;  }
    int fun2()
    {  return b;  }
    int fun3(),fun4();
  private:
    int a,b;
};
inline int M::fun3()
{
    return fun1()+fun2();
}
inline int M::fun4()
{
    return fun3();
}
void main()
{
    M m(5,8);
    int n=m.fun4();
    cout<<n<<endl;
}
```

该程序的输出结果由读者自己分析。

3. 成员函数的参数可以设置默认值

成员函数的参数可以设置为默认值，其方法同在第 5 章讲的相同。

函数被设置默认参数后，有些情况下会影响其重载性，这一点请读者注意。

【例 6.6】分析下列程序的输出结果，熟悉给成员函数设置默认参数的用法。

程序内容如下：

```
#include <iostream.h>
class A
{
  public:
    A(int i=8,int j=10,int k=12);
    int aout()
    { return a;  }
    int bout()
    { return b;  }
    int cout()
    { return c;  }
  private:
    int a,b,c;
};
A::A(int i,int j,int k)
{
    a=i;b=j;c=k;
}
void main()
{
    A X,Y(5),Z(7,9,11);
    cout<<"X="<<X.aout()<<','<<X.bout()<<','<<X.cout()<<endl;
    cout<<"Y="<<Y.aout()<<','<<Y.bout()<<','<<Y.cout()<<endl;
    cout<<"Z="<<Z.aout()<<','<<Z.bout()<<','<<Z.cout()<<endl;
}
```

运行该程序后的输出结果由读者自己分析。

6.4 静 态 成 员

在类体内使用关键字 static 说明的成员称为静态成员。静态成员包括静态数据成员和静态成员函数两种。

静态成员的特点是它不是属于某对象的，而是属于整个类的，即所有对象的。

6.4.1 静态数据成员

静态数据成员是一种特殊的数据成员。静态数据成员可以实现同类的多个对象之间的数据共享。由于它不是属于某个对象的成员，而是属于所有对象的，所有对象都可引用它。它的值对每个对象都是一样的。如果它的值被改变，则各个对象中该数据成员的值都被改变。使用静态数据成员还可以节省内存，提高系统的运行效率。

1. 静态数据成员的说明方法和初始化

下面举一个例子，熟悉静态数据成员的说明方法。

```
class A
```

```
{
  public:
    A(int i)
    {  a=i;  }
    ...
  private:
    int a;
    static int b;            //b是一个 int 型的静态成员
};
int A::b=10;
...
```

在这个程序段中，类 A 里定义了一个静态数据成员 b，又在类体外对它进行了初始化，所使用的语句如下：

```
int A:: b=10;
```

对静态数据成员初始化的方法是在类体外使用如下格式进行初始化：

〈数据类型〉〈类名〉::〈数据成员名〉=〈初值〉;

由于静态数据成员不是属于某个对象的，因此，在给对象分配内存空间时不包含静态数据成员所占的空间。静态数据成员是在所有对象之外，系统另为它开辟一个单独的空间。该空间与类的对象无关，只要类中定义了静态数据成员，即使没有定义对象，而静态数据成员空间已被分配，便可以通过类名加作用域运算符进行引用。具体格式如下：

〈类名〉::〈静态数据成员名〉;

2. 静态数据成员的特点

① 静态数据成员不是属于某个对象，而是属于整个类的。因此，对静态数据成员初始化不用构造函数，而是系统开辟公共的存储单元。静态数据成员除了可以使用对象名引用外，还可以使用类名来引用。

② 静态数据成员不随对象的创建而分配内存空间，它也不随对象被释放而撤销。静态数据成员被分配的内存空间，只有在程序结束时才被系统释放。

③ 静态数据成员只能在类体外被初始化，初始化格式见上面进过的初始化语句，该语句不必加 static。

类中说明的静态数据成员一定要在类体外对它进行初始化。

【例 6.7】分析下列程序的输出结果，了解静态数据成员的使用方法。

程序内容如下：

```
#include <iostream.h>
class MY
{
  public:
    MY(int i,int j,int k);
    void PrintNumber();
    int GetSum(MY m);
  private:
    int a,b,c;
    static int s;
};
int MY::s=0;
MY::MY(int i,int j,int k)
{
    a=i;b=j;c=k;
```

```
    s=a+b+c;
}
void MY::PrintNumber()
{
    cout<<a<<','<<b<<','<<c<<endl;
}
int MY::GetSum(MY m)
{
    return MY::s;
}

void main()
{
    MY m1(2,3,4),m2(5,6,7);
    m2.PrintNumber();
    cout<<m1.GetSum(m1)<<','<<m2.GetSum(m2)<<endl;
}
```

运行该程序后，输出结果如下：

```
5, 6, 7
18, 18
```

程序分析：

该程序的 MY 类中说明了一个数据成员 s 是静态的，它被放在类体外进行了初始化。在每创建一个对象时，将改变静态数据成员 s 的值，创建对象 m1 后，s 值应该是 9，创建对象 m2 后，s 值应该是 18，并且保持该值直到下一次被改变为止。因此，该程序中最后一条输出语句中分别使用 m1 和 m2 访问 s 的值，其结果都为 18。

思考题：请读者将对静态数据成员初始化语句删除或者移到主函数体内，编译程序会出现什么现象？

6.4.2 静态成员函数

说明为静态成员函数需在成员函数头前加说明符 static。具体格式如下：

```
static <类型> <成员函数名>(<参数表>);
```

静态成员函数的实现可放在类体内，也可放在类体外。

静态成员函数是属于整个类的，因此它具有如下两种引用方式：

```
<类名>::<静态成员函数名>(<参数表>)
```

或者

```
<对象名>. <静态成员函数名>(<参数表>)
```

在静态成员函数中可以直接引用其静态成员，而引用非静态成员时需用对象名进行引用。

【例 6.8】分析下列程序的输出结果，学会静态成员函数的用法。

程序内容如下：

```
#include <iostream.h>
#include <string.h>
class Student
{
  public:
    Student(char name1[],int sco)
    {
        strcpy(name,name1);
```

```
        score=sco;
    }
    void total()
    {
        sum+=score;
        count++;
    }
    static double aver()
    {
        return (double)Student.sum/Student.count;
    }
  private:
    char name[20];
    int score;
    static int sum,count;
};
int Student::sum=0;
int Student::count=0;
void main()
{
    Student stu[5]={Student("Ma",89),Student("Hu",90),Student("LU",95),
        Student("Li",88),Student("Gao",75)};
    for(int i=0;i<5;i++)
        stu[i].total();
    cout<<"Average="<<Student::aver()<<endl;
}
```

运行该程序后，输出结果如下：

```
Average=87.4
```

程序分析：

该程序的 Student 类中，说明了两个静态数据成员和一个静态成员函数。在静态成员函数中直接引用了两个静态数据成员。在主函数的输出语句中使用类名引用了静态成员函数。

思考题：例 6.8 程序中说明的两个静态数据成员的作用是什么？如果去掉它们的静态说明符该程序会出现什么现象？

6.5　常　成　员

常成员是指使用常类型修饰说明的成员。常成员包括常数据成员和常成员函数。

6.5.1　常数据成员

常数据成员与一般常变量相似，要求使用关键字 const 来说明，具体格式如下：

const 〈类型〉〈常数据成员名〉

常数据成员的值是不能改变的。

常数据成员初始化是通过采用构造函数的成员初始列表来实现的。

构造函数的成员初始化列表的格式如下：

〈构造函数名〉（〈参数表〉）：〈成员初始化列表〉

{ 〈函数体〉 }

其中，位于冒号后边的〈成员初始化列表〉是由若干个初始化项组成的，多个初始化项用逗号

分隔。对常数据成员初始化应作为一个成员初始化列表中的一个初始化项。例如，

```
class A
{
  public:
    A(int i, int j):a(i)
    {   b=j;  }
    ...
  private:
    const int a;
    int b;
};
```

类 A 中有一个常数据成员 a，它的初始化被放在成员初始化列表中实现。

【例 6.9】分析下列程序的输出结果，学会常数据成员的用法。

程序内容如下：

```
#include <iostream.h>
class A
{
  public:
    A(int i);
    void Print()
    {  cout<<a<<','<<b<<','<<r<<endl;  }
    const int &r;
  private:
    const int a;
    static const int b;
};
const int A::b=15;
A::A(int i):a(i),r(a)
{  }
void main()
{
    A a1(10),a2(20);
    a1.Print();
    a2.Print();
}
```

运行该程序后，输出结果如下：

```
10, 15, 10
20, 15, 20
```

程序分析：

该程序的类 A 中定义了 3 个常数据成员，一个是一般常数据成员 a，另一个公有的常整型数据成员的引用 r，还有一个静态的常数据成员 b。

数据成员 b 按静态数据成员的规则，放在类体外进行初始化，其余两个数据成员 a 和 r，则按常数据成员初始化规则，将它们放在成员初始化列表中进行初始化。

6.5.2 常成员函数

常成员函数也是使用关键字 const 来说明的，其格式如下：

〈类型〉〈成员函数名〉(〈参数表〉) const

{ 〈函数体〉 }

其中，const 放在函数头的后边，它是函数类型的一部分，在说明函数和定义函数时都要有 const

关键字。用 const 可以与不带 const 的函数进行重载。

常成员函数可以引用 const 数据成员，也可以引用非 const 的数据成员。const 数据成员可以被常成员函数引用，也可以被非常成员函数引用。

如果定义了常对象，常对象只能调用常成员函数，而不能调用非常成员函数。

这里，有几点值得注意。

① 非常数据成员在常成员函数中可以引用，但不可改变。而常数据成员在常成员函数和非常成员函数中都不可改变。

② 常对象的数据成员都是常数据成员，其值不得改变。但是，常对象的没加修饰符 const 的成员函数，仍然是非常成员函数。

【例 6.10】分析下列程序的输出结果，熟悉常成员函数的用法。

程序内容如下：

```cpp
#include <iostream.h>
class B
{
  public:
    B(int i,int j)
    {  b1=i;b2=j;  }
    void Print()
    {  cout<<b1<<';'<<b2<<endl;  }
    void Print() const
    {  cout<<b1<<':'<<b2<<endl;  }
  private:
    int b1,b2;
};
void main()
{
    B b1(5,10);
    b1.Print();
    const B b2(2,8);
    b2.Print();
}
```

运行该程序后，输出结果如下：

```
5; 10
2: 8
```

程序分析：

该程序的类 B 中出现了两个重载的成员函数 Print()，其中一个是常成员函数。

主函数中定义两个对象，一个是一般对象 b1，另一个是常对象 b2，一般对象选择一般的成员函数 Print()，而常对象选择常成员函数 Print()。

思考题：

（1）假设取消类 B 中的常成员函数 Print()，调试该程序会出现什么现象？

（2）在该程序中验证常对象的数据成员是常数据成员，即不可以修改其值。

6.6　友元函数和友元类

本节介绍友元函数和友元类的概念及用法。

6.6.1　友元函数

在一个类体内的公有成员可以被类体外访问，而私有成员只能被该类的成员所访问。为了实现类体外的一般函数或者另一个类的成员函数对该类体内的私有成员和其他成员也能直接访问的目的，于是引进了友元函数的概念。

友元函数是说明在类体内的一般函数，也可以是另一个类中的成员函数。友元函数并不是这个类中的成员函数，但是它具有这个类中成员函数所具有的访问该类所有成员的功能。

友元函数说明格式如下：

friend〈类型〉〈函数名〉（〈参数表〉）

友元函数是破坏封装性的，因此，说明友元函数时应该慎重。

使用友元函数时应注意如下几点。

① 友元函数被加 friend 关键字后说明在类体内，但它不是该类的成员函数。如果被定义在类体外，则同一般函数定义相同，不加类名限定。

② 友元函数可以访问类中的私有成员和其他成员，但是访问时不可直接默认引用数据成员，必须使用对象进行引用。

③ 友元函数的作用在于可以提高程序的运行效率。因为它可以访问类中的私有成员，不必再通过成员函数进行访问了。

④ 友元函数在调用上也同一般函数，不必通过对象进行引用。

【例 6.11】分析下列程序的输出结果，说明友元函数的使用方法。

程序内容如下：

```cpp
#include <iostream.h>
#include <math.h>
class Point
{
  public:
    Point(double i,double j)
    {  x=i;y=j;  }
    void Print()
    {  cout<<'('<<x<<','<<y<<')'<<endl;  }
    friend double Distance(Point a,Point b);
  private:
    double x,y;
};
double Distance(Point a,Point b)
{
    double dx=a.x-b.x;
    double dy=a.y-b.y;
    return sqrt(dx*dx+dy*dy);
}
void main()
{
    double d1=3,d2=4,d3=6,d4=8;
    Point p1(d1,d2),p2(d3,d4);
    p1.Print();
    p2.Print();
    double d=Distance(p1,p2);
    cout<<"Distance="<<d<<endl;
}
```

运行该程序后，输出结果如下：

```
(3, 4)
(6, 8)
Distance=5
```

程序分析：

该程序的类 Point 中说明了一个友元函数，它是一般函数定义在类体外。友元函数中通过指定的对象引用了类中的私有数据成员，并且进行了运算。

思考题：

（1）在该程序中，去掉 Distance()函数前的 friend 关键字后，调试该程序会出现什么现象？

（2）将友元函数的定义写在类体内，会出现什么现象？

6.6.2　友元类

前边介绍了将一个函数作为一个类的友元函数，它可以访问该类的所有成员。还可以将一个类作为另一个类的友元，则该类称为友元类。当一个类是另一个类的友元类时，该类中的所有成员函数都是这个类的友元函数。

说明友元类的形式如下：

```
friend class 〈类名〉;
```

例如，

```
class A
{
    friend class B;
    ...
};
```

类 B 是类 A 的友元类，类 B 的所有函数都是类 A 的友元函数。

使用友元类应注意下述事项。

① 友元关系是不可逆的。B 类是 A 类的友元类，不等于 A 类是 B 类的友元类。

② 友元关系是不可传递的。B 类是 A 类的友元类，C 类是 B 类的友元类，C 类不一定就是 A 类的友元类。

友元类是将该类的所有成员函数都说明为某类的友元函数。

【例 6.12】分析下列程序的输出结果，熟悉友元类的用法。

程序内容如下：

```
#include <iostream.h>
class X
{
    friend class Y;
  public:
    X(int i)
    { x=i; }
    void Print()
    { cout<<"x="<<x<<','<<"s="<<s<<endl; }
  private:
    int x;
    static int s;
};
int X::s=5;
class Y
```

```
{
  public:
    Y(int i)
    {  y=i;  }
    void Print(X &r)
    {  cout<<"x="<<r.x<<','<<"y="<<y<<endl;  }
  private:
    int y;
};
void main()
{
    X m(2);
    m.Print();
    Y n(8);
    n.Print(m);
}
```

运行该程序后，输出结果如下：

x=2,s=5

x=2,y=8

程序分析：

该程序中定义了两个类：类 X 和类 Y。其中，类 Y 是类 X 的友元类，类 Y 中的所有成员函数都是类 X 的友元函数。在类 Y 的成员函数 Print()中，可以通过 X 类的对象引用 X 类中的私有数据成员。

思考题：请读者将友元类 Y 取消，并用说明成员函数 Print()为友元函数的方法实现该程序。

6.7　类型转换

类型转换指的是可以通过单参数的构造函数将某种数据类型转换为类类型，也可以使用类型转换函数将某种类类型转换为指定的数据类型。

6.7.1　类型的隐含转换

C++语言编译系统提供内部数据类型的自动隐含转换规则如下。

① 在执行算术运算时，低类型自动转换为高类型。例如：

double a;

a=3.1415*5;

当一个浮点数与一个整数相乘时，系统先将整型数转换为浮点数再进行相乘。

如果由高类型转换为低类型时，要进行类型强制。

② 在赋值表达式中，赋值运算符右边表达式的类型自动转换为左边变量的类型，再将值赋给它。这种转换可能会有精度损失。

③ 在函数调用时，将调用函数的实参初始化形参，系统将实参转换为形参类型后，再进行传值。这里的隐含转换通常是低类型转换为高类型。例如，

double d1,fun(double d);

d1=fun(15);

这里，fun()函数要求 double 型形参，而实参给的是 int 型，这时将 int 型转换为 double 型后，再传给形参。

④ 在函数有返回值时，系统自动将返回的表达式的类型转换为该函数的类型后，再将表达式的值返回给调用函数。

在程序中，出现上述转换时，如果数据精度受损失，系统会报错。

6.7.2　一般数据类型转换为类类型

使用一个参数的构造函数可将某种数据类型转换为该构造函数所属类的类型。这便是单参数构造函数所具有的类型转换功能。

【例6.13】分析下列程序的输出结果，掌握单参数构造函数的类型转换功能。

程序内容如下：

```cpp
#include <iostream.h>
class D
{
  public:
    D()
    {  d=0;  }
    D(double i)
    {  d=i;  }
    void Print()
    {  cout<<d<<endl;  }
  private:
    double d;
};
void main()
{
    D d;
    d=20;
    d.Print();
}
```

运行该程序后，输出结果显示如下：

```
20
```

程序分析：

该程序的主函数中出现下述语句

```
d=20;
```

分析该赋值语句可知，左边 d 是 D 类的对象，右边表达式是整型常量 20。将 20 赋值给 d，显然是类型不一致。但是，20 可转换（隐含）为浮点型 20.0，该类中具有一个 double 型参数的构造函数，于是系统自动调用该类中单参数构造函数将 20.0 转换成为 D 类的对象，这样类型一致，完成赋值任务。

这里也可以通过定义重载的赋值运算符来实现 d=20;的操作。关于运算符重载将在后面章节中讲述。

6.7.3　类类型转换为一般数据类型

通过在类中定义类型转换函数可以实现由某种类类型转换为某种指定的数据类型的操作。

类型转换函数是用来进行类型强制转换的成员函数，它是类的一种非静态成员函数。

类型转换函数定义格式如下：

```
operator 〈数据类型说明符〉()
```

```
{ 〈函数体〉 }
```

其中，operator 是定义类型转换函数所需的关键字，〈数据类型说明符〉给出由类类型所要转换为数据类型。该函数的〈函数体〉给出具体转换规则。该函数没有类型，也没有参数。

在一个类中允许定义多个类型转换函数，可将该类的对象转换成多种不同类型的数据。

【例 6.14】分析下列程序的输出结果，学会类型转换函数在程序中的使用。

程序内容如下：

```
#include <iostream.h>
class E
{
  public:
    E(int i,int j)
    { den=i;num=j;  }
    operator double();
  private:
    double den,num;
};
E::operator double()
{
    return double(den)/double(num);
}
void main()
{
    E e(6,10);
    double a(3.5);
    a+=e-2;
    cout<<a<<endl;
}
```

运行该程序后，输出结果如下：

```
2.1
```

程序分析：

在该程序主函数中出现下述语句

```
a+=e-2;
```

其中，a 是 double 型变量，e 是类 E 的对象，由于类体内有类型转换函数，可将类 E 的对象 e 转换为 double 型变量 0.6，于是 a 的值为：

```
a=a+0.6-2
```

即 a 为 2.1。

练习题 6

6.1　判断题

1．使用 class 定义的类，其默认的访问权限是公有的，使用 struct 定义的类，其默认的访问权限是私有的。

2．类中的成员函数都是公有的，数据成员都是私有的。

3．定义在类体内的成员函数是内联函数，定义在类体外的成员函数不能是内联函数。

4．类定义后，它的成员个数及名称就不会再被改变了。

5. 定义或说明对象时，系统会自动调用构造函数为创建的对象初始化。如果类中没有定义任何构造函数时，就无法给定义的对象初始化。

6. 定义一个对象时，系统只为该对象的数据成员开辟内存空间，而成员函数是同类对象共享的。

7. 对象成员的表示方法与结构变量成员的表示方法相同。

8. 创建对象时系统自动调用相应的构造函数为对象初始化，没有相应的构造函数时，系统会自动生成。

9. 构造函数是一个其名与类名相同的特殊的成员函数。

10. 析构函数是一个函数体为空的成员函数。

11. 构造函数和析构函数都是系统自动调用的成员函数。

12. 构造函数和析构函数都可以重载。

13. 成员函数与一般函数一样可以重载、内联和设置参数的默认值。

14. 静态成员是指静态对象的成员。

15. 静态数据成员必须在构造函数的成员初始化列表中进行初始化。

16. 静态成员都可以使用类名加作用域运算符的方法来引用。

17. 静态成员函数中引用静态数据成员和非静态数据成员的方式是相同的。

18. 常成员指的是类体内使用 const 关键字说明的常数据成员和常成员函数。

19. 常数据成员在常成员函数中的值是不允许改变的，而在非常成员函数中是允许改变的。

20. 常对象需要引用常成员函数，而不能引用非常成员函数。

21. 常对象的数据成员都是常数据成员。

22. 友元函数是说明在类体内的非成员函数，它可以访问类中的所有成员。

23. 可以把一个一般函数说明为某类的友元函数，也可以将某类的成员函数说明为另类的友元函数。

24. 友元类中的所有成员函数都是友元函数。

25. 类型转换函数是一种特殊的成员函数，定义时不加类型说明，无函数参数。

26. 单参数的构造函数具有类型转换的作用。

6.2 单选题

1. 下列关于类的定义格式的描述中，错误的是（　　）。

   A. 类中成员有 3 种访问权限

   B. 类的定义可分说明部分和实现部分

   C. 类中成员函数都是公有的，数据成员都是私有的

   D. 定义类的关键字通常用 class，也可用 struct

2. 下列关键字中，不属于定义类时使用的关键字是（　　）。

   A. class   B. struct

   C. public   D. default

3. 下列关于成员函数的描述中，错误的是（　　）。

   A. 成员函数的定义必须在类体外

   B. 成员函数可以是公有的，也可以是私有的

   C. 成员函数在类体外定义时，前加 inline 可为内联函数

   D. 成员函数可以设置参数的默认值

4．下列关于对象的描述中，错误的是（　　　）。

  A．定义对象时系统会自动进行初始化

  B．对象成员的表示与 C 语言中结构变量的成员表示相同

  C．属于同一个类的对象占有内存字节数相同

  D．一个类所能创建对象的个数是有限制的

5．下列关于构造函数的描述中，错误的是（　　　）。

  A．构造函数可以重载　　　　　　　B．构造函数名同类名

  C．带参数的构造函数具有类型转换作用　D．构造函数是系统自动调用的

6．下列关于析构函数的描述中，错误的是（　　　）。

  A．析构函数的函数体都为空　　　　B．析构函数是用来释放对象的

  C．析构函数是系统自动调用的　　　D．析构函数是不能重载的

7．下列关于静态成员的描述中，错误的是（　　　）。

  A．静态成员都是使用 static 来说明的

  B．静态成员是属于类的，不是属于某个对象的

  C．静态成员只可以用类名加作用域运算符来引用，不可用对象引用

  D．静态数据成员的初始化是在类体外进行的

8．下列关于常成员的描述中，错误的是（　　　）。

  A．常成员是用关键字 const 说明的

  B．常成员有常数据成员和常成员函数两种

  C．常数据成员的初始化是在类体内定义它时进行的

  D．常数据成员的值是不可以改变的

9．下列关于友元函数的描述中，错误的是（　　　）。

  A．友元函数不是成员函数　　　　　B．友元函数只可访问类的私有成员

  C．友元函数的调用方法同一般函数　D．友元函数可以是另一类中的成员函数

10．下列关于类型转换函数的描述中，错误的是（　　　）。

  A．类型转换函数是另一种成员函数

  B．类型转换函数定义时不指出类型，也没有参数

  C．类型转换函数的功能是将其函数名所指定的类型转换为该类类型

  D．类型转换函数在一个类中可定义多个

6.3　填空题

1．类体内成员有 3 个访问权限，说明它们的关键字分别是_____、_____和_____。

2．使用 class 定义的类中，成员的默认访问权限是_____的；由 struct 定义的类中，成员的默认的访问权限是_____的。

3．如果一个类中没有定义任何构造函数时，系统会自动提供一个_____构造函数；同样，类中没有定义析构函数时，系统会自动提供一个_____析构函数。

4．静态成员是属于_____的，它除了可以通过对象名来引用外，还可以使用_____来引用。

5．友元函数是被说明在_____内的_____成员函数。友元函数可访问该类中的_____成员。

6．完成下列类的定义。

```
class A
{
```

```
  public:
    A()  {  a=0;  }
    ____  int Geta(__ &m);
  private:
    int a;
};
int Geta(__ &m)
{  return m.a;  }
```

6.4 分析下列程序的输出结果

1.

```
#include <iostream.h>
class A
{
  public:
    A()
    {
        a1=a2=0;
        cout<<"Default constructor called.\n";
    }
    A(int i,int j);
    ~A()
    {  cout<<"Destructor called.\n";  }
     void Print()
     {  cout<<"a1="<<a1<<','<<"a2="<<a2<<endl;  }
  private:
    int a1,a2;
};
A::A(int i,int j)
{
    a1=i;
    a2=j;
    cout<<"Constructor called.\n";
}
void main()
{
    A a,b(5,8);
    a.Print();
    b.Print();
}
```

2.

```
#include <iostream.h>
class B
{
  public:
    B()
    {  cout<<++b<<endl;  }
    ~B()
    {  cout<<b--<<endl;  }
     static int Getb()
     {  return b;  }
  private:
    static int b;
};
int B::b=10;
```

```
void main()
{
    B b1,b2,b3;
    cout<<B::Getb()<<endl;
}
```

3.

```
#include <iostream.h>
class Date
{
  public:
    Date(int y,int m,int d)
    {
        year=y;
        month=m;
        day=d;
    }
    friend void Print(Date &);
  private:
    int year,month,day;
};
void Print(Date &d)
{
    cout<<d.year<<'/'<<d.month<<'/'<<d.day<<endl;
}
void main()
{
    Date d1(2005,10,1),d2(2005,12,9);
    Print(d1);
    Print(d2);
}
```

4.

```
#include <iostream.h>
class C
{
  public:
    C(int i,int j)
    { c1=i;c2=j; }
    void Sum(C a,C b)
    {
        c1=a.c1+b.c1;
        c2=a.c2+b.c2;
    }
    void Print()
    { cout<<"c1="<<c1<<','<<"c2="<<c2<<endl; }
  private:
    int c1,c2;
};
void main()
{
    C a(6,9);
    C b(a);
    C c(b);
    c.Sum(a,b);
    c.Print();
}
```

5.

```cpp
#include <iostream.h>
class S
{
  public:
    S()
    {  PC=0;  }
    S(S &s)
    {
        PC=s.PC;
        for(int i=0;i<PC;i++)
            elems[i]=s.elems[i];
    }
    void Empty()
    {  PC=0;  }
    int IsEmpty()
    {  return PC==0;  }
    int IsMemberOf(int n);
    int Add(int n);
    void Print();
  private:
    int elems[100],PC;
};
int S::IsMemberOf(int n)
{
    for(int i=0;i<PC;i++)
        if(elems[i]==n)
            return 1;
    return 0;
}
int S::Add(int n)
{
    if(IsMemberOf(n))
        return 1;
    else if(PC==100)
        return 0;
    else
    {
        elems[PC++]=n;
        return 1;
    }
}
void S::Print()
{
    cout<<'{';
    for(int i=0;i<PC-1;i++)
        cout<<elems[i]<<',';
    if(PC>0)
        cout<<elems[PC-1];
    cout<<'}'<<endl;
}

void main()
{
    S a;
```

```
cout<<a.IsEmpty()<<endl;
a.Print();
S b;
for(int i=1;i<=5;i++)
    b.Add(i);
b.Print();
cout<<b.IsMemberOf(3)<<endl;
cout<<b.IsEmpty()<<endl;
for(i=6;i<=10;i++)
    b.Add(i);
S c(b);
c.Print();
}
```

6.5　编程题

1．按下列要求编程：

（1）定义一个描述矩形的类 Rectangle，包括的数据成员有宽（width）和长（length）；

（2）计算矩形周长；

（3）计算矩形面积；

（4）改变矩形大小。

通过实例验证其正确性。

2．编程实现一个简单的计算器。要求从键盘上输入两个浮点数，计算出它们的加、减、乘、除运算的结果。

3．编一个关于求多名学生某门课程总分和平均分的程序。具体要求如下：

（1）每名学生的信息包括姓名和某门课程成绩。

（2）假设有 5 名学生。

（3）使用静态成员计算 5 名学生的总成绩和平均分。

6.6　简单回答下列问题

1．一个类中是否必须有用户定义的构造函数？如果用户没有定义构造函数，又如何对创建的对象初始化？

2．拷贝构造函数具有几个参数？它有类型转换的作用吗？

3．静态成员属于类的，是否每个对象都可以引用该静态成员？

4．常对象可以引用非常成员函数吗？非常对象可以引用常成员函数吗？

5．友元函数能否访问类中的保护成员？友元函数访问类中私有成员与成员函数访问私有成员的形式相同吗？

上机指导6

6.1　上机要求

1．学会定义类和对象，熟悉类的定义格式及对象的定义方法。

2．熟悉构造函数和析构函数的功能和应用。

3．了解成员函数的特性：重载、内联及设置参数默认值。

4．掌握静态成员的特点和用法。

5．掌握常成员的特点及用法。

6．学会使用友元函数和友元类。

7．学会进行类型转换。

6.2　上机练习题

1．上机调试本章例 6.5 程序，将调试结果与分析结果进行比较。

2．上机调试本章例 6.6 程序，将调试结果与分析结果进行比较。

3．上机调试本章例 6.7 程序，并回答所提出的思考题。

4．上机调试本章例 6.8 程序，并回答所提出的思考题。

5．上机调试本章例 6.10 程序，并回答所提出的思考题。

6．上机调试本章例 6.11 程序，并回答所提出的思考题。

7．上机调试本章例 6.12 程序，并回答所提出的思考题。

8．上机调试练习题 6.4 中 5 个程序的输出结果并与分析的输出结果进行比较。

9．上机调试练习题 6.5 中 3 个编程题，调试后获得正确结果。

10．下列程序有错误，上机调试后，输出如下结果：

```
5,10
3,6
8,8
```

程序内容如下：

```cpp
#include <iostream.h>
class Myclass
{
public:
    Myclass(int i,int j)
    { m1=i;m2=j; }
    friend void Setm(Myclass &m,int i,int j);
    void Print()
    { cout<<m1<<','<<m2<<endl; }
private:
    int m1,m2;
};
void Setm(Myclass &m,int i,int j)
{
    m1=i;
    m2=j;
}
void Setm(Myclass &m,int i)
{
    m.m1=i;
    m.m2=i;
}
void main()
{
    Myclass m1(5,10),m2(0,0);
    m1.Print();
    m2.Setm(m2,3,6);
    m2.Print();
    Setm(m2,8);
    m2.Print();
}
```

第7章
类和对象（二）

本章重点介绍各种对象，包括一般对象、常对象、指向对象的指针和对象引用，重点介绍子对象和堆对象，介绍运算符 new 和 delete 的应用，介绍对象的生存期。这是学习面向对象的程序设计语言所必须掌握的基础知识。任何面向对象的程序设计语言都将从封装性讲起。本书用了两章介绍 C++语言的封装性。

7.1 对象指针和对象引用

第 6 章中介绍了一般对象的定义、初始化、成员表示、赋值以及运算。本节介绍指向对象的指针和对象引用的基础知识及使用方法。

7.1.1 对象指针

对象指针是指向对象的指针的简称。

1. 指向对象的指针的定义、赋值及应用

指向对象的指针的定义格式如下：

〈类名〉 *〈对象指针名〉=〈初值〉

其中，〈对象指针名〉同标识符，对象指针可以赋初值，也可以不赋初值。赋初值时通常使用同类对象的地址值。例如，假定 Date 是已知的类名，定义 Date 类的对象指针 pd 格式如下：

```
Date *pd=&d1;
```

其中，pd 是一个指向 Date 类对象 d1 的指针。

对象指针也可以被赋值，赋值的方法通常有如下两种。

① 使用同类对象的地址值给对象指针赋值。

② 使用运算符 new 为对象指针赋值。在本章后部分详述。

对象指针成员的表示使用运算符->。还可以通过对象指针成员来给该指针指向的对象赋值。

指向对象的指针主要用来作函数参数和返回值。

【例 7.1】分析下列程序的输出结果，熟悉对象指针的应用。

程序内容如下：

```
#include <iostream.h>
class A
{
public:
```

```
        A(int i,int j)
        {  x=i;y=j;  }
        A()
        {  x=y=0;  }
        void Setxy(int i,int j)
        {  x=i;y=j;  }
        void Copy(A *pa);
        void Print()
        {  cout<<x<<','<<y<<endl;  }
private:
    int x,y;
};
void A::Copy(A *pa)
{
    x=pa->x;y=pa->y;
}
void fun(A a1,A *pb)
{
    a1.Setxy(10,15);
    pb->Setxy(20,25);
}
void main()
{
    A a(5,8),b;
    b.Copy(&a);
    fun(a,&b);
    a.Print();
    b.Print();
}
```

运行该程序后，输出结果显示如下：

```
5,  8
20, 25
```

程序分析：

该程序有两处出现了对象指针，一是成员函数参数 pa 是一个对象指针，二是一般函数 fun()
的一个参数 pb 是一个对象指针。当用对象指针作函数形参时，函数实参是同类对象的地址值。
对象指针作参数实现传址调用，具有不拷贝副本，只传地址值的高传输效率，又有可在被调用函
数中可以改变调用函数中实参值。

2. 指向对象的常指针和指向常对象的指针

这是两种不同的指针，下面分别讲述。

（1）指向对象的常指针

指向对象的常指针定义格式如下：

〈类名〉 * const 〈指针名〉;

该指针的值是常量，不得改变，而该指针所指向的对象可以改变。例如，

```
Date d1,d2;
Date * const pd=&d1;
pd=&d2;                          // 错误
```

因为 pd 是一个常指针，它被初始化后指向对象 d1，于是不能再让该指针指向别的对象。

指向对象的常指针是将一个指针固定地同一个对象相关联，即始终指向一个对象，企图想改
变指针所指向的对象都是错误的。

指向对象的常指针所指向的对象值可以改变。下面通过例 7.2 来说明这一点。

【例 7.2】分析下列程序的输出结果，熟悉指向对象的常指针的特点。

程序内容如下：

```cpp
#include <iostream.h>
class Date
{
  public:
    Date(int i,int j,int k)
    {  year=i;month=j;day=k;  }
    void SetDate(int y,int m,int d)
    {  year=y;month=m;day=d;  }
    void Print()
    {  cout<<year<<'/'<<month<<'/'<<day<<endl;  }
  private:
    int year,month,day;
};
void main()
{
  Date d1(2005,7,1),d2(2005,6,30);
  Date *const pd=&d1;
  pd->Print();
  pd->SetDate(2005,7,2);
  (*pd).Print();
}
```

运行该程序后，输出结果显示如下：

```
2005/7/1
2005/7/2
```

程序分析：

该程序主函数中定义了一个指向对象的常指针 pd，用对象 d1 的地址值给它进行了初始化。如果在程序中，再改变 pd 的地址值，让它再指向另一个对象时，则会发出错误信息。但是，通过成员函数 SetDate( )来改变指针 pd 的指向对象的数据成员值却是允许的。

（2）指向常对象的指针

指向常对象的指针是指这个指针所指向的是一个常对象。例如，

```cpp
const Date d1(2005,7,1);
const Date *pd=&d1;
```

其中，指针 pd 是一个指向常对象 d1 的指针。

指向常对象指针的定义格式如下：

```cpp
const <类名> *<指针名>=<初值>;
```

指向常对象指针定义时也可以不给指针初始值，以后再给它赋值。另外，给指向常对象指针赋值的可以是常对象的地址值，也可以是非常对象的地址。企图通过指向常对象指针来改变所指对象的数据成员的值是不允许的。

总结指向常对象指针的特点如下。

①　如果有一个常对象，指向它的指针一定要用指向常对象的指针，指向一般对象的指针是不行的。

②　指向常对象的指针可以用一般对象的地址值进行赋值，但是不能通过该指针改变对象值。

③　使用指向常对象指针引用的成员函数应该是常成员函数。

④ 指向常对象的指针的地址值是可以改变的。

⑤ 指向常对象的指针可作为函数参数，这样可以保证不会在被调用函数中通过指针改变调用函数的实参值。

【例 7.3】分析下列程序的输出结果，熟悉指向常对象指针的特点。

程序内容如下：

```
#include <iostream.h>
class Date
{
  public:
    Date(int i,int j,int k)
    { year=i;month=j;day=k;  }
    void SetDate(int y,int m,int d)
    { year=y;month=m;day=d;  }
    void Print() const
    { cout<<year<<'/'<<month<<'/'<<day<<endl; }
  private:
    int year,month,day;
};
void main()
{
  const Date d1(2005,7,1);
  Date d2(2005,7,2);
  const Date *pd;
  pd=&d1;
  pd->Print();
  pd=&d2;
  (*pd).Print();
}
```

运行该程序后，输出结果如下：

```
2005/7/1
2005/7/2
```

程序分析：

该程序中出现了指向常对象的指针 pd。该程序验证了指向常对象的指针可以用常对象的地址值给它赋值，也可以用一般对象的地址值给它赋值，并且该指针的值是可以改变的。

思考题：请读者上机验证不可以通过指向常对象的指针来改变所指向的对象值。

7.1.2 this 指针

在每一个成员函数中都包含了一个特殊的指针，称为 this。该指针是系统创建的，用它来指向正在被某个成员函数所操作的对象，它的值是当前被调用的成员函数所在的对象的起始地址。例如，

```
class Rectangle
{
  public:
    Rectangle(double i,double j)
    { height=i;width=j;  }
    double Area()
    { return height * width;  }
  private:
    double height,winth;
```

```
};
Rectangle r(5,6);
```

在调用成员函数 r.Area()时，系统将对象 r 的起始地址赋给 this 指针，在成员函数中引用数据成员时，将按 this 的指向来引用对象 r 的数据成员。在该例中，求面积的函数 Area()，实际上应写为：

```
double Area()
{ return (this -> height)*(this -> width); }
```

实际上，this 指针被隐含了。如果不隐含应该是下述形式：将 this 作为参数给成员函数。

```
double Area(Ractangle *this)
{ return (this -> height)*(this -> width): }
```

调用该成员函数时，应加实参，如下所示：

```
r.Area(&r);
```

但是，在实际应用中 this 指针被隐含了，正像前边例子中所述，看不见 this 的出现。

在需要时也可以显示出现 this 表示指向对象的指针，*this 是当前对象。下面通过一个例子说明显示出现的 this 指针。

【例 7.4】分析下列程序的输出结果，熟悉 this 指针的显式使用。

程序内容如下：

```
#include <iostream.h>
class A
{
  public:
    A(int i,int j)
    { a=i;b=j; }
    A()
    { a=b=0; }
    void Copy(A &a);
    void Print()
    { cout<<a<<','<<b<<endl; }
  private:
    int a,b;
};
void A::Copy(A &a)
{
  if(this==&a)
      return;
  *this=a;
}
void main()
{
  A a1,a2(1,5);
  a1.Copy(a2);
  a1.Print();
}
```

该程序的输出结果由读者自己分析。

7.1.3 对象引用

对象引用的定义格式如下：

〈类名〉& 〈对象引用名〉-〈对象名〉

例如，在前面定义过的类 A 中，

```
A a(5);
A &ra=a;
```

其中，ra 是类 A 对象 a 的引用。

对象引用常用来作函数的形参。当函数形参为对象引用时，则要求实参为对象名，实现引用调用。引用调用具有传址调用的机制和特点，而比传址调用更简单和方便。因此，在 C++语言中常用这种调用方式。

由于引用调用可以在被调用函数中通过引用来改变调用函数中的参数值，为了避免这种改变，可以使用对象的常引用作形参。

对象常引用的定义格式如下：

const ⟨类名⟩ & ⟨引用名⟩=⟨对象名⟩

例如，在前面定义过的类 A 中，

```
A a(7);
const A &ra=a;
```

其中，ra 是类 A 对象的常引用。

下面通过例子说明对象常引用作函数的参数。

【例 7.5】分析下列程序的输出结果，熟悉对象引用和对象常引用作函数参数。

程序内容如下：

```
#include <iostream.h>
class A
{
   public:
      A(int i,int j)
      {  x=i;y=j;  }
      A()
      {  x=y=0;  }
      void Setxy(int i,int j)
      {  x=i;y=j;  }
      void Copy(const A &pa);
      void Print()
      {  cout<<x<<','<<y<<endl;  }
   private:
      int x,y;
};
void A::Copy(const A &pa)
{
   x=pa.x;y=pa.y;
}
void fun(A a1,A &ra)
{
   a1.Setxy(10,15);
   ra.Setxy(20,25);
}
void main()
{
   A a(5,8),b;
   b.Copy(a);
   fun(a,b);
   a.Print();
   b.Print();
}
```

该程序的输出结果由读者自己分析。

思考题：将该程序中，一般函数 fun()的第 2 个参数改为对象常引用，调试该程序会出现什么问题？

请读者将该例程序与例 7.1 程序进行比较，找出两个程序的区别，从中可以看出什么问题？

7.2 对象数组和对象指针数组

本节讲述 3 个问题：对象数组的定义、赋值及应用，对象指针数组的定义、赋值及应用以及指向对象数组的指针的定义、赋值及应用。

7.2.1 对象数组

相同类的若干个对象的集合构成一个对象数组。对象数组的元素是某个类的对象。对象数组的定义格式如下。

〈类名〉〈对象数组名〉[〈大小〉]…

其中，〈类名〉指出所有数组元素都是属于该类的对象，〈对象数组名〉同标识符，方括号内的〈大小〉给出某一维的元素个数。方括号（[ ]）的个数表示数组的维数。

例如，

```
class Student
{
   char name[20];
   long int stuNo;
   int score;
public:
   Student (char []="",int=0,int=0);
   void Print()
   {  cout <<name <<','<<score[0]+score[1]<<endl;  }
};
Student::Student(char name1[],long int no,int sco)
{
   strcpy(name,name1);
   stuno=no;
   score=sco;
}
Student stu[3]={Student("Ma",5019001,98),Student("Li",5019002,90)};
stu[2]=Student("Hu",5019003,88);
```

其中，stu[3]是一个一维的对象数组，该数组有 3 个类 Student 的对象。在定义该数组时，前两个数组元素，即 stu[0]和 stu[1]被初始化了。初始化是调用 3 个参数的构造函数实现的，数组的另一个元素 stu[2]是调用带默认参数的构造函数进行初始化的。

对象数组元素可以被赋值。该数组下标为 2 的元素通过赋值改变原来被初始化的值。赋值是使用重载的赋值运算符进行的。用户可以定义重载赋值运算符，当用户没有定义该重载赋值运算符时，系统将自动创建一个默认的重载赋值运算符，用来将一个对象的数据成员的值对应赋给另一个对象。

给数组元素赋值时，可以使用 个已知对象进行赋值，也可以使用对象的类型强制。例如，Student（"Hu",5019005,88）就是一种类型强制，即将括号中的 3 个参数强制成为类 Student 的对象，于是系统将自动调用类 Student 中具有 3 个参数的构造函数，创建一个临时对象，该临时对象完成了赋值任务后，被系统自动释放掉。

【例 7.6】分析下列程序的输出结果，熟悉对象数组的使用。

程序内容如下：

```cpp
#include <iostream.h>
#include <string.h>
class Student
{
    char name[20];
    long int stuno;
    int score;
 public:
    Student(char name1[]="",long int no=0,int sco=0)
    {
        strcpy(name,name1);
        stuno=no;
        score=sco;
    }
    void Setscore(int n)
    { score=n; }
    void Print()
    { cout<<stuno<<'\t'<<name<<'\t'<<score<<endl; }
};
void main()
{
    Student stu[5]={Student("Ma",5019001,94),Student("Hu",5019002,95),
                Student("Li",5019003,88)};
    stu[3]=Student("Zhu",5019004,85);
    stu[4]=Student("Lu",5019005,90);
    stu[1].Setscore(98);
    for(int i(0);i<5;i++)
        stu[i].Print();
}
```

运行该程序后，输出结果如下：

```
5019001    Ma     94
5019002    Hu     98
5019003    Li     88
5019004    Zhu    85
5019005    Lu     90
```

该程序输出结果分析由读者完成。

7.2.2　对象指针数组

对象指针数组是指数组的元素是指向对象的指针，并要求所有数组元素都是指向相同类的对象的指针。其格式如下：

〈类名〉 *〈对象指针数组名〉[〈大小〉]…

其中，〈类名〉是对象指针数组中指针所指向的对象的类，〈对象指针数组名〉同标识符，〈大小〉表示某维的元素个数，方括号的个数表示维数。

对象指针数组可以被初始化，也可以被赋值。通常使用的是一维一级对象指针数组，这是一种一级数组，每个数组元素是一个指向对象的指针。应使用对象的地址值给一维一级对象指针数组进行初始化或赋值。下面通过一个例子说明一维一级对象指针数组的用法。

【例 7.7】分析下列程序的输出结果，熟悉一维一级对象指针数组的应用。

程序内容如下：

```
#include <iostream.h>
class A
{
public:
   A(int i=0,int j=0)
   {  x=i;y=j;  }
   void Print()
   {  cout<<x<<','<<y<<endl;  }
private:
   int x,y;
};
void main()
{
   A a1,a2(5,8),a3(2,5),a4(8,4);
   A *array1[4]={&a4,&a3,&a2,&a1};
   for(int i(0);i<4;i++)
      array1[i]->Print();
   cout<<endl;
   A *array2[4];
   array2[0]=&a1;
   array2[1]=&a2;
   array2[2]=&a3;
   array2[3]=&a4;
   for(i=0;i<4;i++)
      array2[i]->Print();
}
```

该程序运行后的输出结果请读者自己分析。

7.2.3 指向对象数组的指针

指向对象数组的指针可以指向一维对象数组，也可以指向二维对象数组。这里仅讨论指向一维对象数组的一级指针。

指向一维对象数组的一级指针定义格式如下：

〈类名〉(*〈指针名〉)[〈大小〉]

其中，〈类名〉是该指针所指向的一维对象数组中对象所属的类。〈大小〉是该指针所指向的一维对象数组的元素个数。例如，使用前边定义过的 A 类：

A (*pa) [3];

其中，pa 是一个指向一维对象数组的指针，该数组是一个具有 3 个类 A 对象的一维数组。

下面通过例子说明指向对象数组的指针的用法。

【例 7.8】分析下列程序的输出结果，熟悉指向一维对象数组的一级指针的用法。

程序内容如下：

```
#include <iostream.h>
class A
{
public:
   A(int i,int j)
   {  x=i;y=j;  }
```

```
    A()
    {  x=y=0;  }
    void Print()
    {  cout<<x<<','<<y<<'\t';  }
private:
    int x,y;
};
void main()
{
    A aa[2][3];
    int a(3),b(5);
    for(int i(0);i<2;i++)
    for(int j(0);j<3;j++)
           aa[i][j]=A(a++,b+=2);
    A (*paa)[3]=aa;
    for(i=0;i<2;i++)
    {
        for(int j=0;j<3;j++)
            (*(*(paa+i)+j)).Print();
        cout<<endl;
    }
}
```

运行该程序后，输出结果如下：

```
3,7     4,9     5,11
6,13    7,15    8,17
```

程序分析：

该程序中定义了一个二维对象数组，通过双重 for 循环给它赋值。又定义一个指向一维对象数组的二级指针 paa，并用二维对象数组首行地址给它初始化，让指针 paa 指向二维对象数组 aa 的第 0 行。使用指针 paa 来表示二维对象数组 aa 的各个元素，将其值输出显示。

7.3　子对象和堆对象

本节讨论两种比较重要的对象：子对象和堆对象。

7.3.1　子对象

在介绍类的定义时讲到，类的定义可以嵌套。子对象便是类的定义嵌套的一种形式。即在一个类中可以使用另一个类的对象作其数据成员，这种对象的数据成员称为子对象。子对象反映两个类之间的包含关系。

例如，

```
class A
{
    …
};
class B
{
    …

    private:
    A a;
```

...
　　};

其中，类 A 对象 a 是类 B 的子对象。

　　当一个类中出现了对象成员时，该类的构造函数就要包含给子对象的初始化。子对象初始化应放在构造函数的成员初始化列表中。成员初始化列表放在构造函数的函数头的后面，用冒号进行分隔。具体格式如下：

　　构造函数名>(<参数表>)：<成员初始化列表>
　　{
　　　　<函数体>
　　}

其中，<成员初始化列表>是由若干个初始化项组成的，多个初始化项用逗号分隔，必须放在成员初始化列表中进行初始化的有常数据成员和子对象。关于常数据成员前边已讲过。另外，构造函数所在类的数据成员的初始化既可放在成员初始化列表中，也可以放在构造函数的函数体内。

　　下面通过一个例子说明子对象的初始化及其使用。实际中，子对象是很有用途的。例如，描述一架飞机的类是很复杂的，通常将它分解为若干部分，有机翼、机身、机尾、发动机等，每部分用一个类来描述，这样一架飞机的类中实际上是包含多个类的子对象，有描述机翼的子对象，描述机身的子对象等。通过这种思路可将一个复杂问题化成若干个简单问题，复杂问题由若干简单问题组合起来。

　　【例 7.9】分析下列程序的输出结果，熟悉子对象在程序中的应用。

　　程序内容如下：

```cpp
#include <iostream.h>
class B
{
  public:
    B(int i,int j)
    { b1=i;b2=j; }
    void Print()
    { cout<<b1<<','<<b2<<endl; }
  private:
    int b1,b2;
};
class A
{
  public:
    A(int i,int j,int k):b(i,j)
    { a=k; }
    void Print()
    {
        b.Print();
        cout<<a<<endl;
    }
  private:
    B b;
    int a;
};
void main()
{
  B b(7,8);
  b.Print();
```

```
    A a(4,5,6);
    a.Print();
}
```

运行该程序后，输出结果如下：

```
7, 8
4, 5
6
```

该程序输出结果分析由读者自己完成。

7.3.2 堆对象

堆对象又称动态对象。这是一种在程序运行中根据需要随时创建的对象，这种对象由于被存放在内存的堆区而得名。

1. 使用 new 运算符创建堆对象

使用 new 运算符可以创建一个对象或其他类型的变量，还可以创建对象数组式其他类型的数组。

① 使用 new 运算符创建一个对象或其他类型变量的格式如下：

```
new 〈类名〉或者〈类型说明符〉（〈初值〉）
```

new 运算符组成的表达式的值是一个地址值，通常将它赋给一个同类型的指针，于是这个指针便指向所创建的对象或变量。〈初值〉是创建对象或变量时用来给所创建的对象或变量进行初始化的值。如果省略了〈初值〉，则所创建的对象或变量采用默认值。例如，假定已定义了一个类 A，它具有两个参数的构造函数，则创建类 A 的堆对象可用如下操作：

```
A *pa;
pa=new A(3, 5);
```

其中，pa 是一个指向类 A 对象的指针，它指向了一个由 new 创建的堆对象，该堆对象的两个数据成员的值为 3 和 5。这里，new 有两个功能：一是在内存中申请一个可存放类 A 对象大小的内存空间，并将其首地址赋给指针 pa；二是自动调用类 A 中带有两个参数的构造函数创建一个对象，将其数据成员值放在开辟好的内存单元中。

同样，创建一个某种类型的变量也是如此。例如，

```
int *p;
p=new int(8);
```

其中，p 是一个指向 int 型变量的指针，使用 new 运算符创建一个 int 型变量，并将该变量的值 8 放在所申请的内存单元中，该单元的首地址赋给了 p。于是，p 是指向用 new 创建的 int 型变量。

使用 new 运算符创建变量或对象时，如果创建成功，则 new 表达式具有一个非 0 的地址值，并将它赋一个同类型的指针。如果创建失败，则 new 表达式的值为 0。

② 使用 new 运算符创建一个对象数组或其他类型数组的格式如下：

```
new 〈类名〉或者〈类型说明符〉[〈大小〉]…
```

其中，〈大小〉用来表示所创建的某种类型的数组的元素个数。例如，假定已定义了一个类 A，该类具有默认构造函数和两个参数的构造函数，则创建一个类 A 的一维对象数组的格式如下：

```
A *parray;
parray=new A[10];
```

其中，parray 是一个指向类 A 一维对象数组首地址的指针。该对象数组具有 10 个类 A 对象的元素。使用 new 运算符创建该对象数组时，除了在内存中申请了 10*sizeof(class A)个字节的内存区

域外，还自动调用 10 次类 A 中的默认的构造函数给对象数组元素进行初始化。

对象数组创建后可使用如下语句，判断创建是否成功：

```
if(parray= =NULL)
{
  cout<<"数组创建失败! /n";
  exit(1);
}
```

使用 new 所创建的数组，可以给其元素赋值。例如，

```
parray[0]=A(1,2);
parray[1]=A(3,4);
parray[2]=A(5,6);
parray[3]=A(7,8);
```

等等。

这些赋值表达式语句是给使用指针 parray 所指向的一维对象数组中的某些元素进行赋值，这时，系统将会自动调用具有两个参数的构造函数创建一个临时对象，再使用系统提供的或用户定义的重载赋值运算符实现对象赋值操作，完成赋值操作后，系统又调用析构函数释放掉临时对象。

使用创建某种类型的数组格式如下：

```
int *p;
p=new int[100];
```

这里，p 是一个指向具有 100 个 int 型元素的一维数组的首地址。该数组元素将具有无意义值。

2. 使用 delete 运算符释放对象

delete 运算符的功能是用来随时释放使用 new 运算符创建的堆对象和堆对象数组的。

① 使用 delete 运算符释放对象或变量的格式如下：

```
delete <指针名>;
```

其作用是将<指针名>所指向的对象或变量释放掉，即从内存中清除。例如，前边出现过的例子中，

```
A *pa;
pa=new A(3,5);
…
delete pa;
```

使用 delete 将指向堆对象的指针 pa 所指向的对象清除掉，释放所占有的内存单元。

② 使用 delete 运算符释放对象数组或其他类型数组的格式如下：

```
delete [ ]<指针名>;
```

其功能是将<指针名>所指向的对象数组或变量数组所占用的内存空间释放掉。这里是一次释放一个数组，而不是数组中的一个元素。例如，在前边出现过的例子中，

```
A *parray;
parray=new A[10];
…
delete[ ] parray;
```

下面通过例子说明运算符 new 和 delete 的具体应用。

【例 7.10】分析下列程序的输出结果，熟悉使用运算符 new 和 delete 创建和释放对象数组。

程序内容如下：

```
#include <iostream.h>
#include <string.h>
class B
{
```

```
  public:
    B()
    { strcpy(name," ");b=0;cout<<"Default constructor called.\n"; }
    B(char *s,double d)
    {
        strcpy(name,s);
        b=d;
        cout<<"Constructor called.\n";
    }
    ~B()
    { cout<<"Destructor called."<<name<<endl; }
    void GetB(char *s,double &d)
    {
        strcpy(s,name);
        d=b;
    }
 private:
    char name[20];
    double b;
};
void main()
{
    B *pb;
    double d;
    char s[20];
    pb=new B[4];
    pb[0]=B("Ma",3.5);
    pb[1]=B("Hu",5.8);
    pb[2]=B("Gao",7.2);
    pb[3]=B("Li",9.4);
    for(int i=0;i<4;i++)
    {
        pb[i].GetB(s,d);
        cout<<s<<','<<d<<endl;
    }
    delete []pb;
}
```

运行该程序后，输出结果如下：

```
Default constructor called.
Default constructor called.
Default constructor called.
Default constructor called.
Constructor called.
Destructor called.Ma
Constructor called.
Destructor called.Hu
Constructor called.
Destructor called.Gao
Constructor called.
Destructor called.Li
Ma,3.5
Hu,5.8
Gao,7.2
Li,9.4
Destructor called.Li
```

```
Destructor called.Gao
Destructor called.Hu
Destructor called.Ma
```

程序分析：

先将上述结果作如下解释：

使用 new 运算符创建对象数组时，调用 4 次默认的构造函数，因为所创建的对象数组有 4 个元素，出现了输出结果中前 4 行信息。

接着，给所创建的对象数组的每个元素赋值，出现了输出结果中的 8 行信息。因为给每个元素赋值时要先调用两个参数的构造函数创建临时对象，赋值完成后再调用析构函数释放临时对象。

再接着是通过 for 循环语句输出显示对象数组中每个元素的两个数据成员的值，共有 4 行信息。

最后的 4 行信息是使用 delete[ ]pb;语句而出现的。执行该语句释放对象数组时，系统调用 4 次析构函数，将对象数组中 4 个元素释放掉。

通过该例读者应该清楚如下几个问题。

① 使用 new 运算符创建对象数组时，先使用默认构造函数对数组元素进行初始化，如果想通过初始化使数组元素获得有意义的值时，需在定义的默认构造函数中进行指定。如果使用系统提供的默认构造函数通常是无意义的值。

② 创建对象数组后，通常通过重载的赋值运算符使数组元素获得所需要的值。该重载赋值运算符用户可以定义，也可以使用系统提供的默认重载赋值运算符，该例中就是使用系统提供的默认重载赋值运算符。

③ 在使用重载赋值运算符给对象赋值时，如果右值表达式不是一个对象，应先转换成一个对象后再进行赋值。例如，该例中

```
pb[0]=B("Ma",3.5);
```

是一个赋值表达式语句，其右值表达式不是一个对象，可看成是一个类型强制，将（"Ma",3.5）强制成 B 类对象，于是自动调用两个参数的构造函数创建一个 B 类的临时对象，该对象是无名的，将其值赋给 pb[0]后，系统自动将临时对象释放掉。

④ 使用下述语句

```
delete [ ]pb;
```

可以将指针 pb 所指向对象数组中的所有元素都释放掉，并请注意释放对象数组元素的顺序与创建时相反。本例中，特定在析构函数中定义了可标注析构对象顺序的信息，即释放对象时输出该对象的 name 成员。

思考题：请读者通过上机调试搞清楚下述两个问题。

（1）创建对象数组后，在没有给每个数组元素赋值前，输出每个元素的数据成员值，结果如何？说明什么问题？

（2）去掉程序中的下述语句

```
delete [ ] pb;
```

后，该程序中对象数组的 4 个元素还会被释放吗？

7.4　类的作用域和对象的生存期

本节介绍类的作用和对象的生存期。

7.4.1　类的作用域

类的作用域简称为类域。类域的范围是指该类所定义的类体内，即由一对花括号括起来的若干成员中。每个类都具有一个类域，该类成员属于该类的类域。

类域介于函数域和文件域之间，文件域中可包含类域，类域中可包含函数域。

一个类中的成员在该类体内是可见的。而在类体外是否可见与该成员的访问权限有关。

具体地讲，类 A 中的某个成员 M，在下列情况下具有类 A 的作用域。

① 在该类的某个成员函数中出现了 M 成员，并且在该函数中没有说明同名的标识符。

② 在该类的某个对象的表达式中出现了 M 成员。例如，

```
A a;  a.M;
```

③ 在该类对象指针的表达式中出现了 M 成员。例如，

```
A *pa;  pa->M;
```

④ 在使用作用域运算符所限定的成员中出现了 M 成员。例如，

```
A:: M
```

7.4.2　对象的生存期

对象的生存期是指该对象从创建开始到被释放为止的存在时间，即该对象的寿命。对象的生存期由该对象的存储类决定，不同的存储类对应着不同的生存期。在 C++语言中，对象的存储类有如下 3 种：

① 局部对象；

② 全局对象；

③ 静态对象（又分内部静态与外部静态）。

1.　局部对象

局部对象是被定义在一个函数体内或一个分程序中，其作用域是该函数体或该分程序内。函数参数也属于此种。局部对象创建是在当程序执行到对象的说明时，局部对象释放则在退出该对象所在的函数体或分程序时，系统调用析构函数释放该对象。

2.　全局对象

全局对象是被定义在某个文件中，它的作用域是整个程序。全局对象在程序开始时调用构造函数创建该对象，直到程序结束时才被释放。它的作用域最大，寿命最大，安全性较差。

3.　静态对象

静态对象被存放在静态存储区中，其寿命较长，在程序结束时才被释放。静态对象按其作用域不同又分为内部静态对象和外部静态对象两种。内部静态对象的作用域是定义它的函数体或分程序内；外部静态对象的作用域是定义它的文件，并从定义时开始。定义静态对象时要加关键字 *static*。定义在函数体内的是内部静态对象，定义在函数体外的是外部静态对象。

【例 7.11】分析下列程序的输出结果，熟悉不同存储类对象的定义与释放情况。

程序内容如下：

```
#include <iostream.h>
#include <string.h>
class A
{
  public:
    A(char *s)
```

```
    {
        strcpy(string,s);
        cout<<"Constructor called."<<string<<endl;
    }
    ~A()
    { cout<<"Destructor called."<<string<<endl;  }
  private:
    char string[20];
};
void fun()
{
  A a1("FunObject");
  static A a2("StaticObject");
  cout<<"In fun().\n";
}
A a3("GlobalObject");
static A a4("ExternStaticObject");
void main()
{
  A a5("MainObject");
  cout<<"In main(),before calling fun().\n";
  fun();
  cout<<"In main(),after calling fun().\n";
}
```

运行该程序后，输出结果如下：

```
Constructor called.Global Object
Constructor called.Extern Static Object
Constructor called.Main Object
In main(),before calling fun().
Constructor called.Fun Object
Constructor called.Static Object
In fun().
Destructor called.Fun Object
In main(),after calling.Fun()
Destructor called.Main Object
Destructor called.Static Object
Destructor called.Extern Static Object
Destructor called.Global Object
```

程序分析：

该程序中先后定义了 5 个对象，它们的存储类分别如下：

a1：局部的

a2：内部静态的

a3：全局的

a4：外部静态的

a5：局部的

创建顺序是 a3，a4，a5，a1，a2。

释放顺序是 a1，a5，a2，a4，a3。

7.5 结构的应用

C 语言中的结构类型可以直接用于 C++语言中。在 C++语言中还可以使用定义结构类型的关键字 struct 来定义类。

7.5.1 结构变量和结构数组

1. 结构变量的定义和应用

结构是一种构造数据类型，具有这种数据类型的变量称为结构变量。

定义结构变量之前应先定义该结构变量的结构类型。

结构类型定义格式如下：

```
struct 〈结构名〉
{
    〈若干成员说明〉
};
```

其中，struct 是定义结构的关键字，〈结构名〉同标识符。在{}中给出若干个结构成员的说明。右花括号后边用分号结束。例如，

```
struct student
{
    char *name;
    int age;
    int score[3];
};
```

其中，student 是结构名，该结构有 3 个成员，它们是不同类型的。

下面讲述定义结构变量的方法。

定义结构变量的格式如下：

```
struct 〈结构名〉〈结构变量名表〉;
```

〈结构变量名表〉中多个结构变量名用逗号分隔，每个结构变量名同标识符。例如，

```
struct student stu1, stu2, *ps,stu[30];
```

其中，stu1，stu2 是 student 结构类型的两个一般结构变量名，*ps 是一个指向具有 student 结构类型的结构变量的指针名，stu[30]表示一个结构数组，该数组有 30 个具有 student 结构类型的结构变量的元素。

结构变量的成员表示规则如下：

一般结构变量的成员用运算符.表示。例如，

stu1.name 表示结构变量 stu1 的 name 成员。

stu2.age 表示结构变量 stu2 的 age 成员。

指向结构变量的指针的成员用运算符->表示。例如，

ps->name 表示指向结构变量的指针 ps 的 name 成员。

结构数组元素的成员表示用运算符.。例如，

stu[0].name 表示结构数组 stu 的首元素（下标为 0 的元素）的 name 成员。

stu[1].scord[0]表示结构数组 stu 的下标为 1 的元素的结构成员 scord 的下标为 0 的元素。

结构变量可以被赋初值，也可以被赋值。结构变量被赋初值是在定义或说明时用初始值表实现的。例如，

```
struct student stu1={"Wang",18,{90,85,80}};
```

该语句定义了一个结构变量 stu1，并对它进行了初始化，使它的 3 个成员分别获得初值为"Wang" 和 18 以及 3 门功课成绩 score 的 3 个元素为 90，85，80。

给指向结构变量的指针初始化可以用相同结构类型的结构变量的地址值或用存储分配函数malloc()。例如，

```
struct student stu, *ps=&stu;
```

其中，stu 是具有 student 结构类型的结构变量。

结构变量的赋值规则如下。

可以将一个结构变量的值赋给另一个相同结构类型的结构变量。还可以给一个结构变量的某个成员改变值。例如，

```
struct student stu1={"Li",20,{85,75,90}},stu2;
stu2=stu1;
stu2.name="Ma";
stu2.score[1]=83;
```

结构变量的运算主要是该结构变量的成员的运算。结构变量成员的运算取决于该成员的类型。结构变量整体运算只有赋值运算，要求相同结构类型的变量可以赋值。

【例 7.12】分析下列程序的输出结果。熟悉结构变量的定义、赋值和运算。

程序内容如下：

```
#include <iostream.h>
struct student
{
   char *name;
   int age;
   int score[3];
};
void main()
{
   struct student stu1={"Hu",20,{88,90,85}},stu2,*ps;
   stu2=stu1;
   stu2.name="Ma";
   stu2.score[1]=92;
   stu2.score[2]=87;
   ps=&stu1;
   cout<<ps->name<<'\t'<<ps->age<<'\t'<<
           (stu1.scord[0]+stu1.score[1]+stu1.score[2])/3<<endl;
   cout<<stu2.name<<'\t'<<stu2.age<<'\t'<<
           (stu2.score[0]+stu2.score[1]+stu2.score[2])/3<<endl;

}
```

运行该程序后，输出结果如下：

```
Hu        20        85
Ma        20        89
```

程序分析：

该程序中有结构类型的定义、结构变量的定义。有一般结构变量的初始化和赋值，有指向结构变量的指针的赋值，有一般结构变量的成员表示和指向结构变量指针的成员表示，还有结构变量成员的运算等。

结构变量和指向结构变量的指针在程序中通常作为函数的参数和函数的返回值。结构变量作函数参数实现传值调用，其调用效率较低，指向结构变量的指针作函数参数实现传址调用，其调用效率较高。

下面是一个使用结构变量作函数参数和返回值的例子。

【例7.13】 编程实现两个复数的求和。

定义复数的数据结构如下：

```
struct complex
{
  double re;
  double im;
};
```

其中，实部为 re，虚部为 im。复数表示为

```
re+iim
```

程序内容如下：

```
#include <iostream.h>
struct complex
{
  double re;
  double im;
};
void main()
{
  struct complex add(struct complex,struct complex);
  struct complex x={1.2,2.3},y={2.3,3.4},z;
  z=add(x,y);
  cout<<"x+y="<<z.re<<"+i"<<z.im<<endl;
}
struct complex add(struct complex a,struct complex b)
{
  struct complex c;
  c.re=a.re+b.re;
  c.im=a.im+b.im;
  return c;
}
```

运行该程序后，输出结果如下：

```
3.5+i5.7
```

思考题：请读者将该程序中的函数调用改写为传址调用，其他不变。请实现。

2. 结构数组

数组元素为结构变量的数组称为结构数组。在结构的应用中，结构的成员可以是数组，结构变量还可以作数组元素。

结构数组中各个元素必须是相同结构类型的结构变量。结构数组可以在定义或说明时用初始值表进行初始化，也可以使用赋值表达式语句对结构数组的各个元素的成员赋值。

下面举一个结构数组的例子。

【例7.14】 编程计算学生成绩的平均分数。

描述学生成绩的结构类型如下：

```
struct student
{
  long stuno;
  char * stuname;
  int score[2];
};
```

程序内容如下：

```cpp
#include <iostream.h>
struct student
{
  long stuno;
  char *stuname;
  int score[2];
};
void main()
{
   struct student stu[3]={{7002001,"王欣"},{7002016,"马平"},{7002021,"李牧"}};
   for(int i=0;i<3;i++)
   {
      cout<<"输入"<<stu[i].stuname<<"同学的数学和语文成绩: \n";
      for(int j=0;j<2;j++)
        cin>>stu[i].score[j];
   }
   int ave[3];
   for(i=0;i<3;i++)
     ave[i]=(stu[i].score[0]+stu[i].score[1])/2;
   for(i=0;i<3;i++)
     cout<<stu[i].stuno<<' '<<stu[i].stuname<<"同学的平均分是 "<<ave[i]<<endl;
}
```

运行该程序后，输出显示信息如下：

输入王欣同学的数学和语文成绩：

<u>90   88</u>✓

输入马平同学的数学和语文成绩：

<u>83   91</u>✓

输入李牧同学的数学和语文成绩：

<u>78   88</u>✓

输出结果如下：

7002001　王欣同学的平均分是 89

7002016　马平同学的平均分是 87

7002021　李牧同学的平均分是 83

程序分析：

该程序中使用了结构数组表示学生数及每个学生的成绩情况。程序中对该数组元素的某些成员进行了初始化，对另外的成员通过键盘输入给予数值，也可以都使用初始化赋初值。该程序中的作法更灵活些。

7.5.2　使用 struct 定义类

在 C 语言中，使用关键字 struct 定义结构变量；在 C++语言中，可以使用同样的关键字 struct 定义类，其格式与使用关键字 class 定义类的格式相同。具体格式如下：

```cpp
struct 〈类名〉
{
〈数据成员和成员函数说明〉
};
```

〈成员函数定义〉

使用 struct 关键字定义的类与使用 class 关键字定义的类唯一区别是使用 struct 定义的类中默认访问权限的成员是公有的，而使用 class 定义的类中默认访问权限的成员是私有的。

在 C++程序中，可以使用 struct 和 class 两种关键字来定义类，但是人们习惯上都喜欢使用 class 来定义类，很少用 struct 来定义类。

下面通过一个例子熟悉使用 struct 关键字定义类的方法及应用。

【例 7.15】分析下列程序的输出结果，熟悉使用 struct 定义类的方法。

程序内容如下：

```
#include <iostream.h>
struct Add
{
  Add(int i,int j)
  {  a=i; b=j;  }
  void Print()
  {  cout<<"SUM="<<s<<endl;  }
  void ADD()
  {  s=a+b;  }
private:
  int a,b;
  int s;
};
void main()
{
  Add x(7,8);
  x.ADD();
  x.Print();
}
```

运行该程序后，输出结果如下：

SUM=15

程序分析：

该程序中，使用关键字 struct 定义一个类，其类名为 Add，该类有 3 个公有的成员函数，并定义在类体内，这 3 个公有成员采用的是默认访问权限方式，类中还有 3 个私有的数据成员。

练习题 7

7.1　判断题

1. 定义对象指针时也要调用构造函数。

2. 对象指针可用同类对象的地址值给它赋值。

3. 对象指针成员表示与对象引用相同。

4. 常类型指针有两种，一种是指针的地址值是常量，另一种是指针所指向的变量或对象是常量。

5. 指向对象的常指针的地址值是可以改变的。

6. 指向常对象的指针所指向的对象是可以改变的。

7. this 指针是系统生成的指向当前被某个成员函数操作对象的指针。

8. 对象引用可以用一个同类对象的地址值对它赋值。

9. 定义对象引用时，可以对其引用进行初始化，也可以不进行初始化。

10. 对象数组的元素可以是不同类的对象。

11. 对象指针数组可以使用不同类的对象的地址值进行初始化。

12. 给对象数组元素赋值时都要创建临时对象。

13. 指向一维对象数组的指针是一个二级指针。

14. 自身类对象可作该类的子对象。

15. 子对象的初始化要在构造函数的成员初始化列表中进行。

16. 使用 new 运算符创建的对象称为堆对象。

17. 任何对象都可以使用 delete 运算符来释放。

18. 使用 new 运算符创建的对象数组其元素都具有默认值。

19. 类的作用域范围指的是类体内。

20. 对象的存储类只有外部的和静态的。

7.2 单选题

1. f1()函数是类 A 的公有成员函数，p 是指向类的成员函数 f1()的指针，下列表示中正确的是（　　）。

    A. p=f1()   B. p=f1   C. p=A::f1   D. p=A::f1()

2. p 是指向类 A 数据成员 a 的指针，a 是类 A 的一个对象。在给 a 成员赋值为 5 的下列表达式中，正确的是（　　）。

    A. a.p=5   B. a->p=5   C. a.*p=5   D. *a.p=5

3. Void Set(A&a);是类 A 中一个成员函数的说明，其中 A&a 的含义是（　　）。

    A. 类 A 的对象引用 a 作该函数的参数

    B. 类 A 的对象 a 的地址值作函数的参数

    C. 表达式变量 A 与变量 a 按位与作函数参数

    D. 指向类 A 对象指针 a 作函数参数

4. 已知：const A a; 其中 A 是一个类名，指向常对象指针的表示为（　　）。

    A. const * A pa;   B. const A *pa;   C. A * const pa;   D. const *pa A;

5. 下列关于子对象的描述中，错误的是（　　）。

    A. 子对象不可以是自身类的对象

    B. 子对象是另一个类的对象

    C. 子对象的初始化要包含在构造函数中

    D. 一个类中只能有一个子对象

6. 执行下列说明语句，其调用构造函数的次数为（　　）。

`Aa[5]; *p[2];` 其中，A 是一个类名

    A. 5   B. 6   C. 7   D. 10

7. 下列关于运算符 new 的描述中，错误的是（　　）。

    A. 它可以创建对象或变量

    B. 它可以创建对象数组或一般类型数组

    C. 用它创建对象或对象数组时要调用相应的构造函数

    D. 用它创建的对象可以不用 delete 运算符释放

8. 下列关于运算符 delete 的描述中，错误的是（　　）。

A．使用该运算符可以释放用 new 运算符创建的对象或对象数组

B．使用该运算符可以释放所有对象

C．使用 delete 运算符时会自动调用析构函数

D．用它释放对象数组时，它作用的指针名前要加下标运算符[ ]

9．定义不同存储类对象时，必须要加的存储类说明符是（　　　）。

A．auto　　　　　　　B．extern　　　　　　　C．statie　　　　　　　D．register

10．下列关于 this 的描述中，错误的是（　　　）。

A．this 是一个由系统自动生成的指针

B．this 指针是指向对象的

C．this 指针在用对象引用成员函数时系统创建的

D．this 指针只能隐含使用，不能显式使用

7.3　填空题

已知：class A{　public:A (int i) { a=i;}

　　　　　　　　　　void print( ) { cont<<a<<endl; }

　　　　　　　private : int a;

　　　　　　};

要求：

1．定义一个指向对象的常指针 p，应该是_____。

2．定义一个指向常对象指针 p，应该是_____。

3．定义类 A 的含有 5 个元素的一维对象数组 a，应该是_____。

4．定义一个对象指针数组 pa，它有 5 个元素，每个元素是类 A 对象指针，应该是_____。

5．使用 new 创建一个堆对象，一个实参值为 5，应该是_____。

6．使用 new 创建一个对象数组，该数组用指针 pa 指向，并使数组的 3 个元素都是类 A 的对象 a1 的值。应该是_____。

7．在某个函数体内定义一个静态类的对象 sa，应该是_____。

8．定义一个类 A 的对象 a1，并给它赋值，其实参值为 8，应该是_____。

7.4　分析下列程序的输出结果

1.

```cpp
#include <iostream.h>
class A
{
public:
   A(int i)
   {  a=i;  }
   A()
   {
      a=0;
      cout<<"Default constructor called."<<a<<endl;
   }
   ~A()
   {  cout<<"Destructor called."<<a<<endl;  }
   void Print()
   {  cout<<a<<endl;  }
private:
   int a;
```

```
};
void main()
{
   A a[4],*p;
   p=a;
   int n=1;
   for(int i=0;i<4;i++)
      a[i]=A(++n);
   for(i=0;i<4;i++)
      (p+i)->Print();
}
```

2.

```
#include <iostream.h>
class B
{
public:
   B(int i)
   {  b=i;  }
   B()
   {
      b=0;
      cout<<"Default constructor called."<<b<<endl;
   }
   ~B()
   {  cout<<"Destructor called."<<b<<endl;  }
   void Print()
   {  cout<<b<<endl;  }
private:
   int b;
};
void main()
{
   B *pb[4];
   int n=1;
   for(int i=0;i<4;i++)
      pb[i]=new B(n++);
   for(i=0;i<4;i++)
      pb[i]->Print();
   for(i=0;i<4;i++)
      delete *(pb+i);
}
```

3.

```
#include <iostream.h>
class C
{
public:
   C(int i)
   {  c=i;  }
   C()
   {
      c=0;
      cout<<"Default constructor called."<<c<<endl;
   }
   ~C()
   {  cout<<"Destructor called."<<c<<endl;  }
```

```
    void Print()
    {  cout<<c<<endl;  }
private:
    int c;
};
void main()
{
    C *p;
    p=new C[4];
    int n=1;
    for(int i=0;i<4;i++)
        p[i]=C(n++);
    for(i=0;i<4;i++)
        p[i].Print();
    delete []p;
}
```

4.

```
#include <iostream.h>
class D
{
public:
    D()
    {
        d1=d2=0;
        cout<<"Default constructor callrd.\n";
    }
    D(int i,int j)
    {
        d1=i; d2=j;
        cout<<"Constructor called."<<"d1="<<d1<<','<<"d2="<<d2<<endl;
    }
    ~D()
    {  cout<<"Destructor called."<<"d1="<<d1<<','<<"d2="<<d2<<endl;  }
    void Set(int i,int j)
    {  d1=i;d2=j;  }
private:
    int d1,d2;
};
void main()
{
    int n(10),m(20);
    D d[4]={D(5,7),D(3,6),D(7,9),D(1,4)};
    for(int i=0;i<4;i++)
        d[i].Set(n++,m++);
}
```

5.

```
#include <iostream.h>
class E
{
public:
    E(int i,int j)
    {
        e1=i; e2=j;
        cout<<"Constructor called."<<"e1="<<e1<<','<<"e2="<<e2<<endl;
    }
```

```cpp
    void FunE(E *e)
    {
        e1=e->e1;
        e2=e->e2;
        cout<<"In FunE(E *e)."<<"e1="<<e1<<','<<"e2="<<e2<<endl;
    }
    void FunE(E &e)
    {
        e1=e.e1;
        e2=e.e2;
        cout<<"In FunE(E &e)."<<"e1="<<e1<<','<<"e2="<<e2<<endl;
    }
private:
    int e1,e2;
};
void main()
{
    E a(5,6),b(3,4);
    a.FunE(&b);
    b.FunE(a);
}
```

6.
```cpp
#include <iostream.h>
class F
{
public:
    class G
    {
    public:
        G()
        {}
        G(int i)
        { g=i; }
        int GetValue()
        { return g; }
        void Print(F *p);
    private:
        int g;
    }myg;
    friend class G;
    F(int i,int j):myg(i)
    { f=j; }
private:
    int f;
};
void F::G::Print(F *p)
{
    cout<<p->f<<endl;
}
void main()
{
    F::G g;
    F f(5,10);
    f.myg.Print(&f);
    g=f.myg;
    cout<<g.GetValue()<<endl;
}
```

7.5 编程题

1．按下列要求实现一个栈类的操作。

该类名为 Stack，包括如下操作：

（1）压栈操作：Push()；

（2）弹栈操作：Pop()；

（3）获取栈顶元素：Peer()；

（4）判栈空操作：IsEmpty()；

（5）判栈满操作：IsPull()。

设栈最多可存放 50 个整数。

栈中成员用数组表示。

编写一个程序，定义一个栈类的对象数组来验证该类操作。

2．按下列要求实现一个有关学生成绩的操作。

该类名为 Student。

（1）每个学生的信息包含有姓名（字符数组）和成绩（int 型）。

（2）共有 5 个学生，用对象数组表示。

（3）计算出 5 个学生中的最高分，并输出姓名及分数。

3．按如下要求编程验证子对象的有关操作。

（1）定义两个类 A 和类 B。

（2）在类 B 中有两个类的对象 one，two。

验证如下事实：

（1）在类 B 的构造函数中应该包含对两个类 A 的子对象的初始化项,被放在成员初始化列表中。

（2）在类 B 的默认构造函数中隐含着子对象的初始化项。

（3）在类 B 的析构函数中也隐含着子对象的析构函数。

（4）调用子对象构造函数的顺序。

7.6 简单回答下列问题

1．对象指针可以指向一个有名对象，它可以指向一个无名对象吗？如何实现？

2．对象数组和对象指针数组的区别在哪里？

3．在一个类中定义了多个子对象，其构造函数调用子对象的构造函数的顺序取决于什么？

4．使用 new 运算符创建的对象，如果不使用 delete 运算符释放，它们会在生存期到了时被系统释放吗？

5．对象指针与对象引用作函数参数时具有相同的特点，为什么人们更喜欢使用对象引用作函数参数呢？

上机指导 7

7.1 上机要求

熟悉各种对象在程序中的用法，包括定义格式、赋值（含初始化）方法、使用方法以及使用中的注意事项。

各种对象包含如下：

（1）一般对象；

（2）对象指针；

（3）对象引用；

（4）对象数组；

（5）对象指针数组；

（6）子对象；

（7）堆对象和堆对象数组。

此外，还有：

（1）指向对象的常指针；

（2）指向常对象的指针；

（3）this 指针；

（4）指向一堆对象数组的指针；

（5）指向类成员的指针。

上述概念都应通过程序的调试搞清楚各自的用法。

7.2 上机练习题

1．上机调试本章例 7.3 程序，验证所提出的思考题。

2．上机调试本章例 7.4 程序，并得出正确的输出结果。

3．上机调试本章例 7.5 程序，验证其思考题中的问题。

4．上机调试本章例 7.7 程序，并获得正确的输出结果。

5．上机调试本章例 7.10 程序，并回答所提出的问题。

6．上机调试练习题 7.4 中的 6 个程序，并将分析结果与上机调试结果进行比较。

7．上机调试练习题 7.5 中所编写的程序，通过调试验证程序的正确性。

8．上机调试下列程序，并回答所提出的问题。

程序内容如下：

```cpp
#include <iostream.h>
#include <string.h>
class String
{
  public:
    String()
    {  Length=0;Buffer=0;  }
    String(const char *str)
    {
        Length=strlen(str);
        Buffer=new char[Length+1];
        strcpy(Buffer,str);
    }
    void Setc(int index,char newchar)
    {
        if(index>0&&index<=Length)
            Buffer[index]=newchar;
    }
    char Getc(int index)
    {
        if(index>0&&index<=Length)
            return Buffer[index-1];
        else
```

```
                return 0;
        }
    int GetLength()
    {  return Length;  }
    void Print()
    {
        if(Buffer==0)
            cout<<"Empty.\n";
        else
            cout<<Buffer<<endl;
    }
    void Append(const char *);
    ~String()
    {  delete []Buffer;  }
 private:
    int Length;
    char *Buffer;
};
void String::Append(const char *Tail)
{
    char *tmp;
    Length+=strlen(Tail);
    tmp=new char[Length+1];
    strcpy(tmp,Buffer);
    strcat(tmp,Tail);
    delete []Buffer;
    Buffer=tmp;
}

void main()
{
    String s0,s1("a string.");
    s0.Print();
    s1.Print();
    cout<<s1.GetLength()<<endl;
    s1.Setc(5,'p');
    s1.Print();
    cout<<s1.Getc(6)<<endl;
    String s2("this ");
    s2.Append("a string.");
    s2.Print();
}
```

回答下列问题：

（1）该程序中调用包含在 string.h 文件中的哪些函数？

（2）该程序的 String 类中哪些函数是重载的？

（3）简述 Setc()函数的功能。

（4）简述 Getc()函数的功能。

（5）简述 Append()函数的功能。

（6）该程序中成员函数 Print()中不用 if 语句，只用下述一条语句可否？

 cont<<Buffer<<endl;

（7）程序中几处用了 new 运算符？

（8）写出该程序的输出结果。

第8章
继承性和派生类

继承性是面向对象程序设计语言的最重要的两大特性之一，前两章介绍了封装性，本章介绍继承性。

面向对象程序设计语言十分强调软件的可重用性，而继承机制是解决软件可重用性的重要措施。

本章先介绍继承的概念，包括单重继承与多重继承的区别，基类和派生类的特点、继承的三种方式、基类成员在派生类中的访问权限等。然后，介绍单重继承情况下，派生类构造函数和析构函数的特点以及基类对象与派生类对象的关系。最后，介绍多重继承情况下，派生类构造函数和析构函数的特点以及多重继承情况可能出现的二义性。

8.1　继承的概念

从一个已有的类的基础上创建一个新类，新类包含了已有类的所有成员，并且还增添了自己的成员。这种现象称为继承。新类继承了原有类，或者称原有类派生出一个新类。通常称新类为派生类，原有类为基类。基类又称父类，派生类又称子类。

8.1.1　基类和派生类

基类和派生类反映了类与类的继承关系，派生类继承了基类，派生类的成员中包含了基类的所有成员，并且还有派生类自己的成员。由此可见，继承是重用性的重要体现。

在日常生活中和要处理的客观事物中，继承的关系是普遍存在的。例如，把路上跑的各种各样的汽车都归结为一个汽车类。在诸多的汽车中可以派生出卡车类、公共汽车类、消防车类、救护车类、轿车类等。其中，轿车类具有汽车类的特征，此外还有自己的特点，例如用于载人，座位较少等。可以说轿车类继承了汽车类。

派生类是用来生成新类的一种方法，所生成的新类与原类有一种所属的关系。例如，客观事物中，有火车类、飞机类、轮船类和汽车类，它们都归属于交通工具类。如果再要生成一个轿车类，就不必从头开始描述，可将它归属于交通工具类中的汽车类下，这时描述轿车类就可省略关于交通工具类已有的特性和汽车类中已有的特征，只要描述它自己具有的特性就够了。

基类和派生类是相对而言的。一个基类可以派生出一个或多个派生类，而每个派生类又可作基类再派生出新的派生类，如此一代一代地派生下去，便形成了类的继承层次结构。例如，交通工具类可派生出新类汽车类，汽车类再派生出新类轿车类。这种继承关系所构成的层次是一种树形结构，如图 8.1 所示。

在图 8.1 中，箭头的方向表示继承的方向，从派生类指向基类。

基类和派生类的关系是抽象化与具体化的关系。基类是对派生类的抽象，而派生类是对基类的具体化。例如，人类是对所有人的抽象，中国人是人类的一个派生类，汉族人又是中国人的一个派生类，它们的关系可如图 8.2 所示。

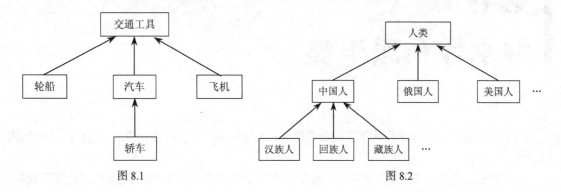

图 8.1   图 8.2

人类这个抽象的概念是由各个民族的具体人来构成的。在类的多层次结构中，最上层为最抽象，最下层为最具体。

8.1.2 单重继承和多重继承

继承可分为单重继承和多重继承两种。单重继承是指生成的派生类只有一个基类，而多重继承是指生成的派生类有两个或两个以上的基类。图 8.3 给出了单重继承和多重继承的模式。

有的面向对象程序设计语言既支持单重继承，又支持多重继承。例如，C++语言就支持两种继承，有的面向对象程序设计语言只支持单重继承，而不支持多重继承。例如，Java 语言就是这样。

单重继承由于只有一个基类，继承关系比较简单，操作比较方便，因此应用较多。多重继承由于基类较多，继承关系比较复杂，操作比较烦琐，因此使用较少。

继承是类与类之间的一种关系，它描述了派生类与基类之间的"是"的关系，派生类是基类中的一种，是它的具体化。例如，通常人们常说的"白猫是猫"就表达了这种继承关系的含义。

类与类之间还有另外一种重要的关系是组合关系，又称包含关系，这就是在前面一章讲述的子对象，又称对象成员。通常把在一个类中以另一个类的对象作为成员的称为类的组合。这种组合关系与继承关系在概念及用法上都是不同的。组合关系反映一个类中有另一个类中的对象，表现两者之间的"有"的关系。

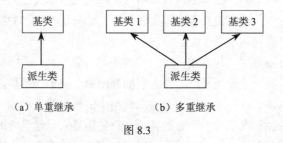

（a）单重继承   （b）多重继承

图 8.3

8.1.3 派生类的定义格式

派生类可以是单重继承的派生类，也可以是多重继承的派生类，两者的区别仅在于所继承基类数不同。这里，仅以单重继承的派生类为例。

派生类定义格式如下：

```
class 〈派生类名〉:〈继承方式〉〈基类名〉
{
    〈派生类新增成员说明〉
};
```

其中，定义派生类通常使用关键 class，也可用 struct。对于单重继承的派生类在冒号（:）后面只有一个〈基类名〉；对于多重继承的派生类在冒号（:）后边有用逗号分隔的多个〈基类名〉。〈继承方式〉用来指出该派生类是以什么方式继承基类的。继承方式包含以下 3 种：

① public（公有的方式）；

② private（私有的方式）；

③ protected（保护的方式）。

默认方式：对 class 来讲是 private；对 struct 来讲是 public。

例如，

```
class Student
{
  public:
    void Print()
    {
      cout<<stuno<<'\t'<<name<<'\t'<<sex<<endl;
    }
  private:
    char name[20];
    int stuno;
    char sex;
};
class Student1:public Student
{
    public:
      void Print()
      { cout <<age <<endl; }
    private:
      int age;
};
```

其中，类 Student 是基类，即为原有类，而类 Student1 是派生类，它公有继承了 Student 类，它是一个新类。Student1 类中包含了类 Student 的所有成员，另外又增添了两个新成员。

8.1.4　派生类成员的访问权限

派生类继承了基类的所有成员再加上派生类自己的成员，这些成员的访问权限是必须搞清楚的问题。

1. 派生类成员的构成及访问权限

前面介绍过，派生类的成员是由下述两部分构成：

① 从基类中继承的成员；

② 派生类中新增的成员。

在这两部分成员中，后一部分成员的访问权限比较简单，与在派生类中定义的权限相同。而前一部分并不是简单地把在原基类的成员的访问权限照搬过来，基类成员在派生类中的访问权限与继承方式有关。

简单地说，基类成员在不同的继承方式下，在派生类的访问权限规则如下。

① 基类中的私有成员无论哪种继承方式在派生类中都是不能直接访问的。

② 在公有继承方式下，基类中公有成员和保护成员在派生类中仍然是公有成员和保护成员。

③ 在私有继承方式下，基类中公有成员和保护成员在派生类中都为私有成员。

④ 在保护继承方式下，基类中公有成员和保护成员在派生类中都为保护成员。

将这 4 条规则用表 8.1 表示如下。

表 8.1   基类成员在派生类中访问权限

基类中成员	公有继承方式	私有继承方式	保护继承方式
私有成员	不可访问	不可访问	不可访问
公有成员	公有	私有	保护
保护成员	保护	私有	保护

为了记忆方便，读者可记住以下 4 句话：

基类私有不可访问，公有不变，私有私有，保护保护。

通过上述讨论可知，派生类的成员有如下 4 种访问属性。

① 公有的，在派生类内和派生类外都可访问。

② 私有的，在派生类内可访问，在派生类外不可访问。

③ 保护的，在派生类内可访问，在派生类外不可访问，而在派生类的派生类中可访问。

④ 不可访问的，在派生类内外都不可访问，这部分成员是从基类中私有成员继承的。

2. 不同继承方式派生类成员的访问权限

下面分别以 3 种不同继承方式下通过例子讲述派生类成员的不同访问权限。

（1）公有继承方式

在公有继承方式下，派生类可以访问从基类中继承的基类的公有成员和保护成员，还可以访问派生类中定义的所有成员。派生类的对象只能访问基类中的公有成员和派生类中定义的公有成员。

【例 8.1】分析下列程序，回答提出的问题。

程序内容如下：

```
#include <iostream.h>
class A
{
  public:
    void f1();
  protected:
    int j1;
  private:
    int i1;
};
class B:public A
{
  public:
    void f2();
  protected:
    int j2;
  private:
    int i2;
```

```
};
class C:public B
{
  public:
    void f3();
};
```

回答下述问题：

① 派生类 B 中成员函数 f2()能否访问基类 A 中的成员 f1()，i1，j1?

② 派生类 B 中对象 b 能否访问基类 A 中的成员 f1()，i1 和 j1?

③ 派生类 C 中成员函数 f3()能否访问基类 B 中的成员 f2()和 j2? 能否访问基类 A 中的成员 f1()，j1 和 i1?

④ 派生类 C 的对象 c 能否访问基类 B 中的成员 f2()，j2 和 i2? 能否访问基类 A 中的成员 f1()，j1 和 i1?

说明：

读者可根据所提出的问题，上机编写出主函数进行调试，并回答所提的问题。

该程序中，类 A、类 B 和类 C 的关系如图 8.4 表示。

其中，类 A 是类 C 的间接基类，类 B 是类 C 的直接基类。同样，类 C 是类 A 的间接派生类，类 B 是类 A 的直接派生类。

（2）私有继承方式

在私有继承方式下，派生类可访问基类中继承的公有成员和保护成员，它们在派生类中是私有的，还可以访问派生类自身的所有成员。派生类对象仅能访问派生类自己的公有成员。

【例 8.2】分析下列程序，并回答所提出的问题。

程序内容如下：

```
#include <iostream.h>
class A
{
  public:
    void f(int i)
    { cout<<i<<endl; }
    void g()
    { cout<<"A\n"; }
};
class B:A
{
  public:
    void h()
    { cout<<"B\n"; }
    A::f;
};
void main()
{
    B b;
    b.f(10);
    b.g();
    b.h();
}
```

回答下列问题：

① 执行该程序时，哪些语句会出现编译错? 为什么?

② 去掉出错语句后，运行该程序后输出结果如何？

③ 程序中派生类 B 是以何种继承方式继承了基类 A？

④ 派生类 B 中，下列语句含义是什么？

`A::f;`

⑤ 将派生类 B 的继承方式改为公有继承后，恢复原来删去的语句，输出结果如何？

（3）保护继承方式

在保护继承方式下，派生类可访问基类的公有成员和保护成员，也可访问派生类自身的所有成员。派生类的对象只能访问派生类自身的公有成员。保护继承方式可以使基类中的公有成员不被派生类的对象访问，又可以使基类的保护成员被派生类访问。

【例 8.3】分析下列程序的输出结果，并回答所提出的问题。

程序内容如下：

```cpp
#include <iostream.h>
#include <string.h>
class A
{
  public:
    A(const char *str)
    {  strcpy(name,str);  }
  protected:
    char name[80];
};
class B:protected A
{
  public:
    B(const char *str):A(str)
    {}
    void Print()
    {  cout<<name<<endl;  }
};
void main()
{
    B b("Zhang");
    b.Print();
}
```

回答下列问题：

① 执行该程序后，输出结果如何？

② 将该程序中"class B: protected A"改为"class B: private A"后，输出结果如何？

③ 将类 A 中数据成员 char name[80]的访问权限改为 private 后，输出结果如何？

【例 8.4】分析下列程序，并填写不同成员在不同类的访问权限。

程序内容如下：

```cpp
#include <iostream.h>
 class A
{
  public:
    void f1();
  protected:
    int a1;
  private:
    int a2;
```

```
};
class B:public A
{
  public:
      void f2();
  protected:
      void f3();
  private:
      int b;
};
class C:protected B
{
  public:
      void f4();
  protected:
      int c1;
  private:
      int c2;
};
class D:private C
{
  public:
      void f5();
  protected:
      int d1;
  private:
      int d2;
};
```
填写表 8.2 中各类成员在不同类中的访问权限。

表 8.2   例 8.4 中各类成员的访问权限

成员 类	f1()	a1	a2	f2()	f3()	b	f4()	c1	c2	f5()	d1	d2
类 A（基类）	公有	保护	私有	×	×	×	×	×	×	×	×	×
类 B（公继）	公有	保护	不可访	公有	保护	私有	×	×	×	×	×	×
类 C（保继）							公有	保护	私有	×	×	×
类 D（私继）										公有	保护	私有

请读者将没有填写的权限填上。

8.2 单 重 继 承

单重继承指的是仅有一个基类的派生继承。单重继承的派生类仅有一个基类，但是这个基类可有多个派生类。例如，外部存储器类可以派生出 3 个派生类：硬盘、优盘和光盘，它们关系如图 8.5 所示。

8.2.1 单重继承派生类的构造函数和析构函数

由于构造函数不能继承，而派生类中包含了从基类中继承的数据成员和自身定义的数据成员，在创建派生类的对象时，这些成员都要被初始化。于是派生类的构造函数应该承担着对基类中数据成员初始化和对派生类自身数据成员初始化的双重任务。析构函数也是同样的，在派生类的析构函数应包含基类的析构函数，用来释放基类中的数据成员。

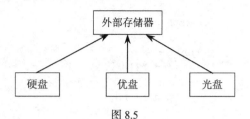

图 8.5

1. 派生类的构造函数

派生类的构造函数应该包含它的直接基类的构造函数。具体定义格式如下：

```
<派生类构造函数名> (<总参数表>):<基类构造函数名> (<参数表>), <其他初始化项>
{
    <派生类自身数据成员初始化>
}
```

其中，<派生类构造函数名>同派生类的类名，<总参数表>中包含给基类数据成员初始化的参数和派生类新增的数据成员初始化参数；<基类构造函数名>同基类的类名，因为这里不是定义基类构造函数，而是调用基类构造函数，所以<参数表>中的参数是基类构造函数的实参，只有参数名而不包括参数类型，它们可以是派生类构造函数总参数表中的参数，也可以是常量、全局变量；<其他初始化项>包含必须放在成员初始化列表中进行初始化的项。例如，子对象和常数据成员，也可以包含派生类自身数据成员的初始化项。

掌握派生类构造函数时应注意如下两点。

① 派生类构造函数的执行顺序如下：

- 先执行基类构造函数；
- 再执行子对象的构造函数（如有子对象的话）；
- 最后执行派生类构造函数的函数体。

② 在理解派生类构造函数中应该包含直接基类的构造函数时应从两个方面全面理解，一方面是当派生类构造函数中包含基类中带参数的构造函数时，基类构造函数一定要显式地写在成员初始化列表中；另一方面当派生类构造函数中包含基类中的默认构造函数时，该默认构造函数被隐含在派生类的构造函数中。

2. 派生类的析构函数

由于析构函数也不能被继承，因此在派生类的析构函数中也要包含对其基类数据成员的释放，这就要求在派生类的析构函数中包含它的直接基类的析构函数。由于析构函数都是没有参数的，因此在派生类的析构函数中隐含着直接基类的析构函数。

派生类析构函数的执行顺序如下：

- 先执行派生类析构函数的函数体；
- 再执行子对象所在类的析构函数（如果有子对象的话）；
- 最后执行直接基类中的析构函数。

由此可见，派生类的析构函数的执行顺序正好与派生类的构造函数的执行顺序相反。

如果存在多个子对象时，析构子对象的顺序与定义子对象的顺序有关，先定义的后析构，后定义的先析构。

关于派生类的构造函数和析构函数的具体用法，请通过下面的例题搞清楚。

【例8.5】分析下列程序的输出结果，熟悉派生类构造函数的定义格式。

程序内容如下：

```
#include <iostream.h>
```

```
#include <string.h>
class Student
{
  public:
    Student(int no,char *str,char s)
    {
        stuno=no;
        strcpy(name,str);
        sex=s;
        cout<<"Constructor called.S\n";
    }
    void Print()
    {
        cout<<stuno<<'\t'<<name<<'\t'<<sex<<'\t';
    }
  private:
    int stuno;
    char name[20];
    char sex;
};
class Student1:public Student
{
  public:
    Student1(int no,char *str,char s,int a,int sco):Student(no,str,s)
    {
        age=a;
        score=sco;
        cout<<"Constructor called.S1\n";
    }
    void Print()
    {
        Student::Print();
        cout<<age<<'\t'<<score<<endl;
    }
  private:
    int age,score;
};
void main()
{
    Student1 s1(502001,"Ma Li",'m',20,90),s2(502002,"Li Hua",'f',19,88);
    s1.Print();
    s2.Print();
}
```

运行该程序后，输出结果如下：

```
Construct called.S
Construct called.S1
Construct called.S
Construct called.S1
502001 Ma Li m 20 90
502002 Li Hua f 19 88
```

程序分析：

这是一个简单的派生类的例子。通过对该程序分析，请读者搞清楚下述问题。

① 如何定义派生类。

② 如何定义派生类的构造函数。

③ 如何确定派生类构造函数的执行顺序。

④ 如何标识在派生类中执行基类的成员函数。

【例 8.6】分析下列程序的输出结果，说明派生类构造函数的执行顺序。

程序内容如下：

```cpp
#include <iostream.h>
class A
{
public:
    A()
    {
        a=0;
        cout<<"Default constructor called."<<a<<endl;
    }
    A(int i)
    {
        a=i;
        cout<<"Constructor called."<<a<<endl;
    }
    ~A()
    { cout<<"Destructor called."<<a<<endl; }
    void Print()
    { cout<<a<<','; }
    int Geta()
    { return a; }
private:
    int a;
};
class B:public A
{
public:
    B()
    {
        b=1;
        cout<<"Default constructor called."<<b<<endl;
    }
    B(int i,int j,int k):A(i),aa(j)
    {
        b=k;
        cout<<"Constructor called."<<b<<endl;
    }
    ~B()
    { cout<<"Destructor called."<<b<<endl; }
    void Print()
    {
        A::Print();
        cout<<b<<','<<aa.Geta()<<endl;
    }
private:
    int b;
    A aa;
};
void main()
{
    B bb[2];
```

```
    bb[0]=B(7,8,9);
    bb[1]=B(12,13,14);
    for(int i=0;i<2;i++)
        bb[i].Print();
}
```

运行该程序后，输出结果如下：

```
Default Constructor called.0
Default Constructor called.0
Default Constructor called.1
Default Constructor called.0
Default Constructor called.0
Default Constructor called.1
Constructor called.7
Constructor called.8
Constructor called.9
Destructor called.9
Destructor called.8
Destructor called.7
Constructor called.12
Constructor called.13
Constructor called.14
Destructor called.14
Destructor called.13
Destructor called.12
7,  9,  8
12, 14, 13
Destructor called.14
Destructor called.13
Destructor called.12
Destructor called.9
Destructor called.8
Destructor called.7
```

程序分析：

这是一个派生类中有基类的子对象的程序，该程序较为复杂。应特别注意的是派生类的构造函数的构成，在派生类构造函数的成员初始化列表中包含有基类构造函数和子对象的构造函数，并注意执行派生类构造函数的顺序。

派生类 B 中有两个构造函数，在带参数的构造函数中显式地包含了直接基类的构造函数，而在默认的构造函数中却隐含了直接基类的构造函数，这一点读者可从该程序的输出结果中看到。

派生类的析构函数中也隐含了基类的析构函数，并且执行顺序与构造函数相反，这一点也可以从该程序的输出结果中分析得到。

【例 8.7】分析下列程序的输出结果，熟悉多层派生类构造函数和析构函数。

程序内容如下：

```
#include <iostream.h>
class A
{
  public:
    A()
    { a=0; }
    A(int i)
    { a=i; }
    ~A()
```

```
      { cout<<"In A.\n"; }
    void Print()
      { cout<<a<<','; }
  private:
    int a;
};
class B:public A
{
  public:
    B()
    { b1=b2=0; }
    B(int i)
    { b1=0;b2=i; }
    B(int i,int j,int k):A(i),b1(j),b2(k)
    { }
    ~B()
    { cout<<"In B.\n"; }
    void Print()
    {
        A::Print();
        cout<<b1<<','<<b2<<',';
    }
  private:
    int b1,b2;
};
class C:public B
{
  public:
    C()
    { c=0; }
    C(int i)
    { c=i; }
    C(int i,int j,int k,int l):B(i,j,k),c(l)
    { }
    ~C()
    { cout<<"In C.\n"; }
    void Print()
    {
        B::Print();
        cout<<c<<endl;
    }
  private:
    int c;
};
void main()
{
    C c1;
    C c2(10);
    C c3(10,20,30,40);
    c1.Print();
    c2.Print();
    c3.Print();
}
```

运行该程序后，输出结果如下：

0, 0, 0, 0

```
0,  0,  0,  10
10, 20, 30, 40
In  C.
In  B.
In  A.
In  C.
In  B.
In  A.
In  C.
In  B.
In  A.
```

程序分析：

该程序有 3 个类，组成了多层次的派生结构。

```
class A
{ … };
class B:public A
{ … };
class C:public B
{ … };
```

每个派生类的构造函数和析构函数只包含它直接基类的构造函数和析构函数，或显式包含或隐含包含。

思考题：去掉 A 类中的默认构造函数时，运行该程序会出现编译错，为什么？

8.2.2　子类型和赋值兼容规则

1．子类型

当一个类型至少包含了另一个类型的所有行为，则称该类型是另一个类型的子类型。例如，在公有继承下，派生类是基类的子类型。

如果类型 A 是类型 B 的子类型，则称类型 A 适应于类型 B，这时用类型 B 对象的操作也可以用于类型 A 的对象，因为类型 A 中具有类型 B 的操作。因此，可以说类型 A 的对象就是类型 B 的对象。

子类型的关系是不可逆的。例如，A 类公有继承 B 类，即 A 类是 B 类的公有继承的派生类，则 A 类是 B 类的子类型，A 类的对象就是 B 类的对象；但是，反过来说，B 类是 A 类的子类型是错误的，认为 B 类的对象就是 A 类的对象也是错误的。

关于类型之间的关系，到目前为止有如下 3 种。

① 类型相同。类型相同指的是类型一样。例如，两个变量之间可以赋值，要求是这两个变量的类型相同。

② 类型匹配。类型匹配指的是类型不同，但是可以经过隐含转换使得其类型相同。例如，在重载函数的选择规则中可以是类型匹配的。char 型可以隐含转换为 int 型。

③ 类型适应。类型适应指的是两个完全不同的类型也无法进行隐含转换，但是它们的类型是可以适应的。例如，类 A 公有继承类 B，类 A 的对象可以赋值给类 B 的对象，这种赋值的条件是类型适应。

综上所述，对象赋值的条件可以是相同，也可以是适应，还可以是匹配。

2．赋值兼容规则

当类型 A 是类型 B 的子类型时，则满足下述的赋值兼容规则。更具体地讲，当 A 类公有继承 B 类时,A 类是 B 类的子类型,则满足下述 3 条赋值规则。

① A 类的对象可以赋值给 B 类的对象。

② A 类的对象可以给 B 类对象引用赋初值。

③ A 类的对象地址值可以给 B 类对象指针赋值。

以上赋值规则又称赋值兼容规则。

【例 8.8】分析下列程序的输出结果,熟悉赋值兼容规则在该程序中的使用。

程序内容如下:

```cpp
#include <iostream.h>
class A
{
  public:
    A()
    {  a=0;  }
    A(int i)
    {  a=i;  }
    void Print()
    {  cout<<a<<endl;  }
    int Geta()
    {  return a;  }
  private:
    int a;
};
class B:public A
{
  public:
    B()
    {  b=0;  }
    B(int i,int j):A(i),b(j)
    {  }
    void Print()
    {
        cout<<b<<',';
        A::Print();
    }
  private:
    int b;
};
void fun(A &a)
{
    cout<<a.Geta()+2<<',';
    a.Print();
}
void main()
{
    A a1(10),a2;
    B b(10,20);
    b.Print();
    a2=b;
    a2.Print();
    A *pa=new A(15);
    B *pb=new B(15,25);
    pa=pb;
    pa->Print();
```

```
    fun(*pb);
    delete pa;
}
```

运行该程序后，输出结果如下：

```
20,10
10
15
17,15
```

程序分析：

该程序使用了赋值兼容规则中的 3 条规则，它们分别体现在下述语句中：

① a2=b;　　　　　　　// 将派生类 B 的对象 b 赋值给基类 A 的对象 a2

② pa=pb;　　　　　　 // 将派生类 B 的对象指针 pb 赋值给基类对象指针 pa

③ 函数说明;void fun(A &a);

　函数调用;fun(*pb);　　//函数调用时，将实参*pb(派生类 B 的对象)给基类 A 的对象引用 a 初始化

上述 3 种赋值操作都是在不同类的对象之间进行，能够得以实现是因为满足类型适应，即类 B 是类 A 的子类型。

下面上机练习下列操作，并分析为什么不可以？

（1）将 a2=b; 改为 b=a2;

（2）将 pa=pb; 改为 pb=pa;

（3）在程序中增加下列语句

```
B &rb=a1;
```

（4）增加一条释放堆对象的语句：

```
delete pb;
```

8.3　多重继承

多重继承是指一个派生类具有两个或两个以上的基类。例如，水陆两用车类既具有轮船类的某些特征，又具有汽车类某些特征，于是水陆两用车类应有两个基类：轮船类和汽车类。如图 8.6 所示。

多重继承的派生类中包含了所有基类的成员和自身的成员。在定义多重继承的派生类时，要指出它的所有基类名和各自的继承方式。

多重继承派生类的定义格式如下：

```
class 〈派生类名〉:〈继承方式 1〉〈基类名 1〉,〈继承方式 2〉〈基类名 2〉,…
{
    〈派生类类体〉
};
```

例如，

```
class A
{ … };
class B
{ … };
class C
```

```
{ … };
class D:public A,public B,public C
{
    …
};
```

其中，类 D 是多重继承的派生类，它有 3 个基类：类 A、类 B 和类 C，它们的继承方式都是 public 的。派生类 D 中包含了基类 A、B 和 C 中的所有成员和自身成员。类 A、B、C、D 之间的关系如图 8.7 所示。

图 8.6   图 8.7

8.3.1 多重继承派生类的构造函数和析构函数

和单重继承派生类的构造函数一样，多重继承派生类构造函数中应包含对其所有直接基类中数据成员初始化和对其自身数据成员初始化。

多重继承派生类构造函数格式如下：

〈派生类构造函数名〉（〈总参数表〉）：〈基类名 1〉（〈参数表 1〉），〈基类名 2〉（〈参数表 2〉），…
{
    〈派生类构造函数体〉
}

上述格式中是在假定派生类中没有子对象的情况下写出的。如果派生类中有子对象，则应在成员初始化列表中加上子对象的初始化项。

在多重继承派生类构造函数中，先执行基类的构造函数。多个基类构造函数的执行顺序取决于定义派生类时规定的先后顺序，与派生类的成员初始化列表中顺序无关。如果有子对象，则执行完基类构造函数后，执行子对象的构造函数。最后，执行派生类构造函数体。

同样地，派生类构造函数中可以隐含着直接基类的默认构造函数。

多重继承派生类的析构函数中也隐含着直接基类的析构函数，但其执行顺序与构造函数相反。

【例 8.9】分析下列程序的输出结果，熟悉多重继承派生类构造函数和析构函数的用法。

程序内容如下：

```
#include <iostream.h>
class A
{
  public:
    A(int i)
    {
        a=i;
        cout<<"Constructor called.A\n";
    }
    ~A()
    { cout<<"Destructor called.A\n"; }
    void Print()
```

```
        {  cout<<a<<endl;  }
    private:
        int a;
};
class B
{
    public:
        B(int i)
        {
            b=i;
            cout<<"Constructor called.B\n";
        }
        ~B()
        {  cout<<"Destructor called.B\n";  }
        void Print()
        {  cout<<b<<endl;  }
    private:
        int b;
};
class C
{
    public:
        C(int i)
        {
            c=i;
            cout<<"Constructor called.C\n";
        }
        ~C()
        {  cout<<"Destructor called.C\n";  }
        int Getc()
        {  return c;  }
    private:
        int c;
};
class D:public A,public B
{
    public:
        D(int i,int j,int k,int l):B(i),A(j),c(l)
        {
            d=k;
            cout<<"Constructor called.D\n";
        }
        ~D()
        {  cout<<"Destructor called.D\n";  }
        void Print()
        {
            A::Print();
            B::Print();
            cout<<d<<','<<c.Getc()<<endl;
        }
    private:
        int d;
        C c;
};
void main()
{
```

```
    D d(5,6,7,8);
    d.Print();
    B b(2);
    b=d;
    b.Print();
}
```

运行该程序后，输出结果如下：

```
Constructor called.A
Constructor called.B
Constructor called.C
Constructor called.D
6
5
7,8
Constructor called.B
5
Destructor called.B
Destructor called.D
Destructor called.C
Destructor called.B
Destructor called.A
```

程序分析：

该程序中共定义了4个类，其中类D是多重继承的派生类，它有两个基类A和B，它的成员中含有C类的对象。

派生类D的构造函数中包含了基类A和基类B的构造函数，还包含子对象的构造函数和自身数据成员的初始化。

派生类D的析构函数中隐含了两个基类的析构函数和子对象所属类的析构函数以及自身析构函数。这一点可从该程序的输出结果中看出。

思考题：改变定义派生类D的两个基类的顺序，看输出结果是否有变化？为什么？

8.3.2 多重继承的二义性

在多重继承的情况下，可能出现派生类对基类成员访问的不唯一性，即二义性。

下面介绍可能出现二义性问题的两种情况。

1. 调用不同基类中的相同成员时可能出现二义性

先通过一个例子来讨论调用不同基类中相同成员时可能出现的二义性。

【例8.10】分析下列程序的输出结果，并回答所提出的问题。

程序内容如下：

```
#include <iostream.h>
class A
{
 public:
   void f()
   { cout<<"A.\n"; }
};
class B
{
 public:
   void f()
   { cout<<"B.\n"; }
```

```
     void g()
     {  cout<<"BB.\n";  }
};
class D:public A,public B
{
  public:
     void g()
     {  cout<<"DD.\n";  }
     void h()
     {  B::f();  }
};
void main()
{
     D d;
     d.A::f();
     d.g();
     d.h();
}
```

运行该程序后，输出结果如下：

A.

DD.

B.

程序分析：

在该程序中，下列两种情况下可能出现二义性。

① 将类 D 中成员函数 h()的定义改为

```
void h()
{  f();  }
```

时，在调用 f()函数时会出现二义性，即不知是选择类 A 的 f()函数，还是选择类 B 的 f()函数而这两个函数都是类 D 的成员。

② 在主函数中，将下列语句

```
d.A::f();
```

改为

```
d.f();
```

时，在选择 f()函数上会出现二义性。

该程序中，由于在可能出现二义性的地方，都加了类名限定，这是避免出现二义性的有效措施。请读者上机试试。

这里，还有一个值得注意的问题是在主函数中，下列语句

```
d.g();
```

调用上没有出现二义性。这是因为两个 g()函数，一个是出现在基类 B 中，另一个出现在派生类 D 中，C++语言规定，在这种情况下，派生类成员有支配基类成员的作用，故派生类成员有效。

2．访问共同基类的成员时可能出现二义性

当一个派生类中有多个基类，而这些基类又有一个共同的基类时，访问这个公共基类中的成员时，可能出现二义性。

下面还是通过一个例子来分析这种可能出现二义性的问题。

【例 8.11】分析下列程序，指出可能出现的二义性。

程序内容如下：

```
#include <iostream.h>
class A
{
  public:
     A(int i)
     {  a=i;  }
     int a;
};
class B1:public A
{
  public:
     B1(int i,int j):A(i)
     {  b1=j;  }
  private:
     int b1;
};
class B2:public A
{
  public:
     B2(int i,int j):A(i)
     {  b2=j;  }
  private:
     int b2;
};
class D:public B1,public B2
{
  public:
     D(int i,int j,int k):B1(i,j),B2(i,j),d(k)
     {  }
     void f()
     {  cout<<B1::a+B2::a<<endl;  }
  private:
     int d;
};
void main()
{
    D d(11,12,13);
    cout<<d.B1::a<<endl;
    d.f();
}
```

运行该程序后，输出结果如下：

11
22

程序分析：

该程序中有两处可能出现二义性，但在程序中使用了类名限定而避免了二义性。这两处分别是：

① 在主函数中，将下列语句

```
cout << d.B1::a << endl;
```

改为

```
cout << d.a<<endl;
```

后，则在引用 a 的问题上出现二义性，是通过 B1 引用 a 还是通过 B2 引用 a。

② 在派生类 D 中，将成员函数 f()定义为下述形式，将出现二义性：

```
void f()
```

```
{ cont <<a+a << endl; }
```

这时，a+a 表达式中的 a 是引用 B1 类的还是 B2 类的，可能出现二义性。

通过该例可以看到，在书写程序中应尽量避免二义性的出现，在这里避免出现二义性的有效方法是使用类名限定。类名限定的通用格式如下：

〈类名〉::〈成员名〉

使用〈类名〉来限定所引用的成员是属于哪个类的。

请读者上机调试看一看出现二义性的情况，这时将会出现什么编译错。

练习题 8

8.1　判断题

1. 派生类只继承基类中的公有成员和保护成员，而不继承私有成员。

2. 多重继承是指一个基类派生出多个派生类的情况。

3. 单重继承是指派生类只有一个基类的情况。

4. 派生类还可以作基类派生出新的派生类。

5. 派生类中成员的访问权限与基类的继承方式有关。

6. 派生类中只包含直接基类的成员，不包含间接基类的成员。

7. 继承反映了类之间"是"的关系，组合反映了类之间"有"的关系。

8. 基类中成员在派生类中都是可以访问的。

9. 私有继承中基类的私有成员在派生类中还是私有的。

10. 保护继承方式下基类的保护成员在派生类仍是保护成员。

11. 派生类的对象和派生类的派生类对派生类成员的访问权限是一样的。

12. 派生类的构造函数包含着直接基类的构造函数。

13. 派生类的默认构造函数不包含有直接基类的构造函数。

14. 派生类的析构函数中不包含直接基类的析构函数。

15. 派生类是基类的子类型。

16. 如果一个类是另一个类的子类型，则这个类的对象可以给另一个类的对象赋值，反之亦然。

17. 多重继承派生类的构造函数中应包含所有直接基类的构造函数。

18. 多重继承的派生类构造函数中执行基类构造函数的顺序取决于该派生类构造函数的成员初始化列表中出现基类初始化项的顺序。

8.2　单选题

1. 下列关于继承的描述中，错误的是（　　）。

　A．继承是重用性的重要机制

　B．C++语言支持单重继承和双重继承

　C．继承关系不是可逆的

　D．继承是面向对象程序设计语言的重要特性

2. 下列关于基类和派生类的描述中，错误的是（　　）。

　A．一个基类可以生成多个派生类

　B．基类中所有成员都是它的派生类的成员

    C. 基类中成员访问权限继承到派生类中不变

    D. 派生类中除了继承的基类成员还有自己的成员

3. 下列关于派生类的描述中，错误的是（　　　）。

    A. 派生类至少有一个基类

    B. 一个派生类可以作另一个派生类的基类

    C. 派生类的构造函数中应包含直接基类的构造函数

    D. 派生类默认的继承方式是 private

4. 派生类的对象可以直接访问的基类成员是（　　　）。

    A. 公有继承的公有成员

    B. 保护继承的公有成员

    C. 私有继承的公有成员

    D. 公有继承的保护成员

5. 下列描述中，错误的是（　　　）。

    A. 基类的 protected 成员在 public 派生类中仍然是 protected 成员

    B. 基类的 private 成员在 public 派生类中是不可访问的

    C. 基类 public 成员在 private 派生类中是 private 成员

    D. 基类 public 成员在 protected 派生类中仍是 public 成员

6. 派生类构造函数的成员初始化列表中，不能包含的初始化项是（　　　）。

    A. 基类的构造函数　　　　　　　　　　B. 基类的子对象

    C. 派生类的子对象　　　　　　　　　　D. 派生类自身的数据成员

7. 下列关于子类型的描述中，错误的是（　　　）。

    A. 在公有继承下，派生类是基类的子类型

    B. 如果类 A 是类 B 的子类型，则类 B 也是类 A 的子类型

    C. 如果类 A 是类 B 的子类型，则类 A 的对象就是类 B 的对象

    D. 在公有继承下，派生类对象可以初始化基类的对象引用

8. 下列关于多继承二义性的描述中，错误的是（　　　）。

    A. 一个派生类的多个基类中出现了同名成员时，派生类对同名成员的访问可能出现二义性

    B. 一个派生类有多个基类，而这些基类又有一个共同的基类，派生类访问公共基类成员时，可能出现二义性

    C. 解决二义性的方法是采用类名限定

    D. 基类和派生类中同时出现同名成员时，会产生二义性

8.3　填空题

1. 继承的 3 种方式是_____、_____和_____。

2. 如果类 A 继承了类 B，则类 A 被称为_____类，类 B 被称为_____类。

3. 在保护继承方式下，基类的 public 成员成为派生类的_____成员，基类的 protected 成员成为派生类的_____成员。

4. 当一个派生类中含有子对象时，该派生类的析构函数中应包含_____的析构函数、_____析构函数和_____的析构函数。

5. 派生类的构造函数的成员初始化列表中可以包含的初始化项有_____、_____、_____和_____。

8.4 分析下列程序的输出结果

1.

```cpp
#include <iostream.h>
class A
{
  public:
    A(int i,int j)
    { a1=i;a2=j; }
    void Move(int x,int y)
    { a1+=x;a2+=y; }
    void Print()
    { cout<<'('<<a1<<','<<a2<<')'<<endl; }
  private:
    int a1,a2;
};
class B:private A
{
  public:
    B(int i,int j,int k,int l):A(i,j)
    { b1=k;b2=l; }
    void Print()
    { cout<<b1<<','<<b2<<endl; }
    void f()
    { A::Print(); }
    void fun()
    { Move(5,8); }
  private:
    int b1,b2;
};
void main()
{
    A a(11,12);
    a.Print();
    B b(31,32,33,34);
    b.fun();
    b.Print();
    b.f();
}
```

2.

```cpp
#include <iostream.h>
class A
{
  public:
    void InitA(int i,int j)
    { a1=i;a2=j; }
    void Move(int x,int y)
    { a1+=x;a2+=y; }
    int Geta1()
    { return a1; }
    int Geta2()
    { return a2; }
  private:
    int a1,a2;
};
```

```
class B:public A
{
  public:
    void InitB(int i,int j,int k,int l)
    {
        InitA(i,j);
        b1=k;
        b2=l;
    }
    void Move(int x,int y)
    {  b1+=x;b2+=y;  }
    int Getb1()
    {  return b1;  }
    int Getb2()
    {  return b2;  }
  private:
    int b1,b2;
};
class C:public B
{
  public:
    void fun()
    {  Move(10,15);  }
};
void main()
{
    C c;
    c.InitB(11,12,13,14);
    c.fun();
    cout<<c.Geta1()<<','<<c.Geta2()<<','<<c.Getb1()<<','<<c.Getb2()<<endl;
}
```

3.
```
#include  <iostream.h>
class A
{
  public:
    A(int i):a(i)
    {  cout<<"A:constructorcalled.\n";  }
    ~A()
    {  cout<<"A:Destructor called.\n";  }
    void Print()
    {  cout<<a<<endl;  }
    int Geta()
    {  return a;  }
  private:
    int a;
};
class B:public A
{
  public:
    B(int i=0,int j=0):A(i),a(j),b(i+j)
    {  cout<<"B:Constructor called.\n";  }
    ~B()
    {  cout<<"B:Destructor called.\n";  }
    void Print()
```

```
    {
        A::Print();
        cout<<b<<','<<a.Geta()<<endl;
    }
  private:
    int b;
    A a;
};
void main()
{
    B b1(8),b2(12,15);
    b1.Print();
    b2.Print();
}
```

4.
```
#include  <iostream.h>
class A
{
  public:
    A(int i)
    { cout<<"Constructor in A."<<i<<endl;  }
    ~A()
    { cout<<"Destructor in A.\n";  }
};
class B
{
  public:
    B(int i)
    { cout<<"Constructor in B."<<i<<endl;  }
    ~B()
    { cout<<"Destructor in B.\n";  }
};
class C
{
  public:
    C(int i)
    { cout<<"Constructor in C."<<i<<endl;  }
    ~C()
    { cout<<"Destructor in C.\n";  }
};
class D:public A,public B,public C
{
  public:
    D(int i,int j,int k,int l):A(i),B(j),C(k),a(l)
    { cout<<"Constructor in D."<<l<<endl;  }
    ~D()
    { cout<<"Destructor in D.\n"; }
  private:
    A a;
};
void main()
{
    D d(3,4,5,6);
}
```

8.5 编程题

1. 按下列要求编程：按照右边图中所示的各类的关系，编程输出它们的信息。各类中的数据成员如下：

Person: char *name(姓名),*dept(系别)

Student: char *grade(年级)

Teacher: char *lesson(授课名)

Student Teacher(在职读研): char *major(专业方向)

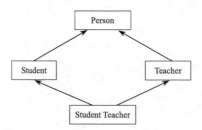

2. 设计一个程序，一行是信息，下一行画线，所画的线与信息行同长。例如，

C++

————

Programming

————————

8.6 简单回答下列问题

1. 在继承关系中，派生类中包含基类所有成员，基类是否也包含派生类的部分成员？

2. 构造函数不能继承，派生类的构造函数中是否应包含直接基类的构造函数和所有间接基类的构造函数？

3. 派生类的析构函数中不包含直接基类的析构函数，对吗？

4. 派生类的对象可以给基类对象赋值吗？

5. 多重继承的二义性可以避免吗？

上机指导 8

8.1 上机要求

1. 掌握派生类的定义方法和派生类构造函数以及析构函数的定义方法。

2. 掌握不同继承方式下，基类成员在派生类中的访问权限。

3. 熟悉子类型的概念，掌握赋值兼容规则的使用方法。

4. 了解多重继承中的二义性和避免方法。

8.2 上机练习题

1. 上机调试本章例 8.1 程序，回答所提出的若干问题。

2. 上机调试本章例 8.2 程序，回答所提出的若干问题。

3. 上机调试本章例 8.3 程序，回答所提出的若干问题。

4. 上机调试本章例 8.4 程序，并完成表格的填写。

5. 上机调试本章例 8.7 程序，回答所提出的思考题。

6. 上机调试本章例 8.8 程序，回答所提出的问题。

7. 上机调试本章例 8.9 程序，回答所提出的思考题。

8. 上机调试本章练习题 8.4 中的 4 个程序，并将上机调试结果与分析结果进行比较。

9. 上机调试本章练习题 8.5 中的两道编程题。

10. 调试下列程序，并按要求进行修改程序后，再调试，分析出现的问题。

程序内容如下：

```cpp
#include <iostream.h>
class A
{
  public:
    void Seta(int i,int j)
    { a1=i;a2=j;  }
    void Showa()
    { cout<<"A: "<<a1<<','<<a2<<endl;  }
  protected:
    int a1;
  private:
    int a2;
};
class B:public A
{
  public:
    void Setb(int i,int j)
    { b1=i;b2=j;  }
    void Showb()
    {
        cout<<"B: "<<b1<<','<<b2<<endl;
        cout<<"A: "<<a1<<endl;
    }
  protected:
    int b1;
  private:
    int b2;
};
class C:public B
{
  public:
    void Setc(int i)
    { c=i;  }
    void Showc()
    {
        cout<<"C: "<<c<<endl;
        cout<<"B: "<<b1<<endl;
        cout<<"A: "<<a1<<endl;
    }
  private:
    int c;
};
void main()
{
    C c;
    c.Seta(3,4);
    c.Setb(13,14);
    c.Setc(5);
    c.Showa();
```

```
        c.Showb();
        c.Showc();
}
```

回答问题：

上机调试后，输出结果是什么？

按下列要求修改原程序后，上机调试，对出现的问题说明原因。

（1）将派生类 B 的继承方式改为 protected。

（2）将派生类 B 的继承方式改为 private。

（3）将派生类 B 的继承方式改回 public 后，再将派生类 C 的继承方式改为 protected。

熟悉各种继承方式区别及功能。

第9章
多态性和虚函数

本章讲述面向对象程序设计语言的第三个特性——多态性。C++语言支持多态性。有些语言支持封装性和继承性，而不支持多态性，如 VB 语言等，它们只能说是基于对象的，而不能说是面向对象的。

多态性指的是同一个函数名具有多种不同的实现，即不同的功能。多态性可以这样来描述：将同一个消息发送给不同的对象时会产生不同的行为。这里所谓的"消息"是指调用函数，不同的行为是指不同的实现。

C++语言支持的多态性主要表现在如下方面：

① 函数重载；
② 运算符重载；
③ 虚函数。

本章着重介绍运算符重载的概念和方法，讲述静态联编和动态联编的概念，介绍虚函数的概念和动态联编的条件，介绍纯虚函数和抽象类的概念。

9.1　运算符重载

函数重载和运算符重载是多态性的重要体现。函数重载在前边已介绍了，这里主要介绍运算符重载。

9.1.1　运算符重载的概念

运算符重载是对已有的运算符再去定义新的操作功能。实际上，我们已使用了系统重载的运算符。例如，插入符（<<）就是一例。插入符是左移运算符的重载，重载后的插入符用来作为输出表达式值的运算符。

下面简单介绍关于运算符重载的一些概念。

1. 哪些运算符可以重载

大多数运算符都可以重载，只有少数运算符不能重载。不能重载的运算符有如下 5 种：

`.,  .*,  : :, ?:, sizeof`

2. 运算符重载遵循的"4 个不变"原则

运算符被重载后，它将保持原来运算符的下述 4 个特性不变：

① 操作数个数不变；

② 优先级不变；

③ 结合性不变；

④ 语义不变。

还以插入符（<<）为例，它的优先级与原来的左移运算符的优先级一样。在使用插入符时，当插入符右边操作数的表达式中出现优先级比左移运算符还低的运算符时，应该加上圆括号将表达式括起来，否则会出错。

3. 重载运算符在程序中的选择

重载运算符的选择主要是根据运算符的操作数个数、类型及顺序的不同来选择的。

4. 使用运算符重载应注意的问题

① 运算符重载是通过函数定义来实现的，在定义运算符重载的函数时不能设置函数的默认值。

② 重载运算符的定义方法通常采用成员函数方法或友元函数方法，采用普通函数的方法也可以，但是不能访问类中的某些成员。

③ 通常不随意定义重载运算符，而尽量使重载运算符的功能与其原来用于标准数据类型的功能相似。例如，加法运算符（+）重载为乘法就不太合适。

④ 用于类对象的运算符一般都要重载，但是对于赋值运算符（=）和取地址值运算符（&）系统定义有默认的重载运算符，用户可直接使用。

9.1.2　运算符重载的两种方法

为了考虑对类中数据成员的操作，通常运算符重载将采用如下两种方法：

① 成员函数方法；

② 友元函数方法。

1. 成员函数方法

运算符重载采用成员函数方法的形式如下：

〈类型〉operator〈运算符〉（〈参数表〉）

{

　　〈函数体〉

}

其中，**operator** 是定义运算符重载时需要的关键字。〈运算符〉是被重载的运算符。〈参数表〉中的参数个数与重载运算符操作数的个数有关。对单目运算符来讲，无〈参数表〉，对双目运算符来讲，该〈参数表〉中有一个参数。另一个操作数与单目运算符一样是调用该重载函数的一个对象。

下面通过一个例子熟悉使用成员函数方法和进行运算符重载的具体用法。

【例 9.1】编程实现复数的四则运算。

描述复数的类 Complex 的定义格式如下：

```
class Complex
{
  public:
    ...
  private:
    double real,imag;
};
```

程序内容如下：

```
#include <iostream.h>
class Complex
```

```
{
  public:
    Complex()
    { real=imag=0;  }
    Complex(double r)
    { real=r;imag=0;  }
    Complex(double r,double i)
    { real=r;imag=i;  }
    Complex operator +(const Complex &c);
    Complex operator -(const Complex &c);
    Complex operator *(const Complex &c);
    Complex operator /(const Complex &c);
    friend void Print(const Complex &c);
  private:
    double real,imag;
};
Complex Complex::operator +(const Complex &c)
{
    return Complex(real+c.real,imag+c.imag);
}
Complex Complex::operator -(const Complex &c)
{
    return Complex(real-c.real,imag-c.imag);
}
Complex Complex::operator *(const Complex &c)
{
    return Complex(real*c.real-imag*c.imag,real*c.imag+imag*c.real);
}
Complex Complex::operator /(const Complex &c)
{
    return Complex((real*c.real+imag*c.imag)/(c.real*c.real+c.imag*c.imag),
        (imag*c.real-real*c.imag)/(c.real*c.real+c.imag*c.imag));
}
void Print(const Complex &c)
{
    if(c.imag<0)
      cout<<c.real<<c.imag<<'i'<<endl;
    else
      cout<<c.real<<'+'<<c.imag<<'i'<<endl;
}
void main()
{
    Complex c1(2.5),c2(5.5,-1.0),c3;
    c3=c1+c2;
    cout<<"c1+c2=";
    Print(c3);
    c3=c1-c2;
    cout<<"c1-c2=";
    Print(c3);
    c3=c1*c2;
    cout<<"c1*c2=";
    Print(c3);
    c3=c1/c2;
    cout<<"c1/c2=";
    Print(c3);
}
```

运行该程序后，输出结果如下：

```
c1+c2=8-1i
c1-c2=-3+1i
c1*c2=13.75-2.5i
c1/c2=0.44+0.08i
```

程序分析：

该程序中对于复数的四则运算（加、减、乘、除）符进行了重载，采用的是成员函数的方法：

```
Complex operator + (const Complex &c)
Complex operator - (const Complex &c)
Complex operator * (const Complex &c)
Complex operator / (const Complex &c)
```

在程序中，出现下述表达式

```
c1+c2
```

时，系统将运算符（+）认为是重载的复数加法运算符，因为该运算符的两个操作数都是复数。该运算符被解释为：

```
c1.operator + (c2)
```

其中，c1 为第一操作数，作为调用重载运算符成员函数的对象，c2 是第二操作数，作为重载运算符函数的实参，c1 和 c2 都是类 Complex 的对象。

2. 友元函数方法

重载运算符可以定义为友元函数的形式，其具体格式如下：

```
friend 〈类型〉 operator 〈运算符〉(〈参数表〉)
{
   〈函数体〉
}
```

该格式的说明同成员函数方法。〈参数表〉中的参数个数对于双目运算符为 2，对于单目运算符为 1。

下面仍以复数四则运算为例说明使用友元函数作为运算符重载的具体做法。

【例 9.2】用友元函数方法定义运算符重载函数实现复数的四则运算。

程序内容如下：

```
#include <iostream.h>
class Complex
{
  public:
    Complex()
    { real=imag=0; }
    Complex(double r)
    { real=r;imag=0; }
    Complex(double r,double i)
    { real=r;imag=i; }
    friend Complex operator +(const Complex &c1,const Complex &c2);
    friend Complex operator -(const Complex &c1,const Complex &c2);
    friend Complex operator *(const Complex &c1,const Complex &c2);
    friend Complex operator /(const Complex &c1,const Complex &c2);
    friend void Print(const Complex &c);
  private:
    double real,imag;
};
Complex operator +(const Complex &c1,const Complex &c2)
```

```
{
    return Complex(c1.real+c2.real,c1.imag+c2.imag);
}
Complex operator -(const Complex &c1,const Complex &c2)
{
    return Complex(c1.real-c2.real,c1.imag-c2.imag);
}
Complex operator *(const Complex &c1,const Complex &c2)
{
    return Complex(c1.real*c2.real-c1.imag*c2.imag,c1.real*c2.imag+c1.imag*c2.real);
}
Complex operator /(const Complex &c1,const Complex &c2)
{
    return Complex((c1.real*c2.real+c1.imag*c2.imag)/(c2.real*c2.real+c2.imag*c2.imag),
        (c1.imag*c2.real-c1.real*c2.imag)/(c2.real*c2.real+c2.imag*c2.imag));
}
void Print(const Complex &c)
{
    if(c.imag<0)
      cout<<c.real<<c.imag<<'i'<<endl;
    else
      cout<<c.real<<'+'<<c.imag<<'i'<<endl;
}
void main()
{
    Complex c1(2.5),c2(5.5,-1.0),c3;
    c3=c1+c2;
    cout<<"c1+c2=";
    Print(c3);
    c3=c1-c2;
    cout<<"c1-c2=";
    Print(c3);
    c3=c1*c2;
    cout<<"c1*c2=";
    Print(c3);
    c3=c1/c2;
    cout<<"c1/c2=";
    Print(c3);
}
```

运行该程序后，输出结果应与例 9.1 相同。

程序分析：

该程序中使用了友元函数方法定义了复数四则运算的重载运算符，其格式如下：

```
friend Complex operator + (const Complex &c1, const Complex &c2);
friend Complex operator - (const Complex &c1, const Complex &c2);
friend Complex operator * (const Complex &c1, const Complex &c2);
friend Complex operator / (const Complex &c1, const Complex &c2);
```

程序中出现的表达式

```
c1+c2
```

中，运算符（+）是被重载后的复数加法运算符。系统将该表达式解释如下：

```
operator + (const Complex & c1, const Complex &c2)
```

3. 两种重载方法的比较

上面介绍了重载运算符常用的两种方法，通常单目运算符重载时常选用成员函数的方法，而双目运算符重载时常选用友元函数的方法。双目运算符重载选择成员函数方法时，可能会出现错误。例如，前面介绍过的对复数四则运算符的重载。以加法为例，用成员函数方法重载加法运算符后，对于下列表达式

```
3.75+c
```

其中，c 是 Complex 的一个对象，它应被解释为

```
3.75.operator + (c)
```

显然，这是错误的。如果使用友元函数对加法重载时，同样上述表达式，它将被解释为

```
operator + (Complex (3.75), c)
```

这是正确的。这说明了对于双目运算符使用成员函数方法重载，有时会出现问题。

9.1.3　运算符重载举例

下面再举一些运算符重载的例子，通过这些具体的例子掌握运算符重载的方法。

1．赋值运算符重载

系统提供一个为对象赋值的默认赋值重载运算符，因此，用户可以不必再定义重载的赋值运算符。但是，有时出于需要，用户可以定义赋值运算符的重载。

【例 9.3】将赋值运算符重载为成员函数。

程序内容如下：

```cpp
#include <iostream.h>
class A
{
  public:
    A()
    {  a1=a2=0;  }
    A(int i,int j)
    {  a1=i;a2=j;  }
    A &operator =(A &p);
    int Geta1()
    {  return a1;  }
    int Geta2()
    {  return a2;  }
  private:
    int a1,a2;
};
A & A::operator =(A &p)
{
    a1=p.a1;
    a2=p.a2;
    return *this;
}
void main()
{
    A a1(5,7),a2;
    a2=a1;
    cout<<a2.Geta1()<<','<<a2.Geta2()<<endl;
    int a;
    a=8;
    cout<<a<<endl;
}
```

运行该程序后，输出结果如下：

```
5, 7
8
```

程序分析：

该程序中出现了重载的赋值运算符，其格式如下：

```
A & operator = (A & p)
{ ... }
```

其中，operator 是运算符重载所需的关键字，该重载函数有一个参数是类 A 对象引用，该函数的返回值必是类 A 对象的引用。

在程序中出现过两个赋值表达式语句。

（1）赋值表达式语句

```
a2=a1;
```

赋值号左边是类 A 的对象，右边也是类 A 的对象。显然，这里赋值运算符应该使用被重载的赋值运算符。系统将它解释为

```
a2.operator = (a1);
```

（2）赋值表达式语句

```
a = 8;
```

赋值号左边是 int 型变量，右边是 int 型常量。显然，这里赋值运算符应该是系统为基本数据类型所提供一般赋值运算符。

2. 下标运算符重载

【例 9.4】重载下标运算符。

程序内容如下：

```
#include <iostream.h>
class Array
{
  public:
    Array(int i)
    {
        Length=i;
        Buffer=new char[Length];
    }
    ~Array()
    { delete []Buffer; }
    int GetLength()
    { return Length; }
    char & operator [](int i);
  private:
    int Length;
    char *Buffer;
};
char & Array::operator [](int i)
{
    static char ch;
    if(i<Length&&i>=0)
      return Buffer[i];
    else
    {
    cout<<"\nIndex out of range.";
    return ch;
    }
```

```
}
void main()
{
    Array string1(6);
    char *string2="string";
    for(int i(0);i<8;i++)
      string1[i]=string2[i];
    cout<<endl;
    for(i=0;i<7;i++)
      cout<<string1[i];
    cout<<endl;
    cout<<string1.GetLength()<<endl;
}
```

运行该程序后，输出结果如下：

```
Index out of range.
Index out of range.
string
Index out of range.
6
```

程序分析：

该程序中对下标运算符（[ ]）进行了重载，重载后的下标运算符增加判越界的功能。从该程序的输出结果中可以看出，在执行第一次 for 循环语句中，有两次越界，输出两行判越界信息。在执行第二次 for 循环语句中，有 1 次越界，输出 1 行判越界信息。

思考题：请读者上机调试该程序，通过改变 for 循环语句的循环次数来看判越界的次数。

3. 插入符和提取符的再重载

大家都知道作为输入/输出语句中所使用的提取符（>>）和插入符（<<）分别是由位操作的右移运算符和左移运算符重载的。为适用类的对象的输入/输出需要，还可以再对这两个运算符进行重载。下面通过一个例子讲述对这两个运算符的重载使用。

【例 9.5】通过对提取符和插入符的重载，使它们对日期进行输入/输出。

程序内容如下：

```
#include <iostream.h>
class Date
{
  public:
    Date(int y,int m,int d)
    {
      year=y;
      month=m;
      day=d;
    }
    friend ostream& operator <<(ostream &stream,Date &date);
    friend istream& operator >>(istream &stream,Date &date);
  private:
    int year,month,day;
};
ostream& operator <<(ostream &stream,Date &date)
{
  stream<<date.year<<'/'<<date.month<<'/'<<date.day<<endl;
  return stream;
}
istream& operator >>(istream &stream,Date &date)
```

```
{
  stream>>date.year>>date.month>>date.day;
  return stream;
}
void main()
{
    Date d(2005,7,11);
    cout<<"Current date is "<<d;
    cout<<"Enter new date: ";
    cin>>d;
    cout<<"New date is "<<d;
}
```

该程序的输出结果请读者自己分析。

9.2　静态联编和动态联编

本节介绍联编的含义和静态联编与动态联编的概念，着重介绍动态联编的条件以及动态多态性在编程中的作用。

9.2.1　联编的概念

联编的英文单词是 binding。多数人把它译成联编，也有人译成关联。直译 binding 有捆绑或连接之意。这里所谓"联编"的含义是指对于相同名字的若干个函数的选择问题，即绑定问题。这就是多态性的处理问题。相同名字不同实现的函数主要有下述 3 种：

① 重载函数；

② 运算符重载；

③ 虚函数。

它们表现在不同情况下，对它们的选择也将采用不同的方法。重载函数和重载运算符通常出现在相同的作用域内，如同一个类体中；而虚函数却出现在类的不同继承的层次结构中。它们的共同特点就是对其相同名字的不同实现要进行选择。这就是对它们实现联编或绑定。

在 C++ 语言中，联编从时间来分，可分为静态联编和动态联编两种。静态联编是在编译时进行的，又称早期联编。动态联编是在运行阶段进行的，又称滞后联编。在一般情况下，函数重载和运算符重载都属于静态联编，它们都是在编译时联编。而虚函数应属于动态联编，但是严格地说，虚函数在不满足动态联编条件时，也实现静态联编。

什么情况下，在用什么对象调用虚函数时才实现动态联编呢？这便是下面要讨论的主要问题。

下面通过两个例子来说明什么情况下实现动态联编，即在运行阶段来选择虚函数。

【例 9.6】这是一个用来计算不同形状的面积的程序。

程序内容如下：

```
#include <iostream.h>
const double PI=3.14159265;
class Point
{
  public:
    Point(double i,double j)
    { x=i;y=j; }
```

```
      double Area()
      {  return 0;  }
    private:
      double x,y;
};
class Rectangle:public Point
{
  public:
    Rectangle(double i,double j,double k,double l):Point(i,j)
    {  w=k;h=l;  }
    double Area()
    {  return w*h;  }
  private:
    double w,h;
};
class Circle:public Point
{
  public:
    Circle(double i,double j,double k):Point(i,j)
    {  r=k;  }
    double Area()
    {  return PI*r*r;  }
  private:
    double r;
};
void fun(Point &p)
{
  cout<<"Area= "<<p.Area()<<endl;
}
void main()
{
    Rectangle r(3.5,4,5.2,6.6);
    Circle c(4.5,6.2,5);
    fun(r);
    fun(c);
}
```

运行该程序后，输出结果如下：

```
Area = 0
Area = 0
```

程序分析：

该程序中所输出的面积值与调用哪一个求面积函数 Area()有关。而调用哪个求面积函数又与所使用的对象有关。在一般函数 fun()中，参数 p 是 Point 类的对象，传递给它值的分别是 Rectangle 类的对象 r 和 Circle 类的对象 c。在这里，由于没有虚函数，对 Area()函数的不同实现的选择是静态联编，即在编译时进行选择，这时参数 p 是 Point 类的对象引用，因此 Area()函数的实现被绑定为类 Point 的 Area()函数，于是获得了 Area=0 的结果。

【例 9.7】修改例 9.6 程序，仍为计算不同形状的面积程序。

程序内容如下：

```
#include <iostream.h>
const double PI=3.14159265;
class Point
{
  public:
```

```
    Point(double i,double j)
    {  x=i;y=j;  }
    virtual double Area()
    {  return 0;  }
  private:
    double x,y;
};
class Rectangle:public Point
{
  public:
    Rectangle(double i,double j,double k,double l):Point(i,j)
    {  w=k;h=l;  }
    double Area()
    {  return w*h;  }
  private:
    double w,h;
};
class Circle:public Point
{
  public:
    Circle(double i,double j,double k):Point(i,j)
    {  r=k;  }
    double Area()
    {  return PI*r*r;  }
  private:
    double r;
};
void fun(Point &p)
{
    cout<<"Area= "<<p.Area()<<endl;
}
void main()
{
    Rectangle r(3.5,4,5.2,6.6);
    Circle c(4.5,6.2,5);
    fun(r);
    fun(c);
}
```

运行该程序后，输出结果如下：

```
Area = 34.32
Area = 78.5398
```

程序分析：

该程序的输出结果与例 9.6 程序不同。该程序与例 9.6 程序进行比较发现改动不大。仅在类 Point 中的 Area()函数名前加一个关键字 virtual，其含义是"虚拟"，于是函数 Area()变成了虚函数，有关虚函数的详细讨论在下节中。

由于设置了虚函数，这里实现了动态联编，即在运行阶段来选定虚函数 Area()的实现，而不是在编译阶段就选定了。当系统发现了虚函数，在编译时就不对虚函数进行联编，当运行到调用 fun()函数，传递的实参为 Rectangle 类的对象 r 时，由于是公有继承，根据赋值兼容规则可以用 r 给 p 初始化，这时的参数 p 实际上是 Rectangle 类的对象，于是调用 Rectangle 类的 Area()函数，获得上述的输出结果。同理，对于语句 fun(c);的执行，也是动态联编，获得如上输出结果。

比较两个程序可以清楚地看出：虚函数是实现动态联编的关键。两个程序的区别就在一个有虚函数，另一个没有虚函数。有虚函数的程序就能实现动态联编。另外，虚函数也不是实现动态联编的唯一条件，还有对虚函数的调用方式也很重要。在该程序中，如果将 fun()函数参数的对象引用改为对象，就实现静态联编。还有，派生类 Rectangle 和 Circle 的继承方式如果改为保护继承或私有继承，就无法实现兼容规则，程序也会出错。

思考题：上机调试下述两个问题。

（1）将 fun()函数参数改为类 Point 的对象，调试后出现什么结果？为什么？

（2）将 Rectangle 类和 Circle 类的继承方式改为保护继承或私有继承会出现什么现象？

9.2.2　虚函数

在上节的例 9.7 程序中看到了虚函数，本节专门介绍虚函数的特征以及它对实现动态联编的作用。

1. 虚函数的说明方法

虚函数一定是成员函数，不能是非成员函数；而又不是所有的成员函数都可以被说明为虚函数，静态成员函数不能被说明为虚函数。虚函数与一般成员函数一样，可定义在类体内，也可以定义在类体外，在类体外定义时不加关键字 virtual。因此，简单地说，虚函数是非静态的成员函数。

说明虚函数的格式如下：

```
virtual 〈类型〉〈成员函数名〉(〈参数表〉)
```

2. 虚函数的作用

在类的继承关系中，不同层次中可以出现名字、参数和类型都相同的函数，它们有不同的实现。编译系统按照同名覆盖的规则来处理不同对象的调用。例如，基类的对象调用基类的同名函数，而派生类的对象调用派生类中的同名函数。

在公有继承方式下，可以通过基类对象指针或引用来调用基类的同名函数。如果用基类指针指向派生类对象，也无法去调用派生类的同名成员函数。如果这同名函数是虚函数时，基类对象指针指向了派生类对象后，便可以调用派生类的同名函数（虚函数）。这便是虚函数的作用。

简单地说，虚函数的作用是可以通过基类指针或引用访问基类和派生类中被说明为虚函数的同名函数。这仅是访问虚函数实现动态联编的一种方式，后面还会讲述其他方式。

3. 虚函数的特征

虚函数具有一个很重要的特征就是继承性。在基类中说明的虚函数，在派生类中函数说明（包括函数类型、函数名和函数参数）完全相同的函数为虚函数。可以加关键字 virtual，也可不加该关键字，加该关键字可提高可读性。在例 9.7 程序中，派生类的虚函数 Area()就没有加 virtual。基类中说明的虚函数，通常要在派生类中进行重新定义。如果派生类中没有对基类的虚函数重新定义，则派生类简单地继承了基类的虚函数。

下面通过一个例子，分析静态联编与动态联编的不同，从而认识虚函数的作用。

【例 9.8】分析下列程序的输出结果，并在该程序中加上虚函数后再分析输出结果，说明虚函数的作用。

程序内容如下：

```
#include <iostream.h>
class A
{
  public:
    A(int i)
```

```
    {  a=i;  }
    void Print()
    {  cout<<a<<endl;  }
  private:
    int a;
};
class B:public A
{
  public:
    B(int i,int j):A(i)
    {  b=j;  }
    void Print()
    {
        A::Print();
        cout<<b<<endl;
    }
  private:
    int b;
};
void main()
{
    A *pa;
    B *pb=new B(5,7);
    pa=pb;
    pa->Print();
    pb->Print();
}
```

运行该程序后，输出结果如下：

```
5
5
7
```

程序分析：

该程序中没有设置虚函数实现的是静态联编。pa->Print();语句中，调用的是类 A 中的 Print()函数，在编译时 pa 是指向类 A 对象的指针。pb->Print();语句中，调用的是类 B 中的 Print()函数，在编译时 pb 是指向类 B 对象的指针。

下面将基类 A 中的成员函数 Print()说明为虚函数，即加关键字 virtual，则派生类中的同名函数 Print()也为虚函数。再运行该程序，则输出显示如下结果：

```
5
7
5
7
```

这是因为下述两条语句，在动态联编下都调用的是类 B 中的 Print()函数的结果。

```
pa->Print();
pb->Print();
```

这里，pa 指向的是派生类的对象。

9.2.3　动态联编

前面介绍了虚函数的概念，明确了虚函数的作用。虚函数是 C++语言中实现动态联编的重要形式。要实现动态联编，首先要说明为虚函数，否则无法实现动态联编。但是，虚函数不是实现动态联编的唯一条件。因为实现动态联编还与虚函数的访问方式有关。

1. 使用对象指针或对象引用调用虚函数时，可以实现动态联编

在前面的例子里已经看到了使用对象指针或对象引用调用虚函数实现动态联编的方法。下面再举一个简单的例子讨论使用对象调用虚函数实现联编的情况。

【例 9.9】分析下列程序的输出结果，并讨论提出的问题。

程序内容如下：

```cpp
#include <iostream.h>
class B
{
  public:
    virtual void fun()
    { cout<<"In B.\n"; }
};
class D:public B
{
  public:
    void fun()
    { cout<<"In D.\n"; }
};
void text(B &b)
{
  b.fun();
}
void main()
{
    B b;
    text(b);
    D d;
    text(d);
}
```

运行该程序后，输出结果如下：

```
In B.
In D.
```

分析程序回答下列问题：

（1）在该程序中，使用基类 B 的对象引用调用虚函数 fun()，并且还满足公有继承。在这种情况下会实现动态联编吗？

（2）将该程序中一般函数 text()作如下修改：

```cpp
void text (B *pb)
{
    pb->fun();
}
```

还会实现动态联编吗？

➤ 上机调试时，应将调用函数的实参修改为地址值。

（3）再将该程序中一般函数 text()作如下修改：

```cpp
void text (B b)
{
    b.fun();
}
```

还会实现动态联编吗？

（4）将该程序恢复到原来样子，将派生类 D 的继承方式改为 protected 后，上机调试会出现什么问题？为什么？

（5）将该程序先恢复原来的样子，再将 fun()函数的 virtual 关键字去掉，还会实现动态联编吗？

（6）总结使用对象调用虚函数实现动态联编的条件是什么？

2．使用成员函数调用虚函数可以实现动态联编

下面举一个使用成员函数调用虚函数实现动态联编的例子。

【例 9.10】分析下列程序的输出结果，并回答所提出的问题。

程序内容如下：

```
#include <iostream.h>
class A
{
 public:
   virtual void fun()
   {  cout<<"In A::fun().\n";  }
};
class B:public A
{
 public:
   B()
   {  fun();  }
   void g()
   {  fun();  }
};
class C:public B
{
 public:
   void fun()
   {  cout<<"In C::fun().\n";  }
};
void main()
{
   C c;
   c.g();
}
```

运行该程序后，输出结果如下：

```
In A:: fun().
In C:: fun().
```

回答下面问题：

（1）该程序的输出结果将告诉我们什么问题？

该程序的输出结果告诉我们下面两个问题。

① 构造函数中调用虚函数实现静态联编

在主函数中创建 C 类对象 c 时，系统自动调用系统为该类提供的默认构造函数，该构造函数中自动隐含了直接基类的默认构造函数 B()。B 类的默认构造函数中调用虚函数 fun()。该程序中，基类 A 中说明了一个虚函数 fun()，派生类 B 中没有重新定义，只是简单继承，派生类 C 中对虚函数又进行重新定义。如果构造函数中调用虚函数采用动态联编，应该输出下述信息：

```
In C:: fun().
```

而实际却输出了下述信息：

```
In A::fun().
```

这说明构造函数中调用的是基类 A 的虚函数，实现的是静态联编。

② 成员函数调用虚函数实现动态联编

在执行下述语句

```
c.g();
```

中，g()是一个成员函数，类 C 从类 B 中继承了这个成员函数。在该成员函数中调用了虚函数。由于输出的是下述结果：

```
In C:: fun().
```

说明调用的是 C 类中的 fun()函数，这是采用了动态联编的结果。

（2）按要求作如下改动，再调试程序会出现什么现象？为什么？

① 将派生类 B 的继承方式改写为 protected。

② 将派生类 C 的继承方式改写为 protected。

③ 恢复程序原来样子，将成员函数 g()修改成如下形式：

```
void g()
{ A:: fun(); }
```

（3）一个派生类中的成员应该包含有哪些部分？

提示

➤ 通常三部分：①自身定义的成员；②从基类中继承的成员；③系统默认的成员。

回忆总结一下，系统可以为一个类提供哪些默认的成员？

9.2.4 虚析构函数

构造函数不能说明为虚函数，因为这样做没有意义，而析构函数可以说明为虚函数，其方法也是在析构函数头前边加关键字 virtual。

如果有一个基类中的析构函数被说明为虚析构函数，则它派生类中的析构函数也是虚析构函数，可不必在派生类析构函数前加 virtual 关键字。

虚析构函数的作用在于系统将采用动态联编调用虚析构函数，这样会使得析构更彻底。下面通过一个例子，比较一个使用虚析构函数和不使用虚析构函数析构作用的不同。

【例 9.11】分析该程序的输出结果，并回答提出的问题。

程序内容如下：

```
#include <iostream.h>
class A
{
 public:
   virtual ~A()
   { cout<<"A::~A() called.\n"; }
};
class B:public A
{
 public:
   B(int i)
   { buffer=new char[i]; }
   ~B()
   {
     delete [] buffer;
```

```
        cout<<"B::~B() called.\n";
    }
  private:
    char *buffer;
};
void fun(A *a)
{
    delete a;
}
void main()
{
    B *b=new B(5);
    fun(b);
}
```

运行该程序后，输出显示如下结果：

```
B:: ~B() called.
A:: ~A() called.
```

回答下列问题：

当去掉类 A 中析构函数~A()前边的 virtual 后，该程序输出结果会有变化吗？为什么？

从这个问题的讨论中可以看到虚析构函数要比非虚析构函数析构得更为彻底。这就是人们习惯在多层继承结构的程序中通常把基类中的析构函数说明为虚析构函数的原因。

9.3 纯虚函数和抽象类

纯虚函数和抽象类是两个密切相关的问题，因此，放在一起介绍。

9.3.1 纯虚函数

纯虚函数是一种特殊的虚函数，它是一种没有具体实现的虚函数。

纯虚函数被定义在类体内，具体格式如下：

virtual 〈类型〉〈函数名〉(〈参数表〉) = 0;

其中，〈函数名〉是被定义的纯虚函数的名字，它是一种虚函数，使用关键字 virtual 来说明。使用赋值为 0 的方式来表示该函数没有函数体，即无实现。

如果在一个基类中定义一个纯虚函数，该函数的具体实现通常在它的派生类中。下面通过一个例子分析纯虚函数的用法及所起的作用。

【例 9.12】分析下列程序的输出结果。

```
#include <iostream.h>
class Point
{
  public:
    virtual void Draw()=0;
};
class Line:public Point
{
  public:
    void Draw()
    { cout<<"Line::Draw() called.\n"; }
```

```
    };
    class Circle:public Point
    {
      public:
        void Draw()
        { cout<<"Circle::Draw() called.\n"; }
    };
    void DrawObject(Point *p)
    {
        p->Draw();
    }
    void main()
    {
        Line *lo=new Line;
        Circle *co=new Circle;
        DrawObject(lo);
        DrawObject(co);
    }
```

运行该程序后，输出结果如下：

```
Line::Draw() called.
Circle::Draw() called.
```

程序分析：

该程序在基类 Point 中定义一个纯虚函数 Draw()，其形式如下：

```
virtual void Draw() = 0;
```

该纯虚函数的实现分别在派生类 Line 和 Circel 中。

在一般函数 DrawObject 中，使用基类对象指针调用纯虚函数，满足动态联编的要求，在主函数中执行下述两条语句时，实现动态联编：

```
        DrawObject(lo);
```
和
```
        DrawObject(co);
```

从该例中可以看到纯虚函数的特点和用法如下。

① 纯虚函数是一种没有函数体的特殊虚函数。定义时，以"= 0"的形式表示是纯虚函数。

② 纯虚函数不能被调用，因为它只有其名，而无具体功能。该函数只有在派生类中被具体定义后才可调用。

③ 纯虚函数的作用在于基类中给派生类提供一个函数名，为实现动态多态性打下基础，派生类将根据需要给出纯虚函数的具体定义。

9.3.2　抽象类

抽象类是一种特别的类，与它相对应的类称为具体类。这里介绍什么是抽象类，抽象类有什么用途，这对于使用 C++语言编程是很有帮助的。

1．抽象类的概念

凡是包含有一个或多个纯虚函数的类称为抽象类。前面介绍的例 9.12 程序中 Point 类就是一个抽象类。因为抽象类常用来作为程序中类的层次结构中的基类，又称抽象基类。

抽象类是不能用来定义对象的，也没有必要用来定义对象，但是它可以定义对象指针或对象引用，使用它们便可以实现动态联编。

抽象类不同于普通的具体类，它是更高级的抽象。例如，人类就是一个抽象类，它没有一个具体的实例，而人类的诸多的派生类，即各国家各民族的人便是具体类，它们是具体人的抽象。

2. 抽象类的作用

抽象类在类的层次结构中，作为顶层或最上面几层的，由它作为一个类族的公共接口，反映该类族中各个类的共性。例如在例 9.12 中的 Point 类的成员函数 Draw() 反映了该类族的共性。

抽象类是一种公共接口，它是下面诸多的派生类的集中归宿。通常抽象类要有它的派生类，如果它的派生类中还有纯虚函数，该派生类仍为抽象类。但是，最终总会有具体类，来给纯虚函数一个具体实现，这样才有意义。因此，抽象类和虚函数就构成了动态联编的条件，这种设计思想把类的定义和类的使用分开，就使得开发商和用户有了分工。开发商设计各种各样的类，这些用户不必知道，而用户只需用这些类来派生出自己的类，这只需要开发商提供类的接口和使用说明就可以了，这样以来，对用户来讲，使得软件开发变得简单化了。

练习题 9

9.1　判断题

1．运算符重载是通过对已有的运算符重新定义操作功能来实现的，它是 C++ 语言多态性的一种表现。

2．所有的运算符都可以重载。

3．运算符重载只可以是类的成员函数和友元函数，不可以是普通函数。

4．运算符重载是通过函数来实现的，定义运算符重载函数时，函数名中要使用关键字 operator。

5．用于类对象的运算符中只有取地址运算符（&）是被系统默认可以使用的。

6．运算符重载后，优先级、结合性和操作数都是不变的。

7．重载运算符的函数也可以设置默认参数。

8．使用成员函数方法和使用友元函数的方法所定义的重载运算符函数的参数个数是不相同的。

9．静态联编和动态联编都是在编译时进行的，二者的区别仅是前者对非虚函数，后者对虚函数。

10．只要是成员函数就可以说明为虚函数，因为虚函数是一种成员函数。

11．虚函数有继承性，基类中说明的虚函数只要在它的派生类中与它名字相同的，一定是虚函数。

12．虚函数可以被类的对象调用，也可以被类的对象指针和对象引用调用。

13．动态联编指的是在运行期间来选择不同类的虚函数。

14．虚函数是实现动态联编的充分必要条件。

15．含有纯虚函数的类称为抽象类，与抽象类相对应的是具体类。

16．抽象类可以定义对象，不可以定义对象指针和对象引用。

17．成员函数和构造函数调用虚函数都可以实现动态联编。

18．析构函数可以说明为虚函数，而构造函数说明为虚函数没有意义。

19．抽象类的派生类一定是具体类。

20．一个抽象类中可以包含有多个纯虚函数，一个派生类中也可以包含多个虚函数。

9.2　单选题

1．下列运算符中，不可以重载的是（　　）。

　　A．&&　　　　　　B．&　　　　　　　C．[ ]　　　　　　D．?:

2. 下列关于运算符重载的描述中，错误的是（　　　）。

    A. 运算符重载不改变优先级

    B. 运算符重载后，原来运算符操作不可再用

    C. 运算符重载不改变结合性

    D. 运算符重载函数的参数个数与重载方式有关

3. 下列关键字中，用来说明虚函数的关键字是（　　　）。

    A. inline   B. operator   C. virtual   D. public

4. 下列的成员函数中，纯虚函数是（　　　）。

    A. virtual void f1() = 0   B. void f1() = 0;

    C. virtual void f1() {}   D. virtual void f1() == 0;

5. 含有一个或多个纯虚函数的类称为（　　　）。

    A. 抽象类   B. 具体类   C. 虚基类   D. 派生类

6. 下列关于虚函数的描述中，错误的是（　　　）。

    A. 虚函数是一个成员函数

    B. 虚函数具有继承性

    C. 静态成员函数可以说明为虚函数

    D. 在类的继承的层次结构中，虚函数是说明相同的函数

7. 下列各种类中，不能定义对象的类是（　　　）。

    A. 派生类   B. 抽象类   C. 嵌套类   D. 虚基类

8. 下列关于抽象类的描述中，错误的是（　　　）。

    A. 抽象类中至少应该有一个纯虚函数

    B. 抽象类可以定义对象指针和对象引用

    C. 抽象类通常用作类族中最顶层的类

    D. 抽象类的派生类必定是具体类

9. 一个类的层次结构中，定义有虚函数，并且都是公有继承，在下列情况下，实现动态联编的是（　　　）。

    A. 使用类的对象调用虚函数

    B. 使用类名限定调用虚函数，其格式如下：<类名>::<虚函数名>

    C. 使用构造函数调用虚函数

    D. 使用成员函数调用虚函数

10. 下列关于动态联编的描述中，错误的是（　　　）。

    A. 动态联编是函数联编的一种方式，它是在运行时来选择联编函数的

    B. 动态联编又可称为动态多态性，它是 C++语言中多态性的一种重要形式

    C. 函数重载和运算符重载都属于动态联编

    D. 动态联编只是用来选择虚函数的

9.3 填空题

1. C++语言多态性主要表现在动态联编、_____重载和_____重载。

2. 运算符重载函数的两种主要方式是_____函数和_____函数。

3. 静态联编支持的多态性称为_____多态性，它是在_____时进行的；动态联编支持的多态性称为_____多态性，它是在_____时进行的。

4. 虚函数是一种＿＿＿＿＿成员函数。说明方法是在函数名前加关键字＿＿＿＿＿。虚函数具有
＿＿＿＿性，在基类中被说明的虚函数，具有相同说明的函数在派生类中自然是虚函数。

5. 含有＿＿＿＿＿的类称为抽象类。它不能定义对象，但可以定义＿＿＿＿＿和＿＿＿＿＿。

9.4　分析下列程序的输出结果

1.
```cpp
#include <iostream.h>
class Matrix
{
  public:
    Matrix(int r,int c)
    {
      row=r;
      col=c;
      elem=new double[row*col];
    }
    double & operator ()(int x,int y)
    { return elem[x*col+y]; }
    ~Matrix()
    { delete []elem; }
    void print(int i)
    { cout<<elem[i]; }
  private:
    double *elem;
    int row,col;
};
void main()
{
    Matrix m(3,4);
    for(int i=0;i<3;i++)
      for(int j=0;j<4;j++)
        m(i,j)=4*i+j;
    for(i=0;i<3;i++)
      for(int j=0;j<4;j++)
      {
        m.print(4*i+j);
        cout<<"  ";
      }
    cout<<endl;
}
```

2.
```cpp
#include <iostream.h>
class A
{
  public:
    virtual void fun()
    { cout<<"A::fun() called.\n"; }
};
class B:public A
{
  void fun()
  { cout<<"B::fun() called.\n"; }
};
void ffun(A *pa)
```

```
{
    pa->fun();
}
void main()
{
    A *pa=new A;
    ffun(pa);
    B *pb=new B;
    ffun(pb);
}
```

3.

```
#include <iostream.h>
class A
{
  public:
    A()
    { ver='A'; }
    virtual void print()
    { cout<<"The A version "<<ver<<endl; }
  protected:
    char ver;
};
class B1:public A
{
  public:
    B1(int i)
    { info=i;ver='B'; }
    void print()
    { cout<<"The B1 info: "<<info<<" version "<<ver<<endl; }
  private:
    int info;
};
class B2:public A
{
  public:
    B2(int i)
    { info=i; }
    void print()
    { cout<<"The B2 info: "<<info<<" version "<<ver<<endl; }
  private:
    int info;
};
class B3:public B1
{
  public:
    B3(int i):B1(i)
    { info=i;ver='C'; }
    void print()
    { cout<<"The B3 info: "<<info<<" version "<<ver<<endl; }
  private:
    int info;
};
void print_info(A *pa)
{
    pa->print();
```

```
}
void main()
{
    A a;
    B1 b1(14);
    B2 b2(88);
    B3 b3(65);
    print_info(&a);
    print_info(&b1);
    print_info(&b2);
    print_info(&b3);
}
```

4.
```
#include <iostream.h>
class B
{
  public:
    virtual void fun1()
    { cout<<"B::fun1().\n"; }
    virtual void fun2()
    { cout<<"B::fun2().\n"; }
    void fun3()
    { cout<<"B::fun3().\n"; }
    void fun4()
    { cout<<"B::fun4().\n"; }
};
class D:public B
{
  public:
    void fun1()
    { cout<<"D::fun1().\n"; }
    void fun2()
    { cout<<"D::fun2().\n"; }
    void fun3()
    { cout<<"D::fun3().\n"; }
    void fun4()
    { cout<<"D::fun4().\n"; }
};
void main()
{
    B *pb;
    D d;
    pb=&d;
    pb->fun1();
    pb->fun2();
    pb->fun3();
    pb->fun4();
}
```

5.
```
#include <iostream.h>
class A
{
  public:
    A()
    { cout<<"In A cons.\n"; }
```

```
        virtual ~A()
        { cout<<"In A des.\n"; }
        virtual void f1()
        { cout<<"In A f1().\n"; }
        void f2()
        { f1(); }
};
class B:public A
{
  public:
    B()
    { f1();cout<<"In B cons.\n"; }
    ~B()
    { cout<<"In B des.\n"; }
};
class C:public B
{
  public:
    C()
    { cout<<"In C cons.\n"; }
    ~C()
    { cout<<"In C des.\n"; }
    void f1()
    { cout<<"In C f1().\n"; }
};

void main()
{
    A *pa=new C;
    pa->f2();
    delete pa;
}
```

6.
```
#include <iostream.h>
class A
{
  public:
    virtual void print()=0;
};
class B:public A
{
  public:
    void print()
    { cout<<"In B print().\n"; }
};
class C:public B
{
  public:
    void print()
    { cout<<"In C print().\n"; }
};
void fun(A *pa)
{
    pa->print();
}
```

```
void main()
{
    A *pa;
    B b;
    C c;
    pa=&b;
    fun(pa);
    pa=&c;
    fun(pa);
}
```

9.5　编程题

1. 编程求圆、圆内接正方形和圈外切正方形的面积和周长。要求使用抽象类。

2. 在类的多层次继承结构中，类之间哪些函数是按作用域规则处理的？哪些函数是按多态性规则处理的？试编程说明之。

9.6　简单回答下列问题

1. 运算符重载使用成员函数方法和友元函数方法是否都可以？并且是没有区别的？

2. 运算符重载实际上通过函数来重新定义运算符的功能，运算符重载的功能直接通过函数调用是否可以？

3. 多态性中对函数的选择从时间上来区分有哪两种方式？

4. 有虚函数是否就一定是动态联编？非虚函数是否就一定是静态联编？

5. 在多层次的继承结构中，基类与派生类中存在着虚函数，这时调用虚函数就一定实现动态联编吗？

上机指导 9

9.1　上机要求

1. 学会重载运算符的方法，以及如何定义重载运算符和如何使用重载运算符。

2. 认识动态联编是 C++语言中多态性的重要体现。动态联编是通过虚函数来实现的，但是存在虚函数不一定就实现动态联编。通过上机调试搞清楚：什么情况下有了虚函数才能实现动态联编？

3. 熟悉纯虚函数和抽象类的概念。掌握使用抽象类作多层次继承结构中的顶层类的方法。上机试试，纯虚函数和空虚函数的作用是否相同？可以用空虚函数代替纯虚函数吗？

9.2　上机练习题

1. 上机调试本章例 9.4 程序，回答所提出的问题。

2. 上机调试本章例 9.5 程序，将调试结果与分析结果进行比较。

3. 上机调试本章例 9.7 程序，并回答所提出的思考题。

4. 上机调试本章例 9.8 中，成员函数 Print()说明为虚函数的输出结果，并进行比较。

5. 上机调试本章例 9.9 程序，并按所提出的各种要求修改程序，并回答所提出的问题。

6. 上机调试本章例 9.10 程序，并按所提出的要求进行调试，并回答所提出的问题。

7. 上机调试本章例 9.11 程序，并回答所提出的问题。

8. 上机调试练习题 9.4 中的 6 个程序，将调试结果与分析结果进行比较。

9. 上机调试练习题 9.5 中的两道编程题。

第10章
C++语言文件的输入/输出操作

C++语言的输入/输出操作是由它所提供的 I/O 流类库来实现的。该类库中提供各种数据流的输入/输出操作。

本章介绍下面 2 个方面的数据流的输入/输出操作：

① 标准文件的输入/输出操作；

② 磁盘文件的输入/输出操作。

这些操作功能都是由 I/O 流类库所提供的。

10.1　I/O 流类库概述

I/O 流类库提出了输入/输出流的操作，本节介绍该类库所提供的常用操作。

10.1.1　输入/输出流

数据的传送被看成像流水一样，从一处流向另一处，数据的传递被称为数据流。数据流中流动是字节序列。

数据流按其流向可分为输入流和输出流两种。输入流指的是字节流从输入设备流向内存，例如，从键盘或磁盘上传送到内存的数据都是通过输入流。输出流指的是字节流从内存流向输出设备，例如，将内存数据显示在屏幕上或存放在磁盘中都是通过输出流。输入流和输出流中的内容可以是 ASCII 字符、二进制数据等各种形式的信息。

输入流和输出流都是带有内存缓冲区的。例如，以键盘上输入的数据先被存放在内存中的键盘缓冲区中，当按回车键时，键盘缓冲区的数据才形成 cin 流，再使用提取符（>>）将提取的数据传送到程序中的有关变量。使用 cout 流和插入符（<<）向屏幕输出数据也是同样，先将要输出显示的数据存放到内存的输出缓冲区中，直到缓冲区满了或遇到回车键时，才将缓冲区的数据传送到显示器屏幕上。

在 C++语言中，将输入流和输出流都分别定义为类，这些类放在 C++语言的 I/O 流类库中，使用它们定义的对象称为流对象。例如，cin 和 cout 都是流对象，它们是系统为标准设备键盘和显示器屏幕定义的流对象。

10.1.2　I/O 流类库的主要功能

下面分两部分来介绍该库的部分主要功能。

1. 通用 I/O 流类库

图 10.1 所示描述了通用 I/O 流类库的主要类结构。

图 10.1 中，ios 是抽象基类，它提供了一些有关流状态设置功能，如格式 I/O 的标志字符。istream 类是 ios 类的派生类，它提供了从输入流中提取数据的操作。ostream 类也是 ios 类的派生类，它提供了向输出流中插入数据的操作。iostream 类综合了 istream 和 ostream 类的行为，提供了输入/输出操作。streambuf 类是为 ios 类及其派生类提供对数据的缓冲支持。使用这些功能时应包含头文件 iostream.h。

2. 文件 I/O 流类库

图 10.2 所示描述了有关文件的输入/输出流类的结构，它们提供了有关磁盘文件的所有操作。

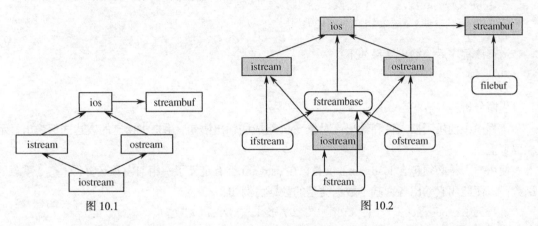

图 10.1　　　　　　　　　　　　　　　　　图 10.2

图 10.2 中，fstreambase 类是一个公共基类，它有两个直接派生类：ifstream 类和 ofstream 类。ifstream 类的功能是对文件实现提取操作，即读操作，ofstream 类的功能是对文件实现插入操作，即写操作。fstream 类是从 fstreambase 类和 iostream 类中派生出来的，它提供了对文件的提取和插入操作，即读写操作。filebuf 类是从 streambuf 类派生的，用来作为文件读写操作类的缓冲支持。使用有关文件读写操作时，应包含 fstream.h 文件。

10.2　标准文件的输入/输出操作

标准文件是指标准输入文件键盘和标准输出文件显示屏幕。为了使用户对标准设备的操作更加方便，在 iostream.h 头文件中定义了标准文件输入/输出流的 4 个标准流对象：

- cin 是 istream 类的对象，用来处理标准输入，即键盘输入；
- cout 是 ostream 类的对象，用来处理标准输出，即屏幕输出；
- cerr 是 ostream 类的对象，用来处理标准错误信息，它提供不带缓冲区的屏幕输出；
- clog 是 ostream 类的对象，用来处理输出信息，它提供打印机输出。

10.2.1　屏幕输出操作

屏幕输出操作有如下几种方法，逐一介绍。

1. 使用预定义的插入符

这是一种最简单的，也是最常用的方式。其格式如下：

```
cout << 〈表达式〉
```

其中，<<是预定义的重载运算符，cout 是标准输出设备的流对象名，〈表达式〉是待输出的表达式。上述表达式的功能是将<<右边的〈表达式〉的值输出显示到<<左边的流对象上，即在屏幕上显示其〈表达式〉的值。

【例 10.1】 分析下列程序的输出结果。

程序内容如下：

```
#include <iostream.h>
#include <string.h>
void main()
{
    cout<<"This is a string."<<endl;
    cout<<strlen("This is a string.")<<endl;
}
```

运行该程序后，输出结果如下：

```
This is a string.
17
```

程序分析：

该程序中使用了插入符和输出流对象 cout 组成的输出语句，用来将指定的表达式值输出显示在屏幕上。

使用插入符必须包含 iostream.h 文件，在 ostream 类有定义了一组对左移运算符（<<）重载的函数，以便能用它输出各种基本数据类型的数据。例如，

```
ostream & operator << (int);        //向输出流插入 int 型数据
ostream & operator << (char);       //向输出流插入 char 型数据
ostream & operator << (double);     //向输出流插入 double 型数据
ostream & operator << (char *);     //向输出流插入字符串
```

等等。

在下述语句中，

```
cont << "string";
```

实际上调用如下函数

```
cout.operator << ("string");
```

于是，选择了参数为 char *的重载运算符函数，将字符串"string"插入到 cout 流对象中，该函数返回是 ostream 类的对象引用，因此可以连续使用插入符输出多个表达式的值。

使用时应注意优先级的问题。例如，

```
cout << i > j ? i:j << endl;
```

在编译时将会出错，其原因在于插入符（<<）的优先级高于三目运算符（?:），因此上述语句应该写成下述形式：

```
cout << ( i>j ? i:j ) << endl;
```

【例 10.2】 分析下列程序的输出结果。

程序内容如下：

```
#include <iostream.h>
void fun(int,int);
void main()
{
    fun(20,0);
    fun(205,5);
```

```
   }
   void fun(int i,int j)
   {
      if(j==0)
        cerr<<"zero encountered.\n";
      else
        cout<<i/j<<endl;
   }
```

运行该程序后，输出结果如下：

```
zero encountered.
41
```

程序分析：

在该程序中，出现了下列语句：

```
cerr << "zero encountered. \n " ;
```

该语句也是一种输出显示语句，cerr 是输出流对象，将有关出错信息插入到该流对象中，它将这些信息显示在屏幕上。

2. 使用成员函数 put()输出一个字符

ostream 类中提供了专门用来输出一个字符的成员函数 put()。其使用格式如下：

```
ostream & <流对象名>.put (char c);
```

例如，

```
cout.put ( 'd ' )
```

将一个字符'd'输出显示到屏幕上。

put()函数的参数可以是一个字符变量，也可以是一个字符常量，还可以是一个字符的 ASCII 码值，即 int 型数值。

【例 10.3】分析下列程序的输出结果。

程序内容如下：

```
#include <iostream.h>
void main()
{
   cout<<'H'<<'E'<<'L'<<'L'<<'O'<<endl;
   cout.put('H').put('E').put('L').put('L').put('O').put('\n');
   char c1='A',c2='B';
   int a=65;
   cout.put(c1).put(c2)<<endl;
   cout.put(char(a)).put(char(66))<<endl;
}
```

运行该程序后，输出结果如下：

```
HELLO
HELLO
AB
AB
```

程序分析：

该程序中使用了成员函数 put()输出一个字符。该成员函数返回为 ostream 类的对象引用，因此它可以连续使用，像该程序中所出现的情况。它也可以与插入符同时使用。例如，

```
out.put ('A')<<'B'<<endl;
```

3. 使用成员函数 write()输出一个字符串

I/O 流类库中提供一个输出字符串的函数 write()。其格式如下：

```
cout.write (const char *str, int n)
```

其中，参数 str 是用来存放字符串的字符指针名或字符数组名。n 是用来指定输出字符串中字符个数的 int 型数。该函数的功能是将存放字符数组中的字符串输出指定的字符个数到某个输出流类对象中。这里 cout 是显示屏幕。

【例 10.4】 分析下列程序的输出结果。

程序内容如下：

```cpp
#include <iostream.h>
#include <string.h>
void print(char *s)
{
    cout.write(s,strlen(s)).put('\n');
    cout.write(s,6)<<endl;
}
void main()
{
    char *str="I love China.";
    cout<<"The string is "<<str<<endl;
    print(str);
}
```

运行该程序后，输出结果如下：

```
The string is I love China.
I love China.
I love
```

程序分析：

该程序中使用了成员函数 write() 输出字符串，使用时注意该函数的两个参数的用法和调用该函数的输出流对象。

10.2.2　键盘输入操作

键盘输入操作有如下几种方法。

1. 使用预定义的提取符

键盘设备的输入流对象系统规定为 cin，提取符是右移运算符（>>）的重载运算符，其使用格式如下：

```
cin >> 〈变量名〉
```

通过该表达式可以使其〈变量名〉从键盘获取数据。该运算符也可以连用，可使若干变量从键盘上获取值。使用提取符（>>）从输入流中获取数据时通常跳过输入流中的空白符。

从键盘上输入数据是带缓冲区的，输入完数据按回车键时才形成输入流。

输入流中数据项的默认分隔符为空白符。例如，

```
int i, j;
cin >> i> j;
```

这时，从键盘上输入两个 int 型数 15 和 20，之间使空白符分隔，通常用空格符。

```
15  20 ↙
```

回车键表示输入结束。这时，变量 i 获取值为 15，变量 j 获取值为 20。

当无法从输入流中提取数据时，输入流 cin 将处于出错状态，并结束输入操作。例如，在前例中，当输入为如下情况时，

```
2  xy ↙
```

变量 i 获取整数 2，变量 j 无法提取 x，于是提取操作失败。这时 cin 的值为 0，否则 cin 正常提取时为非 0。

【例 10.5】分析下列程序的输出结果。

程序内容如下：

```
#include <iostream.h>
void main()
{
    int i,j;
    cout<<"Enter i j: ";
    cin>>i>>j;
    cout<<cin<<endl;
    cout<<i<<','<<j<<endl;
}
```

请按下列要求输入 4 组数据，观察输出结果的不同，并解释其原因。

（1）<u>25　31</u>✓

（2）<u>25　3xy</u>✓

（3）<u>4x　5y</u>✓

（4）<u>30　x40</u>✓

【例 10.6】使用提取符从键盘上获取整数，判断该数是大于 0、小于 0 还是等于 0，当输入非整数时退出程序。

程序内容如下：

```
#include <iostream.h>
void main()
{
    int n;
    cout<<"Enter a integer: ";
    while(cin>>n)
    {
        if(n>0)
            cout<<"n>0\n";
        else if(n<0)
            cout<<"n<0\n";
        else
            cout<<"n=0\n";
    }
    cout<<"no integer!\n";
}
```

该程序请读者自己上机调试，并获取结果。

2. 使用成员函数 get()获取一个字符

成员函数 get()可以从输入流中获取一个字符，并将它存放在指定的变量中。其格式如下：

```
char istream::get()
```

该函数返回值为 char 型，无参数，它是类 istream 的成员函数。

【例 10.7】分析下列程序输出结果，该程序中使用了 get()函数。

程序内容如下：

```
#include <iostream.h>
void main()
{
    char ch;
```

```
        cout<<"Enter charactors: ";
        while((ch=cin.get())!=EOF)
            cout.put(ch);
    }
```

运行该程序后，输入若干个字符，按回车键后，输出显示所输入的若干字符，按<Ctrl+Z>组合键结束程序。

该程序中 EOF 是符号常量，它被系统定义为-1，用来表示文件结束。通过循环语句，使用 get()函数将键盘缓冲区中的字符逐个读出存放在 ch 中。

成员函数 get()还有一种带有一个参数的形式，该形式的功能是将从输入流中读取的字符存放在参数指定的字符变量中。于是，例 10.7 程序中的循环语句可以写成下述形式：

```
while (cin.get(ch))
    cout.put(ch);
```

3. 使用成员函数 getline()读取一行字符

成员函数 getline()可从输入流中一次读取一行字符，其格式如下：

```
cin.getline(char *buf,int n,char deline='\n')
```

该函数有 3 个参数，buf 是一个用来存放字符串的字符数组或字符指针，n 是一个用来给定字符个数的整型数，最后一个参数是用来给出输入一行字符的终止标志字符，默认值为'\n'，可通过它来改变行终止符。

【例 10.8】分析下列程序的输出结果，该程序中使用了 getline()函数。

程序内容如下：

```
#include <iostream.h>
void main()
{
    char buf[80];
    int lcnt(0),lmax(-1);
    cout<<"Enter …:\n";
    while(cin.getline(buf,80))
    {
        int count=cin.gcount();
        lcnt++;
        if(count>lmax)
            lmax=count;
        cout<<"Line#"<<lcnt<<':'<<count<<endl;
        cout.write(buf,count).put('\n').put('\n');
    }
    cout<<"Largest line:"<<lmax<<endl;
    cout<<"Total line: "<<lcnt<<endl;
}
```

运行该程序后，显示如下提示信息：

```
Enter …
I am a teacher. ✓
Line # 1:16
I am a teacher.

you are a student. ✓
Line # 2:19
you are a student.

<Ctrl+Z> ✓
```

```
Largest line:19
Total line:2
```

程序分析：

该程序中出现了 gcount()函数，它是 istream 类中的一个成员函数，该函数的功能是返回上一次 getline()函数实际上读入的字符个数，包括空白符。

该程序中使用了 getline()函数，从键盘上读取一行字符，包括空格符。但是，该函数只能用来输入字符型数据。

4.　使用成员函数 read()读取若干字符

istream 类中还提供一个成员函数 read()，它可以从输入流中读取指定数目的字符，并存放到指定的地方。其格式如下：

```
cin.read (char *buf,int n)
```

该函数是从键盘上读取 n 个字符，存放在字符指针 buf 中。可使用成员函数 gcount()来统计上一次使用 read()函数读取的字符个数。

【例 10.9】分析下列程序的输出结果，该程序中使用了 read()函数。

程序内容如下：

```
#include <iostream.h>
void main()
{
    char buf[80]="";
    cout<<"Enter …:\n";
    cin.read(buf,80);
    cout<<buf<<endl;
}
```

运行该程序后，显示下述信息：

```
Enter…:
```

输入若干个字符串：

```
break✓
while✓
class✓
continue✓
<Ctrl+Z>✓
```

显示如下结果：

```
break
while
class
continue
```

请读者自己分析该程序的输出结果。

10.3　格式输出操作

前面介绍的输出操作没有指定输出格式，系统是根据输出数据的类型采取了默认的格式。但是，有时还需要按指定格式输出，例如改变默认的宽度或精度，按八进制或十六进制输出等。I/O流类库提供了两种格式输出的方法，以满足用户的输出格式的需要。

10.3.1 使用流对象的成员函数进行格式输出

该方法要使用 ios 类中定义的用来控制格式的标志位和用来设置格式的成员函数。

1. 控制输入/输出格式的标志位

用来控制输入/输出格式的标志位如表 10.1 所示。

表 10.1   ios 标志位

标 志 位	值	含 义	输入/输出
skipws	0x0001	跳过输入中的空白符	I
left	0x0002	输出数据按输出域左对齐	O
right	0x0004	输出数据按输出域右对齐	O
internal	0x0008	数据的符号左对齐，数据本身右对齐，符号和数据之间为填充符	O
dec	0x0010	转换基数为十进制形式	O
oct	0x0020	转换基数为八进制形式	I/O
hex	0x0040	转换基数为十六进制形式	I/O
showbase	0x0080	输出的数值数据前面带有基数符号（0 或 0x）	I/O
showpoint	0x0100	浮点数输出带有小数点	O
uppercase	0x0200	用大写字母输出十六进制数值	O
showpos	0x0400	正数前面带有"+"符号	O
scientific	0x0800	浮点数输出采用科学表示法	O
fixed	0x1000	使用定点数形式表示浮点数	O
unitbuf	0x2000	完成输入操作后立即刷新流的缓冲区	O
stdio	0x4000	完成输入操作后刷新系统的 stdout.stderr	O

2. 控制输出格式的成员函数

下面分别介绍一些用来控制输出格式的成员函数。

（1）设置标志字的成员函数

标志字是一个用来记录当前被设置的格式状态的数据成员，它是 long int 型数据。

- long flags()

该函数返回当前标志字。

- long flag(long)

该函数使用参数更新标志字，并返回更新前的标志字。

- long setf(long setbits, long field)

该函数用来将 field 参数所指定的标志位清零，将 setbits 参数的标志位置 1，并返回设置前的标志字。

- long setf(long)

该函数用来设置参数的指定的那些标志位，并返回更新前的标志字。

- long unsetf(long)

该函数用来清除参数所指定的那些标志位，并返回更新前的标志字。

（2）设置输出数据所占宽度的成员函数

- int width()

该函数用来返回当前输出的数据宽度。

- int width(int)

该函数用其参数设置当前输出的数据宽度，并返回更新前的宽度值。

（3）设置填充符的成员函数

- char fill()

该函数用来返回当前所用的填充符。

- char fill(char)

该函数用来设置当前的填充符为参数给定的字符，并返回更新前的填充符。

（4）设置浮点数输出精度的成员函数

- int precision()

该函数用来返回当前浮点数的有效数字的个数。浮点数的精度是用有效数字个数来表示的，其个数越大，表示精度越高。

- int precision(int)

该函数用来设置当前浮点数输出时有效数字个数为该函数所指定的参数值，并返回更新前的值。

下面给出在默认情况下的某些参数的值：

① 数据输出宽度默认情况下为实际宽度；

② 默认情况下空白符为空格符；

③ 单精度浮点数最多提供 7 位有效数字，双精度浮点数最多提供 15 位有效数字，长双精度浮点数最多提供 19 位有效数字。

另外，默认的整数格式为十进制，对齐方式为左对齐，浮点数默认输出为小数点式的。

【例 10.10】分析下列程序的输出结果。

程序内容如下：

```cpp
#include <iostream.h>
void main()
{
    cout<<"DEC: "<<85<<endl;
    cout.setf(ios::hex,ios::basefield);
    cout<<"HEX: "<<85<<endl;
    cout.setf(ios::showbase);
    cout<<"HEX: "<<85<<endl;
    cout.setf(ios::oct,ios::basefield);
    cout<<"OCT: "<<85<<endl;
    cout.setf(ios::dec,ios::basefield);
    cout<<"DEC: "<<85<<endl;
}
```

运行该程序后，输出结果如下：

```
DEC: 85
HEX: 55
HEX: 0x55
OCT: 0125
DEC: 85
```

程序分析：

该程序中出现了 basefield，它是 ios 类中定义的静态成员，其格式如下：

```
static const long basefield = del | oct | hex
```

类似的还有：

```
static const long adjustfield = left | right | internal
static const long floatfield = scientific | fixed
```

它们是为使用方便进行简化，分别表示数制标志位、对齐标志位和实数表示标志位的操作。

【例 10.11】分析下列程序输出结果，该程序用来练习格式输出。

程序内容如下：

```cpp
#include <iostream.h>
void main()
{
    cout<<"12345678901234567890"<<endl;
    int i=12345;
    cout<<i<<endl;
    cout.width(10);
    cout<<i<<endl;
    cout.width(10);
    cout.fill('*');
    cout.setf(ios::left,ios::adjustfield);
    cout<<i<<endl;
    cout.setf(ios::right,ios::adjustfield);
    cout.precision(6);
    double d=123.456789;
    cout<<d<<endl;
    cout.setf(ios::scientific,ios::floatfield);
    cout<<d<<endl;
    cout<<"width: "<<cout.width()<<endl;
}
```

运行该程序后，输出结果如下：

```
12345678901234567890
12345
     12345
12345*****
123.457
123.4568e+002
width:0
```

该程序的输出结果由读者自己分析。

10.3.2   使用控制符进行格式输出

使用控制符进行格式输出比前边介绍的方法简单，这些控制符可以直接插入到输出流中，直接被插入符操作。但是，有些控制符没有的功能还需使用前边讲过的成员函数的方法。表 10.2 中给出了 I/O 流类库中定义的控制符。使用这些控制符时需包含 iomarip.h 头文件。

表 10.2   流类库所定义的操作子

操 作 子 名	含 义	输入/输出
dec	数值数据采用十进制表示	I/O
hex	数值数据采用十六进制表示	I/O
oct	数值数据采用八进制表示	I/O

续表

操作子名	含　义	输入/输出
setbase(int n)	设置数制转换基数为 n（n 为 0，8，10，16） 0 表示使用默认基数	I/O
ws	提取空白符	I
ends	插入空字符	O
flush	刷新与流相关联的缓冲区	O
resetiosflags(long)	清除参数所指定的标志位	I/O
setiosflags(long)	设置参数所指定的标志位	I/O
setfill(int)	设置填充字符	O
setprecision(int)	设置浮点数输出的有效数字个数	O
setw(int)	设置输出数据项的域宽	O

【例 10.12】分析下列程序的输出结果。该程序中使用了一些控制符进行格式输出。

程序内容如下：

```
#include <iostream.h>
#include <iomanip.h>
void main()
{
    cout<<"12345678901234567890"<<endl;
    int i=12345;
    cout<<i<<endl;
    cout<<setw(10)<<i<<endl;
    cout<<resetiosflags(ios::right)<<setiosflags(ios::left)
       <<setfill('*')<<setw(10)<<i<<endl;
    double d=123.456789;
    cout<<setfill(' ')<<setprecision(6)<<setw(10)<<d<<endl;
    cout.setf(ios::scientific,ios::floatfield);
    cout<<d<<endl;
    cout<<"width: "<<cout.width()<<endl;
}
```

运行该程序后，获得的输出结果与例 10.11 相同，请读者自己分析。

10.4　磁盘文件的操作

标准文件操作可以直接进行读写，而不需要打开文件和关闭文件，实际上打开文件和关闭文件是系统自动进行的。这节讲述的磁盘文件操作包含如下 3 个方面：

① 打开文件和关闭文件的操作；

② 读/写操作；

③ 定位读/写指针操作。

10.4.1　打开文件和关闭文件操作

1．打开文件操作

打开文件通常分为两步：先创建流对象，再使用成员函数 open()打开指定的文件。这两步也可以合在一起，这时可省略打开函数的名字。

创建流对象又可分两种情况，一种情况是创建 fstream 类的对象，另一种情况是创建 ifstream 类或 ofstream 类的对象，这时可省略访问方式这个参数。

（1）通过创建 fstream 类对象打开文件的方法

方法一：先创建对象，再打开文件

格式如下：

```
fstream 〈对象名〉;
〈对象名〉.open("〈文件名〉", 〈访问方式〉);
```

其中，打开函数 open() 有两个参数，一个参数是用双撇号括起来的〈文件名〉，它是被打开文件的全名，必要时应写出路径名；另一个参数是〈访问方式〉，它包含读、写、又读又写、二进制数模式等。关于访问方式的种类及解释，如表 10.3 所示。

表 10.3　　　　　　　　　　　　　文件访问方式常量

方　式　名	用　　途
in	以输入（读）方式打开文件
out	以输出（写）方式打开文件
app	以输出追加方式打开
ate	文件打开时，文件指针位于文件尾
trunc	如果文件存在，将其长度截断为 0，并清除原有内容；如果文件不存在，则创建新文件
binary	以二进制方式打开文件，默认时为文本方式
nocreate	打开一个已有文件，如该文件不存在，则打开失败
noreplace	如果文件存在，除非设置 ios::ate 或 ios::app，否则打开操作失败
ios::in|ios::out	以读和写的方式打开文件
ios::out|ios::binary	以二进制写方式打开文件
ios::in|ios::binary	以二进制读方式打开文件

例如，打开一个文本文件 file1.txt，它存放在当前目录下，打开的方式为输出，即写，其格式如下：

```
fstream outfile;
outfile.open ("file1.txt", ios::out);
```

其中，outfile 是创建的类 fstream 的对象名。

方法二：创建对象和打开文件合二为一

其格式如下：

```
fstream 〈对象名〉 ("〈文件名〉", 〈访问方式〉);
```

与前面方法相比较，省略了打开函数的名字 open。

例如，以读方式打开一个当前目录下的 C++ 语言源程序 fiel2.cpp。

```
fstream infile("file2.cpp", ios::in);
```

其中，infile 是 fstream 类的对象名。

（2）通过创建 istream 类对象或 ostream 类对象打开文件的方法

方法一：先创建对象，再打开文件

格式如下：

```
ofstream <对象名>;
<对象名>.open ("<文件名>");
```

或者

```
ifstream<对象名>;
<对象名>.open("<文件名>");
```

　　方法二：创建对象同时打开文件

　　格式如下：

```
ofstream <对象名> ("<文件名>");
```

或者

```
ifstream <对象名> ("<文件名>");
```

2．关闭文件

　　打开的文件使用完毕后，要及时关闭。这样做不仅可以保护文件，还可以释放内存空间，提高运行效率。关闭文件时，使用成员函数 close()，该函数没有参数。其格式如下：

```
<对象名>.close();
```

其中，<对象名>是要关闭的输入/输出流对象的名字。例如，前边曾用对象 outfile 打开过文件，关闭打开的文件时，可使用如下语句：

```
outfile.close();
```

10.4.2　文件的输入/输出操作

　　磁盘文件被打开后，通常要进行的操作便是读写操作。C++语言不仅可以对文本文件进行操作，而且还可以对二进制文件进行操作。

1．文本文件的读写操作

　　在文本文件的读写操作之前，要先打开文件，打开文件时应先创建流对象，打开文件时应指出文件名和访问方式，文件打开后才可以进行读写操作，操作完毕后还要关闭文件。下面通过一个具体例子来讲述其操作过程。这里应指出的是磁盘文件的读写操作与标准文件的读写操作是相同的，前边在对标准文件讲述的读写函数对磁盘文件都适用。

　　【例 10.13】编程将一些字符信息写入到指定的文件中。

　　程序内容如下：

```
#include <iostream.h>
#include <fstream.h>
#include <stdlib.h>
void main()
{
  fstream out;
  out.open("f1.txt",ios::out);
  if(!out)
  {
    cerr<<"f1.txt can't open.\n";
    abort();
  }
  out<<"this is a string.\n";
  out<<"this is a program.\n";
  out<<"ok!\n";
```

```
    out.close();
  }
```

运行该程序后，创建了一个文件，名为 f1.txt，并且向该文件写入了 3 行字符，它们分别是：

```
this is a string.
this is a program.
ok!
```

程序中，创建的流对象名 out，用来向打开的文件 f1.txt 中插入若干字符。在文件打开后，总是习惯于先判断一下文件打开是否成功，判断方法是使用 if 语句，如程序中下述语句所示：

```
if (!out)
{
  cerr<<"f1.txt can't open. \n";
  abort();
}
```

当对象 out 值为 0 时，表明文件没有正常打开，这时执行该 if 体，输出显示出错信息，然后通过执行 abort()语句退出该程序。abort()函数存放在 stdlib.h 中，因此需包含头文件 stdlib.h。

【例 10.14】编程从一个文本文件中读出的存放的信息。

程序内容如下：

```
#include <iostream.h>
#include <fstream.h>
#include <stdlib.h>
void main()
{
  fstream in;
  in.open("f1.txt",ios::in);
  if(!in)
  {
    cerr<<"f1.txt can't open.\n";
    abort();
  }
  char s[80];
  while(!in.eof())
  {
    in.getline(s,sizeof(s));
    cout<<s<<endl;
  }
  in.close();
}
```

运行该程序后，屏幕上将显示出从 f1.txt 文件中读出的信息，如下所示：

```
this is a string.
this is a program.
ok!
```

程序分析：

该程序中使用了 eof()函数，该函数表示文件结束。当该函数的值为非零时，表示文件结束，即遇到文件结束符；该函数值为零时，表示文件没有结束。该程序中使用下述表达式作为 while 循环的条件表达式：

```
!in.eof()
```

表明该表达式值为非零时，即 eof()函数值为 0，文件尚未结束，继续执行循环体；该表达式值为 0 时，即 eof()值为 1，文件结束，则退出 while 循环。

eof()函数是一个很有用的成员函数，文件操作的程序中会经常使用。

【**例 10.15**】编程将一个文件的内容复制到另一个文件中。

程序内容如下：

```cpp
#include <iostream.h>
#include <fstream.h>
#include <stdlib.h>
void main()
{
   fstream infile,outfile;
   infile.open("f2.txt",ios::in);
   if(!infile)
   {
      cerr<<"f2.txt can't open.\n";
      abort();
   }
   outfile.open("f3.txt",ios::out);
   if(!outfile)
   {
     cerr<<"f3.txt can't open.\n";
     abort();
   }
   char ch;
   while(infile.get(ch))
      outfile.put(ch);
   infile.close();
   outfile.close();
}
```

运行该程序后，则将文件 f2.txt 的内容复制到 f3.txt 中。

2.　二进制文件的读写操作

二进制文件的读写操作与文本文件的读写操作基本相同，所不同的仅在于对二进制文件来说打开时需要加上 ios::binary 方式。另外，用于二进制文件读写函数通常使用 read()函数和 write()函数。

【**例 10.16**】分析下列程序的输出结果，熟悉二进制文件的使用方法。

程序内容如下：

```cpp
#include <iostream.h>
#include <fstream.h>
#include <stdlib.h>
struct person
{
   char name[20];
   double height;
   unsigned short age;
};
struct person people[5]={"Li",1.88,35,"Hu",1.91,25,"Gao",1.75,33,"Mao",1.72,32,
            "Lu",1.69, 50};
void main()
{
   fstream file;
   file.open("f5.dat",ios::in|ios::out|ios::binary);
   if(!file)
   {
     cerr<<"f5.dat can't open.\n";
     abort();
   }
```

```
for(int i(0);i<5;i++)
    file.write((char *)&people[i],sizeof(people[i]));
file.seekp(0,ios::beg);
for(i=0;i<5;i++)
{
    file.read((char *)&people[i],sizeof(people[i]));
    cout<<people[i].name<<'\t'<<people[i].height<<'\t'<<people[i].age<<endl;
}
file.close();
}
```

运行该程序后，输出结果如下：

```
Li      1.88    35
Hu      1.91    25
Gao     1.75    33
Mao     1.72    32
Lu      1.69    50
```

程序分析：

在该程序中定义了一个结构数组 people，它有 5 个元素，每个元素是结构类型 person 的结构变量。程序中打开一个文件，其打开方式如下所示：

```
ios::in | ios::out | ios::binary
```

这是 3 种打开方式的按位相与。被打开的文件可读可写又是二进制文件。

接下来的操作是向被打开的文件中使用 write()函数写入结构数组 people 的 5 个元素，再用 seekp()函数将文件的写指针移至文件头，再使用 read()函数从文件中读出所写入的数据，通过 for 循环语句，每次循环读取 people 数组的一个元素，并将该元素的 3 个成员显示在屏幕上。

最后，关闭该文件。

10.4.3　随机文件操作

C++语言的文件多数情况下采用前面介绍的顺序读取方式。但是，有时也可以采用随机读取方式，在随机读取方式中，除了要使用前边讲过的打开、关闭文件的函数和读写数据的函数外，还要使用定位读、写指针的函数。

下面介绍 C++语言中所提供的定位读、写指针的函数。定位读、写指针的成员函数共分两组。

① 在类 istream 中定义的定位读指针的成员函数有如下几种：

- istream & istream::seekg (〈流中位置〉)；
- istream & istream::seekg(〈偏移量〉,〈参照位置〉)；
- long int & istream::tellg()；

② 在类 ostream 中定义的定位写指针的成员函数有如下几种：

- ostream & ostream::seekp(〈流中位置〉)；
- ostream & ostream::seekp(〈偏移量〉,〈参照位置〉)；
- long int ostream::tellp()；

上述两组成员函数的功能及用法描述如下：

seekg()和 seekp()函数分别是用来移动文件的读指针和写指针的位置。指定位置的方法有两种：使用一个参数的成员函数时，直接给出相对于文件头的〈流中位置〉，该参数是 long int 型的字节数；使用两个参数的成员函数时，前一个参数给出〈偏移量〉，是一个 long int 型的字节数，后一个参数是〈相对位置〉，它具有下述含义：

cur=1　　　　　// 相对于当前读/写指针所指的位置

beg=0　　　　　// 相对于文件头的位置

end=2　　　　　// 相对于文件尾的位置

例如，假定 input 为类 istream 的流对象，

```
input.seekg(450);                   // 表示将读指针移至文件头后 450 字节处
input.seekg(-50,ios::end);          // 表示将读指针移至文件尾前 50 个字节处
input.seekg(80,ios::cur);           // 表示将读指针移至当前位置后（文件尾方向）80 个字节处
input.seekg(100,ios::beg);          // 表示将读指针移至文件头后 100 个字节处
```

tellp()和 tellg()成员函数是用来返回当前文件写指针或读指针距文件头的字节数。这两个成员函数无参数，返回值为 long int 型量。

使用上述成员函数便可以实现文件的随机操作。

【例 10.17】分析下列程序的输出结果，学会文件的随机操作。

程序内容如下：

```
#include <iostream.h>
#include <fstream.h>
void main()
{
    fstream file("f6.dat",ios::in|ios::out|ios::binary);
    for(int i(1);i<=10;i++)
        file.write((char *)&i,sizeof(int));
    long int pos=file.tellp();
    cout<<pos<<endl;
    for(i=11;i<=20;i++)
        file.write((char *)&i,sizeof(int));
    file.seekg(pos);
    file.read((char *)&i,sizeof(int));
    cout<<"The data stored is "<<i<<endl;
    file.seekp(-4,ios::end);
    file.read((char *)&i,sizeof(int));
    cout<<"The data stored is "<<i<<endl;
    cout<<file.tellp()<<endl;
    file.close();
}
```

运行该程序后，输出结果如下：

```
40
The data stored is 11
The data stored is 20
80
```

程序分析：

该程序是对于文件进行随机操作的程序。

在该程序中，除了使用文件打开和关闭函数外，还使用了 write()和 read()读/写函数，又使用了定位读/写指针函数 seekp()、seekg()和 tellp()。通过该程序应熟悉对读/写指针定位函数的使用。

练习题 10

10.1　判断题

1．C++语言提供的文件操作包含文本文件和二进制文件。

2．预定义的提取符和插入符不可以再重载。

3．C++语言中的读写函数，不仅可用于标准文件，也可用于磁盘文件。

4．使用插入符输出一个字符串与使用 write()成员函数输出一个字符串是没有差别的。

5．使用成员函数 put()一次可写入一个字符串。

6．读取一个字符的成员函数 get()是不可以带参数的。

7．读取一行字符的成员函数 getline()具有一个默认的参数值'\n'。

8．使用 read()成员函数一次只能读取一行字符。

9．输出数据的默认对齐方式是右对齐。

10．使用流对象的成员函数进行格式输出要比使用控制符进行格式输出复杂些，因为成员函数需要对象调用，而控制符可直接使用。

11．在非标准文件操作中，应该先定义流对象，再打开文件，必须使用 open()函数。

12．关闭打开的文件时使用成员函数 close()，该函数无参数。

13．进行二进制文件操作时，在打开文件方式中增加 ios::binary 选项。

14．在定位文件的读/写指针的操作中，只能向增加字节数的方向移动，不能向减少字节数的方向移动。

15．C++语言的文件操作中，既可以顺序读写，又可以随机读写。

16．读/写指针相关函数 tellp()的返回值是一个 long int 型数，这表示当前读指针距文件尾的字节数。

17．在文件操作中，通常使用打开文件的流对象的值来判断打开文件是否成功。

18．文件结束函数 eof()返回值为 0 时，表示文件结束。

10.2 单选题

1．C++语言程序中进行文件操作时应包含的头文件是（　　）。

    A．fstream.h   B．math.h   C．stdlib.h   D．strstrea.h

2．C++语言程序中进行字符串流操作时应包含的头文件是（　　）。

    A．fstream.h   B．math.h   C．stdlib.h   D．strstrea.h

3．C++语言程序中使用控制符进行格式输出时应包含的头文件是（　　）。

    A．fstream.h   B．iomanip.h   C．math.h   D．strstrea.h

4．下列各语句是输出字符'A'的，其中错误语句是（　　）。

    A．cout<<'A';   B．cout.put('A');

    C．char ch='A';cout<<ch;   D．cout<<put('A');

5．在 ios 类中提供的控制格式的标志位中，八进制形式的标志位是（　　）。

    A．hex   B．dec   C．oct   D．basefield

6．在打开磁盘文件的访问方式常量中，用来以追加方式打开文件的是（　　）。

    A．in   B．out   C．ate   D．app()

7．在下列读写函数中，进行写操作的函数是（　　）。

    A．get()   B．read()   C．put()   D．getline()

8．已知文本文件 abc.txt，以读方式打开，下列的操作中错误的是（　　）。

    A．fstream infile ("abc.txt", ios::in);

    B．ifstream infile ("abc.txt");

    C．ofstream infile ("abc.txt");

　　D．fstream infile; infile.open("abc.txt", ios::in);

9．已知：ifstream input;下列写出的语句中，将 input 流对象的读指针移到距当前位置后（文件尾方向）100 个字节处的语句是（　　　　）。

A．input.seekg(100,ios::beg);　　　　　　　B．input.seekg(100,ios::cur);

C．input.seekg(–100,ios::cur);　　　　　　D．input.seekg(100,ios::end);

10.3　填空题

1．在格式输出的标志字中，设置格式对齐位的有_____、_____和_____。

2．在格式输出中，设置和清除格式标志位的成员函数分别是_____和_____。

3．系统规定与标准设备对应的 4 个流对象是_____、_____、_____和_____。

4．在控制符中，用来指定八进制、十进制和十六进制的控制符分别是_____、_____和_____。

5．在定位读/写指针的带有两个参数的函数中，表示相对位置方式的 3 个常量是_____、_____和_____。

10.4　分析下列程序的输出结果

1.
```cpp
#include <iostream.h>
#include <iomanip.h>
void main()
{
    int a=234;
    cout<<oct<<a<<endl;
    cout<<hex<<a<<endl;
    cout<<dec<<a<<endl;
    cout<<setfill('*')<<setw(8)<<a<<"ok"<<endl;
    double b=1.234567;
    cout<<b<<endl;
    cout<<setw(8)<<setprecision(4)<<b<<endl;
}
```

2.
```cpp
#include <iostream.h>
#include <iomanip.h>
ostream &out1(ostream &outs)
{
  outs.setf(ios::left);
  outs<<setw(8)<<oct<<setfill('#');
  return outs;
}
void main()
{
    int a=123;
    cout<<a<<endl;
    cout<<out1<<a<<endl;
}
```

3.
```cpp
#include <iostream.h>
#include <iomanip.h>
void main()
{
    for(int i=1;i<6;i++)
```

```
        cout<<setfill(' ')<<setw(i)<<' '<<setfill('W')
            <<setw(11-2*i)<<'W'<<endl;
    }
```

4.

```cpp
#include <iostream.h>
#include <fstream.h>
#include <stdlib.h>
void main()
{
    fstream inf,outf;
    outf.open("my.dat",ios::out);
    if(!outf)
    {
        cout<<"Can't open file!\n";
        abort();
    }
    outf<<"abcdef"<<endl;
    outf<<"123456"<<endl;
    outf<<"ijklmn"<<endl;
    outf.close();
    inf.open("my.dat",ios::in);
    if(!inf)
    {
        cout<<"Can't open file!\n";
        abort();
    }
    char ch[80];
    int a(1);
    while(inf.getline(ch,sizeof(ch)))
        cout<<a++<<':'<<ch<<endl;
    inf.close();
}
```

5.

```cpp
#include <iostream.h>
#include <fstream.h>
#include <stdlib.h>
void main()
{
    fstream f;
    f.open("my1.dat",ios::out|ios::in);
    if(!f)
    {
        cout<<"Can't open file!\n";
        abort();
    }
    char ch[]="abcdefg1234567.\n";
    for(int i=0;i<sizeof(ch);i++)
        f.put(ch[i]);
    f.seekg(0);
    char c;
    while(f.get(c))
        cout<<c;
    f.close();
}
```

6.

```
#include <iostream.h>
#include <fstream.h>
#include <stdlib.h>
struct student
{
    char name[20];
    long int number;
    int totalscore;
}stu[5]={"Li",502001,287,"Gao",502004,290,"Yan",5002011,278,"Lu",502014,285, "Hu",502023,279};
void main()
{
    student s1;
    fstream file("my3.dat",ios::out|ios::in|ios::binary);
    if(!file)
    {
      cout<<"Can't open file!\n";
      abort();
    }
    for(int i=0;i<5;i++)
      file.write((char *)&stu[i],sizeof(student));
    file.seekp(sizeof(student)*2);
    file.read((char *)&s1,sizeof(stu[i]));
    cout<<s1.name<<'\t'<<s1.number<<'\t'<<s1.totalscore<<endl;
    file.close();
}
```

10.5 编程题

1. 计算从键盘输入的字符串中子串"xy"出现的次数。

提示：可使用函数 peek()返回输入流中的下一个字符，并不提取该字符。

2. 编程统计一个文本文件中字符的个数。

3. 编程给一个文件的所有行上加行号，并存到另一个文件中。

10.6 使用 C++语句实现下列各种要求

1. 设置标志使得十六进制数中字母按大写格式输出。

2. 设置标志以科学记数法显示浮点数。

3. 按右对齐方式，域为 5 位，输出常整型数 123，并使用"#"填充空位。

4. 按域宽为 i，精度为 j（i 和 j 为 int 型数），输出显示浮点数 d。

5. 使用前导 0 的格式显示输出域宽为 10 的浮点数 1.2345。

上机指导 10

10.1 上机要求

1. 熟悉读写函数的使用方法，既可用于标准输入输出设备，又可用于磁盘文件。

2. 掌握格式化输出方法。

3. 掌握磁盘文件的操作方法。

（1）文本文件操作。

（2）二进制文件操作。

（3）随机文件操作。

10.2 上机练习题

1．上机调试本章例 10.5 中的程序，按要求输入，观察输出结果，并解释原因。

2．上机调试本章例 10.6 中的程序，并获取正确的结果。

3．上机调试本章例 10.7 中的程序，并获取正确的结果。

4．上机调试本章例 10.12 中的程序，并将其输出结果与例 10.11 进行比较。

5．上机调试本章例 10.15 中的程序，验证确实实现了复制功能。

6．上机调试本章例 10.20 中的程序，回答所提出的思考题。

7．上机调试练习题 10.4 中的 6 个程序，并将调试结果与分析结果进行比较。

8．上机调试练习题 10.5 中的 3 个编程题，并获取正确的结果。

9．上机调试练习题 10.6 中所写出的语句是否正确。

10．总结文件操作程序的一般步骤。

第 **11** 章
模板

模板是 C++语言的一个重要特性。本章主要介绍模板的基本概念、函数模板和类模板的定义及其使用方法。

11.1　模板的基本概念

　　模板提供一种通用的方法来开发可重用的代码，提高程序的开发效率。模板是用单个程序段指定一组相关函数或一组相关类，即每个模板都代表着一系列函数或类，这一系列函数或类的代码结构形式相同，仅在所针对的类型上各不相同。

　　模板还可看作是 C++语言支持参数化多态性的工具。将一段程序中所处理的对象类型参数化，就使这段程序能够处理某个范围内的各种类型的对象。也就是说对于一定范围内的若干种不同类型的对象，它们的某种操作将对应着一个相同结构的实现。

　　C++系统提供标准的模板函数库和类库，程序开发人员也可以根据需要建立自己的具有通用类型的函数库和类库，并用它们进行编程，减少程序的重复性和克服程序冗余，从而方便大规模软件的开发。

　　C++的模板有两种不同的形式：函数模板和类模板，下面分别对它们进行介绍。

11.2　函 数 模 板

11.2.1　函数模板的定义格式

函数模板的一般定义格式如下：

```
template <<模板参数表>>
<返回类型> <函数名> (<参数表>)
{
    // <函数体>
}
```

其中，template 是定义函数模板的关键字，总是放在模板定义与声明的最前面。<模板参数表>必须用尖括号<>括起来，内有一个或多个模板参数，不能为空。模板参数有两种形式，具体格式如下：
```
class <标识符>
<类型说明符> <标识符>
```
前一种是模板类型参数，代表一种参数化的类型，由关键字 class 和标识符组成。这里 class 也可以使用 typename 替换，两个关键字是等效的。后一种是模板非类型参数，它的声明格式和常规的参数声明格式相同，代表一个常量表达式。例如：
```
template <class TA, class TB, double A >
```
其中，TA和TB是模板类型参数，每一个都相当于一种通用的数据类型，可以被用来声明函数中的参数、返回值和函数体中的局部变量，可以随时被替换为某种实际的数据类型，如int、double或char等。A是模板非类型参数，代表了模板定义中的一个常量，可以被函数体中的语句所访问。

需要注意的是，在每一个模板类型参数前都必须有关键字 class 或 typename，否则会导致编译错误。模板类型参数和非类型参数的作用域是被声明为模板的函数体或类体中。

下面是函数模板的一个简单例子：
```
template <class T>
T min(T a, T b)
{
    return a<b?a:b;
}
```
这个例子中定义了一个函数模板 min(T,T)，模板类型参数是 T。该函数模板可用于对两个数求最小值，但所用类型对于三目运算符(? :)应是有定义的。

函数模板的定义格式还可写成如下形式：
```
template <<模板参数表>> <返回类型> <函数名> (<参数表>)
{
    // <函数体>
}
```
例如：
```
template <class T> T min(T a, T b)
{
    return a<b?a:b;
}
```
下面通过两个例子进一步说明函数模板的定义和使用方法。

【例 11.1】编写一个函数模板，用来求 3 个数中的最大者。

程序内容如下：
```
#include <iostream.h>
template<class T>
T Max(T a,T b,T c)
{
    if(b>a) a=b;
    if(c>a) a=c;
    return a;
}
void main( )
{
    int i1=25, i2=56, i3=98, I;
    double d1=12.34, d2=180.56, d3=-14.95, D;
    long l1=12345, l2=98765, l3=67893, L;
    char c1= 'M', c2= 'N', c3= 'q', C;
```

```
    I=Max(i1,i2,i3);
    D=Max(d1,d2,d3);
    L=Max(l1,l2,l3);
    C=Max(c1,c2,c3);
    cout<<"I_Max="<<I<<endl;
    cout<<"D_Max="<<D<<endl;
    cout<<"L_Max="<<L<<endl;
    cout<<"C_Max="<<C<<endl;
}
```

运行该程序后，输出结果如下：

```
I_Max=98
D_Max=180.56
L_Max=98765
C_Max=q
```

程序分析：

该程序定义了一个函数模板 Max(T,T,T)，模板类型参数是 T，该函数模板适用于可进行比较操作的对象。在 Max(i1,i2,i3)调用时，T 代表 int 类型；在 Max(d1,d2,d3)调用时，T 代表 double 型；在 Max(l1,l2,l3)调用时，T 代表 long 型；在 Max(c1,c2,c3)调用时，T 代表 char 型。

【例 11.2】编写一个能够进行冒泡排序操作的函数模板，并对 double 型数和字符进行排序。

程序内容如下：

```
#include <iostream.h>
#include <string.h>
template <class T> void bubble_order(T *item,int count)
{
    register int i,j;
    T temp;
    for(i=1;i<count;i++)
        for(j=count-1;j>=i;j--)
        {
            if(item[j-1]>item[j])
            {
                temp=item[j-1];
                item[j-1]=item[j];
                item[j]=temp;
            }
        }
}
void main()
{
    double nums[ ]={10.5,15.7,23.1,57.6,69.4,76.3,2.2,31.8};
    bubble_order (nums,8);
    cout<<"排序后的数是:";
    for(int i=0;i<8;i++)
    cout<<nums[i] <<"  ";
    cout<<endl;
    char str[ ]="bluesky";
    bubble_order (str,(int)strlen(str));
    cout<<"排序后的字符是:"<<str<<endl;
}
```

运行该程序后，输出结果如下：

```
排序后的数是: 2.2  10.5  15.7  23.1  31.8  57.6  69.4  76.3
排序后的字符是: beklsuy
```

程序分析：

该程序中定义了一个函数模板 bubble_order(T*, int)，模板类型参数是 T，该函数模板适用于对赋值运算符和比较运算符有意义的类型对象。

该程序中使用函数模板 bubble_order(T*, int)实现对字符型数据和对 double 型数据这两种不同类型变量的排序操作。

11.2.2 函数模板与模板函数

函数模板是对一组函数的描述，它不是一个实实在在的函数，编译系统并不产生任何执行代码。当编译系统在程序中发现有与函数模板形参表中相匹配的函数调用时，便生成一个重载函数，该重载函数的函数体与函数模板的函数体相同。这个重载函数被称为模板函数。一个函数模板对于某种类型的参数生成一个模板函数，不同类型参数的模板函数是重载的。如：例 11.1 中的 Max(i1,i2,i3)、Max(d1,d2,d3)、Max(l1,l2,l3)和 Max(c1,c2,c3)都是模板函数，它们是重载的。

函数模板与模板函数的区别如下所述。

①函数模板不是一个函数，而是一组函数的模板，在定义中使用了参数化类型。

②模板函数是一种实实在在的函数定义，它的函数体与某个函数模板的函数体相同。编译系统遇到模板函数调用时，将生成可执行代码。

下面通过一个例子进一步理解函数模板和模板函数。

【例 11.3】编写求两个不同类型变量之积的函数模板，并计算几个模板函数的值。

程序内容如下：

```
#include <iostream.h>
template <class T, class S>
T Mul(T x, S y)
{
    T z= x*y;
    return z;
}
void main()
{
    int i=20;
    float f=-12.8f;
    double d=10.5;
    cout<<Mul(i,i)<<endl;
    cout<<Mul(f,i)<<endl;
    cout<<Mul(d,i)<<endl;
    cout<<Mul(d,f)<<endl;
    cout<<Mul(d,d)<<endl;
}
```

运行该程序后，输出结果如下：

```
400
-256
210
-134.4
110.25
```

程序分析：

该程序中定义了一个函数模板 Mul(T, S)，它有两个不同的模板类型参数，分别是 T 和 S。在模板函数中，可出现两个相同的或者不同的类型变量。Mul(i,i)、Mul(f,i)、Mul(d,i)、Mul(d,f)、Mul(d,d)都是模板函数。

该程序中的函数模板适用于对乘法运算符有意义的类型对象。

11.3 类 模 板

11.3.1 类模板的定义格式

1. 类模板的定义格式

类模板的一般定义格式如下：

```
template <<模板参数表>>
class <类名>
{
    <类体说明>
};
```

其中，template 是关键字，<模板参数表>中可以有多个参数，多个模板参数之间用逗号分隔。模板参数的形式可以是：

```
class <标识符>
<类型表达式> <标识符>
```

前一种是模板类型参数，由关键字 class 和标识符组成。这里 class 也可以使用 typename 替换，两个关键字是等效的。后一种是模板非类型参数，代表一个常量表达式。

需要注意的是，模板参数的作用域仅限于被声明为模板的类体之中。

在程序中定义了类模板后，可以通过对模板类型参数指定某种类型，编译系统就能生成一个模板类。这个模板类和普通类一样，可以用来定义对象，或者说明函数的参数或返回值。

下面通过一个例子来说明类模板的定义方法和使用方法。

【例 11.4】编写一个类模板，并利用该类模板分别实现两个整数、浮点数和字符的比较。

程序内容如下：

```
#include <iostream.h>
template<class T>
class Compare
{
   public:
        Compare(T a, T b)
        {
           x=a;
           y=b;
        }
        T Max( )
        {
           return (x>y)?x:y;
        }
        T Min( )
        {
           return (x<y)?x:y;
        }
   private:
        T x,y;
};
void main( )
{
  Compare<int> C1(8,9);
  cout<<"两个整数中大的是: "<< C1.Max( )<<endl;
```

```
    cout<<"两个整数中小的是: "<< C1.Min( )<<endl;
    Compare<float> C2(28.75f,9.67f);
    cout<<"两个浮点数中大的是: "<< C2.Max( )<<endl;
    cout<<"两个浮点数中小的是: "<< C2.Min( )<<endl;
    Compare<char>C3('M', 'N');
    cout<<"两个字符中 ASCII 码值大的是: "<< C3.Max( )<<endl;
    cout<<"两个字符中 ASCII 码值小的是: "<< C3.Min( )<<endl;
}
```

运行该程序后，输出结果如下：

两个整数中大的是：9

两个整数中小的是：8

两个浮点数中大的是：28.75

两个浮点数中小的是：9.67

两个字符中 ASCII 码值大的是：N

两个字符中 ASCII 码值小的是：M

程序分析：

该程序定义了一个类模板 Compare<T>，其模板类型参数为 T。该类模板有 3 个公有的成员函数：一个是构造函数，带两个参数；另外两个分别是求 2 个数中值大的函数 Max( )、值小的函数 Min( )。该类有两个私有的数据成员，都是用模板类型参数说明的变量。

该程序的主函数 main()中生成了 3 个模板类，并用它们说明了 3 个对象，其语句格式如下：

```
Compare<int> C1(8,9);
Compare<float> C2(28.75f,9.67f);
Compare<char>C3('M', 'N');
```

其中，C1、C2 和 C3 都是类对象。

该程序中模板类型参数 T 被指定的类型分别是 int 型、float 型和 char 型。

2．定义类模板时的注意事项

在定义类模板时应注意以下几点。

①定义类模板时必须使用关键字 template。

②定义类模板至少要确定一个模板类型参数。如果模板类型参数有多个，则每个模板类型参数前都要使用关键字 class。

③如果类模板中的成员函数是一些函数模板，在类体外定义这些函数模板时，应在函数模板名前加上<类模板名>与作用域运算符"::"来限定该函数模板是<类模板名>所标识的类模板中的成员函数。也可以在前面加 inline 来说明是内联函数。

④模板类是编译系统根据对模板类型参数指定的类型，依据类模板自动生成的，不是新定义的类，可以看做是类模板的实例化。

下面通过一个例子进一步理解类模板和模板类。

【例 11.5】分析下列程序的输出结果，熟悉类模板的定义和使用方法，指出函数模板 fun()的作用。

程序内容如下：

```
#include<iostream.h>
#include<stdlib.h>
#include<iomanip.h>
template <class T>
class Array
{
```

```
        T *elems;
        int size;
    public:
        Array(int s);
        ~Array();
        T SUM();
        T & operator[](int);
        void operator=(T);
};
template <class T>
Array<T>::Array(int s)
{
        size=s;
        elems=new T[size];
        if(!elems)
        {
                cout<<"不能创建这个数组! \n";
                exit(1);
        }
        for(int i=0;i<size;i++)
            elems[i]=0;
}
template<class T>
Array<T>::~Array()
{
        delete elems;
}
template <class T>
T Array<T>::SUM()
{
        T temp=0;
        for (int m=0;m<size;m++)
        temp=temp+ elems[m];
        return temp;
}
template<class T>
T& Array<T>::operator[](int subscript)
{
        if (subscript<0 || subscript>size-1)
        {
            cout<< "指定的下标"<<subscript<< "越界! \n";
            exit(1);
        }
        return elems[subscript];
}
template<class T>
void Array<T>::operator=(T temp)
{
        for(int i=0;i<size;i++)
        elems[i]=temp;
}
template <class T>
T fun(Array<T> & ss)
{
        return ss.SUM();
}
void main()
{
        int i,n=10;
```

```
            Array<int> arr1(n);
            Array<char>arr2(n);
            for(i=0;i<n;i++)
            {
                arr1[i]='a'+i;
                arr2[i]='a'+i;
            }
            cout<<setw(8)<<"ASCII 码"<<setw(8)<<"字符"<<endl;
            for(i=0;i<n;i++)
            cout<<setw(6)<<arr1[i]<<setw(8)<<arr2[i]<<endl;
            cout<<"arr1 的数据元素之和是: "<<arr1.SUM()<<endl;
            cout<<"函数 fun(arr1)的值是: "<<fun(arr1)<<endl;
            cout<<"arr1[11]的值是: "<<arr1[11]<<endl;
        }
```

运行该程序后，输出结果如下：

```
ASCII 码    字符
   97        a
   98        b
   99        c
  100        d
  101        e
  102        f
  103        g
  104        h
  105        i
  106        j
arr1 的数据元素之和是: 1015
函数 fun(arr1)的值是: 1015
指定的下标 11 越界!
```

程序分析：

该程序定义了一个数组的类模板 Array<T>，其模板类型参数为 T。该类模板有 5 个公有成员函数：一个是带 1 个参数的构造函数，能够创建一个一维数组；一个是析构函数；一个是数组元素的求和运算 SUM()；另外两个都是运算符重载函数，其中 operator=()是赋值运算符"="的重载函数，operator[]()是运算符"[ ]"的重载函数，使用重载的运算符[ ]会使得该数组进行动态越界判断，当数组元素被越界赋值时将发出错误信息，并且中断程序的执行。这里使用 exit()函数来退出程序。这 5 个成员函数都是函数模板且在类体外被定义，因此函数模板名前都加上 Array<T>::来限定其是 Array<T>所标识的类模板中的成员函数。该类有两个数据成员，默认访问权限是私有的，一个是 int 型变量，另一个是用模板类型参数说明的指针变量。

该程序的主函数 main()中生成了 2 个模板类 Array<int>、Array<char>，并使用这两个模板类分别定义了 int 型数组 arr1、char 型数组 arr2。

该程序对所定义的两个数组进行了赋值、输出显示以及 arr1 数组的求和等操作，并对 arr1 数组进行了越界赋值的测试，结果表明显示出错信息后，便中断该程序的执行。

该程序中还定义了一个函数模板：

```
template <class T>
T fun(Array<T> & ss)
{
    return ss.SUM();
}
```

这个函数模板不是类模板 Array<T>的成员函数,其形参是数组类模板的对象引用 ss。在调用函数 fun(arr1);中,用模板类 Array<int>的对象 arr1 作为实参。编译系统将从函数模板中生成一个模板函数的原型:

```
int fun (Array<int> & ss)
```

调用该函数将对数组arr1进行求和。这个函数模板的使用说明这样一个问题:类模板对象引用可以用来作为函数的参数,调用函数实参使用的是该类模板的模板类对象。根据引用的概念,类模板对象也可以用来作为函数的参数。

思考题:请读者利用该程序中的类模板自行完成求一组整数的最大值、最小值的运算。

11.3.2 类模板继承

类模板可以继承也可以被继承,包括:类模板可以继承普通类,也可以继承其他类模板;普通类可以继承类模板。

【例 11.6】分析下列程序的输出结果,并说明类模板的继承关系。

程序内容如下:

```
#include<iostream.h>
class Common_A
{
    public:
        Common_A()
        {
            a=1;
            cout<<"Default constructor called."<<a<<endl;
        }
    private:
        int a;
};
template <class CType>
class Template_B: public Common_A
{
    public:
        Template_B()
        {
            b=2;
            cout<<"Default constructor called."<<b<<endl;
        }
    private:
        int b;
};
void main()
{
    Common_A c;
    Template_B <int> d;
}
```

运行该程序后,输出结果如下:

```
Default constructor called.1
Default constructor called.1
Default constructor called.2
```

程序分析:

该程序定义了一个普通类 Common_A,有一个默认的构造函数;定义了一个类模板 Template_B<CType>,也有一个默认的构造函数。在两个构造函数的定义中都加了一条跟踪信息。

当它们被调用时会在屏幕上显示其跟踪信息。

该程序生成了一个模板类 Template_B <int>，并使用这个模板类定义了类对象 d。

该程序中的类模板 Template_B<CType>公有继承了普通类 Common_A。

练习题 11

11.1 判断题

1. 使用模板的目的是为了避免重复性劳动。

2. 函数模板是一个实实在在的函数，编译系统会产生执行代码。

3. 由函数模板中参数化的类型被替换后所生成的函数被称为模板函数。

4. 函数模板中参数化的类型可以用任何一种类型代替。

5. C++中的模板分为函数模板和类模板两种。

6. 模板类是类模板的实例化。

7. 模板类在程序中可以说明对象，或者说明函数的参数或返回值。

8. 类模板的对象或对象引用可以用来作为函数的参数。

9. 类模板作为基类可生成派生的类模板。

10. 类模板不能被继承，但可以继承。

11. 如果类模板的模板类型参数有多个，除第 1 个模板类型参数前使用关键字 class，其余的模板类型参数前都不使用关键字 class。

12. 定义类模板至少要确定一个模板类型参数。

11.2 单选题

1. 在下列函数模板的定义中，正确的是(　　)。

    A. template <class T, S>   B. template <class T, typename S>

       void fun(T, S);   T fun(T, S);

    C. template <T>   D. template <class T, class T>

       void fun(T);   T fun(T, int);

2. 已定义的函数模板如下：

```
template <class T>
T max(T a, T b)
{
    return a>b ? a:b;
}
```

下列描述中，(　　)是错误的。

    A. 该函数模板只有一个模板类型参数

    B. 该函数模板生成的模板函数中其参数和返回值的类型必须相同

    C. 该函数模板生成的模板函数中，其参数和返回值类型可以不同

    D. T 类型所规定的类型范围对运算符 ">" 操作必须有定义

3. 在第 2 题所定义的函数模板中，生成下列模板函数，(　　)是错误的。

    A. max(int, int)   B. max(double, double)

    C. max(char, char)   D. max(int，double)

4. 关于函数模板，描述错误的是（　　　）。

   A. 函数模板必须由程序员实例化为可执行的函数模板

   B. 函数模板的实例化由编译器实现

   C. 一个类定义中，只要有一个函数模板，则这个类是类模板

   D. 类模板的成员函数都是函数模板，类模板实例化后，成员函数也随之实例化

5. 下列的模板说明中，正确的是（　　　）。

   A. template< class T1,T2>　　　　　　B. template< T>

   C. template< T1, T2>　　　　　　　　D. template<class T1,class T2>

6. 在下列关于类模板的描述中，（　　　）是错误的。

   A. 定义类模板时只允许有一个模板类型参数

   B. 类模板的类体内说明的成员函数的实现都与函数模板类似

   C. 由类模板生成特定的模板类时，必须指定参数化的类型所代表的类型

   D. 类模板所描述的是一组类

7. 函数模板定义如下：

```
template <class T>
Max( T a, T b ,T &c){c=a+b;}
```

下列选项正确的是（　　　）。

   A. int x, y; char z;　　　　　　　　B. double x, y, z;

     Max(x, y, z);　　　　　　　　　　　Max(x, y, z);

   C. int x, y; float z;　　　　　　　　D. float x; double y, z;

     Max(x, y, z);　　　　　　　　　　Max(x,y, z);

8. 下列有关模板的描述，错误的是（　　　）。

   A. 模板把数据类型作为一个设计参数，称为参数化程序设计。

   B. 使用时，模板参数与函数参数相同，是按位置而不是名称对应的。

   C. 模板参数表中可以有类型参数和非类型参数。

   D. 类模板与模板类是同一个概念。

9. 类模板的使用实际上是将类模板实例化成一个（　　　）。

   A. 函数　　　　　　B. 对象　　　　　　C. 类　　　　　　D. 抽象类

10. 类模板的模板类型参数（　　　）。

   A. 只能作为数据成员的类型　　　　B. 只可作为成员函数的返回类型

   C. 只可作为成员函数的参数类型　　D. 以上三种均可

11. 类模板的实例化（　　　）。

   A. 在编译时进行　　　　　　　　　B. 属于动态联编

   C. 在运行时进行　　　　　　　　　D. 在连接时进行

12. 以下类模板定义正确的为（　　　）。

   A. template<class T,int i=0>　　　　B. template<class T,class int i>

   C. template<class T,typename T>　　D. template<class T1,T2>

11.3　填空题

1. 函数模板的定义格式是 template <模板参数表> <返回类型> <函数名> (参数表){...}。其中，<模板参数表>中参数可以有_____个，用逗号分开。模板类型参数代表一种类型，由关键字

_____后加一个标识符构成。

2．类模板使程序开发人员可以为类声明一种模式，使得类中的某些数据成员、某些成员函数的参数、某些成员函数的返回值能取_____。

11.4　分析下列程序的输出结果。

1.
```cpp
#include<iostream.h>
template <class T>
T max(T a,T b)
{
    return (a>b ? a:b);
}
void main()
{
    cout<<max(8,10)<<","<<max(5.8,6.9)<<endl;
}
```

2.
```cpp
#include <iostream.h>
#include <string.h>
template <class T>
T max(T x,T y)
{
    return x>y? x:y;
}
char *max( char *x,char *y)
{
    if(strcmp(x,y)>=0)
        return x;
    else
        return y;
}
void main()
{
    int a(20),b(9);
    cout<<max(a,b) <<endl;
    double m=11.2,n=9.5;
    cout<<max(m,n) <<endl;
    char x='G',y='L';
    cout<<max(x,y) <<endl;
    char *s1="cdkl",*s2="cdmn";
    cout<<max(s1,s2)<<endl;
}
```

3.
```cpp
#include<iostream.h>
template <class T>
class Sample
{
    T n;
    public:
        Sample(T i){n=i;}
        void operator++();
        void disp(){cout<<"n="<<n<<endl;}
};
template <class T>
void Sample<T>::operator++()
{
    n+=1;
}
```

```
void main()
{
        Sample<char> s('a');
        s++;
        s.disp();
}
```

4.

```
#include<iostream.h>
class Base_A
{
  public:
    Base_A(){cout<<"创建 Base_A"<<endl;}
};
  class Base_B
{
  public:
      Base_B(){ cout<<"创建 Base_B"<<endl;}
};
template<typename T>
class Derived:public T
{
  public:
      Derived():T(){ cout<<"创建 Derived"<<endl;}
};
void main()
{
    Derived<Base_A> a;
    Derived<Base_B> b;
}
```

11.5　编程题

1．用函数模板实现对一维数组的排序功能，并用 int 型、double 型对其进行验证。

2．设计一个数组类模板，完成对数组元素的查找功能，并用 int 型、double 型对其进行验证。

11.6　简单回答下列问题

1．什么是模板?

2．函数模板如何定义?函数模板与模板函数的关系如何?

3．类模板如何定义?类模板与模板类的关系如何?

4．类模板可以作为基类定义派生类模板吗?

上机指导 11

11.1　上机要求

1．熟悉函数模板的定义格式和使用方法。

2．熟悉类模板的定义格式、使用方法及其应用。

11.2　上机练习题

1．上机调试本章例 11.2 程序，并将调试结果与分析结果进行比较。

2．上机调试下面的程序，将输出结果与上机前的分析结果进行比较，说明不同数据类型对输出结果的影响。

```
#include <iostream.h>                          template <class T>
T fun(T x)
{
    T y;
```

```
    cout <<(T)8.4<<endl;
    y = x * (T)8.4;
    return y;
}
void main()
{
    cout <<"fun(5)= " << fun(5)<<endl;
    cout <<"fun(5.0)=" << fun(5.0)<<endl;
}
```

3. 上机调试本章例 11.3 程序，并将调试结果与分析结果进行比较。

4. 上机调试下面的程序，熟悉类模板的定义及其使用方法。

```
#include <iostream.h>
template <class T>
class TASUM
{
    public:
        TASUM(T a, T b)
        {
            x = a;
            y = b;
        }
        T sum()
        {
            T temp=x+y;
            return temp;
        }
    private:
        T x, y;
};
void main()
{
    TASUM <int> I(10 , 89);
    cout << "两个整数之和是: "<<I.sum()<<endl;
    TASUM <double>D(9.01, 90.98);
    cout << "两个浮点型数之和是: "<<D.sum()<<endl;
}
```

5. 上机调试本章例 11.4 程序，并将调试结果与分析结果进行比较。

6. 上机调试本章例 11.5 程序，并完成所提出的思考题。

7. 上机调试本章例 11.6 程序，并将调试结果与分析结果进行比较。

8. 上机调试练习题 11.4 中的 4 个程序，将输出结果与上机前的分析结果进行比较。

9. 上机调试练习题 11.5 中的 2 个编程题，将编写的程序上机调试通过。

第12章
数据结构

程序设计主要包括算法和数据结构两个方面。数据结构是计算机存储、组织数据的方式，由多个相互关联的数据元素（一般简称为元素）组成。数据结构的逻辑结构一般分为线性结构和非线性结构。栈、队列、线性链表，还有我们前面学习的数组都是线性数据结构；非线性数据结构包括树、二叉树和图等。数据结构的存储结构有顺序结构、链式结构和索引结构等。数据结构的基本数据运算有插入运算、删除运算、查找运算、排序运算等。

本章主要内容是采用面向对象的程序设计方法，利用 C++语言实现几种常用的数据结构，并介绍在给定数据结构中的查找和排序运算。

12.1　几种常用的数据结构

数据结构的方式有很多，这里主要介绍利用 C++语言实现的栈、队列、线性链表、二叉树等。

12.1.1　栈

栈是只能在一端添加和删除元素的线性表。线性表是由一组按照一定次序排列的元素构成，除第一个元素外，每一个元素有且只有一个前件；除最后一个元素外，每一个元素有且只有一个后件。栈只允许在表的末端进行添加和删除操作，这一端被称为栈顶，不允许添加和删除操作的另一端被称为栈底。在栈顶添加元素叫做入栈，删除栈顶元素叫做出栈。因为栈只能通过栈顶进行访问，所以栈也被称为先进后出的线性表。图 12.1 所示为栈的示意图。

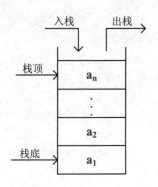

图 12.1　栈的示意图

　　栈有 3 种基本状态：栈空、一般状态和栈满。栈的基本运算除了入栈和出栈外，还有栈的初始化、检测栈的基本状态、读栈顶元素等。利用栈的 5 种基本运算就可以实现基于栈结构的应用问题求解。栈被应用在编译器和操作系统中，且地位非常重要。

　　下面通过一个例子来说明栈的 C++实现。

　　【例 12.1】分析下列程序的输出结果，熟悉栈的基本运算。

　　程序内容如下：

```
#include <iostream.h>
#include <stdlib.h>
template <class ZhanType>
class Stack
{
     public:
           Stack(int size);
           ~Stack( )
           { delete [ ] s; }
           int Detect_Stack();
           void Push(ZhanType i);
           ZhanType Pop();
           ZhanType Cout_Stack();
     private:
           int top, length;
           ZhanType *s;
};
template <class ZhanType>
Stack <ZhanType>::Stack(int size)
{
     s=new ZhanType[size];
     if(!s)
     {
           cout<<"Cannot Allocate Stack.\n";
           exit(1);
     }
     length=size;
     top=0;
}
template <class ZhanType>
Stack <ZhanType>:: Detect_Stack()
{
     if (top==length)return(-1);
     if (top==0)return(0)
     return (1)
}
template <class ZhanType>
void Stack <ZhanType>::Push(ZhanType i)
{
     if(top==length)
     {
           cout<<"Stack is Full.\n";
            return;
          }
        s[top]=i;
      top++;
}
```

```
template <class ZhanType>
ZhanType Stack <ZhanType>::Pop()
{
    if (top==0)
    {
      cout<<"Stack Underflow.\n";
      return 0;
    }
    top--;
    return s[top];
}
template <class ZhanType>
 ZhanType Stack <ZhanType>:: Cout_Stack()
 {
    if (top==0)
    {
        cout<<"Stack empty.\n"<<endl;
        return 0;
    }
    return (s[top-1]);
}
void main()
{
    Stack <int> a(15);
    Stack <double>b(15);
    Stack <char>c(15);
    a.Push(89);
    a.Push(15);
    a.Push(4+8);
    b.Push(65-0.2);
    b.Push(3*4.8);
    cout<<a.Pop()<<',';
    cout<<a.Pop()<<',';
    cout<<a.Pop() <<';';
    cout<<b.Pop()<<',';
    cout<<b.Pop()<<endl;
    for(int i=0;i<15;i++)
      c.Push((char)'O'-i);
    for(int j=0;j<15;j++)
        cout<<c.Pop();
    cout<<endl;
}
```

运行该程序后，输出结果如下：

```
12, 15, 89; 14.4, 64.8
ABCDEFGHIJKLMNO
```

程序分析：

该程序定义了一个栈的类模板 Stack <ZhanType>，模板类型参数是 ZhanType。该类模板有 6
个公有成员函数：一个是带 1 个参数的构造函数，能够建立空的栈，即栈的初始化；一个是析构
函数；Detect_Stack ()、Push(ZhanType)、Pop()、Cout_Stack ()分别完成检测栈的基本状态、入栈
运算、出栈运算和读栈顶元素。私有数据成员 top 是栈顶指针；length 是栈的存储空间容量；s 是
栈存储空间首地址。

该程序的主函数生成了 3 个模板类 Stack <int>、Stack <double> 和 Stack <char>，并使用这 3 个模板类分别建立了 3 个容量为 15 的空栈，即生成 int 型栈、double 型栈和 char 型栈。在 3 个栈中分别进行了入栈和出栈运算：使用 Push()函数将一个数据压入栈底，再使用 Push()函数将另一个数据压入栈内，后一个数据在前一个数据的上面。使用 Pop()函数可以将栈内最上面的数据弹出，最上面的数据被弹出后，紧接着它的数据被认为是最上面的数据，若再使用一次 Pop()函数，它也将被弹出。栈操作中需要测试栈满和栈空。栈满后就不能再压入数据了，因此在 Push()函数中，使用 if 语句检测栈是否满了。如果栈已满，则发出信息，并返回。栈空后就不能再弹出数据了，因此在 Pop()函数中，使用 if 语句检测栈是否为空。如果栈已空，则发出信息，并返回。

12.1.2 队列

队列是一种限定存取位置的线性表。它只允许在表的一端添加元素，在另一端进行删除。队列中允许添加的一端称为队尾，允许删除的一端称为队头。往队尾添加一个元素称为入队运算，从队头删除一个元素称为退队运算。队列具有先入队的元素先退队的特点，因此，队列也称为"先进先出"的线性表。具有 5 个元素的队列逻辑状态如图 12.2 所示。

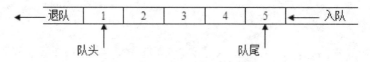

图 12.2　具有 5 个元素的队列逻辑状态图

队列有 3 种基本状态：队空、一般状态和队满。队列的基本运算除了入队、退队运算外，还有队列的初始化、检测队列基本状态、读队头运算等。利用 5 种基本运算就可以完成基于队列的各种运算。在程序设计语言中，一般用一维数组来实现队列的顺序存储，实际应用中常采用循环队列形式。循环队列是在队列顺序存储时，若存储空间的最后一个位置已经被占用而要再进行入队运算，如果第一个位置空闲，便可使用此位置，这样就形成了逻辑上的环状空间，队列可以循环使用该环状空间。

队列的应用很广泛，如操作系统中的作业排队，输入输出缓冲区等都采用队列结构。下面通过一个例子来说明循环队列的 C++实现。

【例 12.2】分析下列程序的输出结果，熟悉循环队列的建立及入队、退队运算。

程序内容如下：

```cpp
#include <iostream.h>
template <typename QType>
class Cycle_queue
{
    public:
        Cycle_queue(int);
        int Detect_Cycle_queue();
        void Append_Cycle_queue(QType);
        QType Delete_Cycle_queue();
    private:
        int front;
        int rear;
        int f;
        QType *p;
        int n;
```

```
};
template <typename QType>
Cycle_queue <QType>::Cycle_queue(int m)
{
        n=m;
        p=new QType[n];
        front=n;
        rear=n;
        f=0;
}
template <typename QType>
int Cycle_queue <QType>::Detect_Cycle_queue()
{
        if((f==1)&&(rear==front))
        {
                cout<<"队满"<<endl;
                return (-1);
        }
        if(f==0)
        {
                cout<<"队空"<<endl;
                return (0);
        }
        return (1);
}
template <typename QType>
void Cycle_queue <QType>::Append_Cycle_queue(QType a)
{
        if((f==1)&&(rear==front))
        {
                cout<<"存储空间已满，上溢出"<<endl;
                return;
        }
        rear=rear+1;
        if(rear==n+1)rear=1;
        p[rear-1]=a;
        f=1;
}
template <typename QType>
QType Cycle_queue <QType>::Delete_Cycle_queue()
{
    QType x;
    if(f==0)
    {
        cout<<"对空"<<endl;
        return (0);}
    front=front+1;
    if(front==n+1)
        front=1;
    x=p[front-1];
    if(rear==front)
        f=0;
    return x;
}
```

```
void main()
{
        Cycle_queue <int> c_q(20);
        c_q.Append_Cycle_queue(5);
        c_q.Append_Cycle_queue(10);
        c_q.Append_Cycle_queue(15);
        c_q.Append_Cycle_queue(20);
        c_q.Append_Cycle_queue(25);
        c_q.Append_Cycle_queue(30);
        cout<<"输出退队元素: "<<endl;
        cout<<c_q. Delete_Cycle_queue()<<endl;
        cout<<c_q. Delete_Cycle_queue()<<endl;
}
```

运行该程序后，输出结果如下：

输出退队元素：

```
5
10
```

程序分析：

该程序定义了一个循环队列的类模板 Cycle_queue <QType>，模板参数为 QType，关键字使用的是 typename。构造函数 Cycle_queue(int)是建立空的循环队列，即循环队列的初始化；成员函数 Detect_Cycle_queue()、Append_Cycle_queue(QType)、Delete_Cycle_queue()分别完成检测循环队列的基本状态、入队运算、退队运算。私有数据成员 front、rear 分别是队头指针和队尾指针，f 是循环队列状态的标志。

该程序的主函数生成一个模板类 Cycle_queue<int>，并使用这个模板类建立了一个容量为 20 的空循环队列。依次将 5，10，15，20，25，30 六个元素入队，输出 2 个连续的退队元素。

该程序类模板 Cycle_queue<QType>中的私有数据成员 n 是存储空间的容量，其被赋予确定的值后，存储空间的容量就确定了，即循环队列的存储长度就固定下来。因此，在队满的时候不能进行入队运算。

思考题：该程序没有循环队列的读队头元素运算，请读者上机自行完成。同时完成循环队列的队空、队满、一般状态的元素输出，并进行比较。

12.1.3 线性链表

线性表采用链式存储结构就形成线性链表。线性链表的存取位置不受限制，可以在任何一处进行插入、删除运算，并且存储长度可变。线性链表的每个元素称为一个结点，结点由值域和指针域组成。值域用来存储线性链表的元素，指针域用来存储下一个结点的地址。最后一个结点的指针域为空，用一个表头指针指向线性链表的第一个结点。因此，线性链表的访问是通过表头指针定位到第一个结点，随后的结点则可通过存储在每个结点中的指针域来实现。根据指针域的指针个数不同，线性链表可分成单向链表、双向链表。单向链表的逻辑状态如图 12.3 所示。

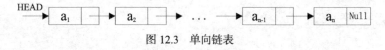

图 12.3 单向链表

线性链表是动态分配存储空间的，只要内存空间有空闲，就不会产生溢出问题。因此在编程时遇到的数据难以估计其规模时，采用线性链表的结构为好。线性链表的基本运算有插入、删除、检测基本状态、扫面数据元素等。下面通过一个例子来说明单向链表的 C++实现。

【例 12.3】编写一个用类模板实现的单向链表，完成单向链表的状态检测、数据元素扫描、插入、删除等运算，并用 double 类型数据验证。

程序内容如下：

```cpp
#include <iostream.h>
template <typename LLType>
class node
{
    public:
        LLType data;
        node *next;
};
template <typename LLType>
class Linked_Table
{
    public:
        Linked_Table();
        int Detect_Linked_Table();
        void Cout_Linked_Table();
        void Append_Linked_Table(LLType, LLType);
        LLType Delete_Linked_Table(LLType);
    private:
        node <LLType> *HEAD;
};
template <typename LLType>
Linked_Table < LLType >::Linked_Table()
{
    HEAD=NULL;
}
template <typename LLType>
int Linked_Table<LLType>::Detect_Linked_Table()
{
    if (HEAD==NULL) return(0);
    return (1);
}
template <typename LLType>
void Linked_Table<LLType>::Cout_Linked_Table()
{
    node<LLType> *q;
    q= HEAD;
    if (q==NULL)
    {
        cout<<"空链表"<<endl;
        return;
    }
    do
    {
        cout<<q->data<<endl;
        q=q->next;
    } while (q!=NULL);
}
template <typename LLType>
void Linked_Table <LLType>:: Append_Linked_Table(LLType a, LLType x)
{
    node <LLType> *p, *q;
```

```
            p=new node <LLType>;
            p->data=x;
            if (HEAD==NULL)
            {
                HEAD=p;
                p->next=NULL;
                return;
            }
            if (HEAD->data==a)
            {
                p->next=HEAD;
                HEAD=p;
                return;
            }
            q=HEAD;
            while ((q->next!=NULL)&&(((q->next)->data)!=a))
                q=q->next;
            p->next=q->next;
            q->next=p;
            return;
        }
        template <typename LLType>
        LLType Linked_Table<LLType>::Delete_Linked_Table(LLType y)
        {
            node<LLType> *p, *q;
            if (HEAD==NULL)
            {
                cout<<"空链表"<<endl;
                return (0);
            }
            if ((HEAD->data)==y)
            {
                p=HEAD->next;
                delete HEAD;
                HEAD=p;
                return y;
            }
            q=HEAD;
            while ((q->next!=NULL)&&(((q->next)->data)!=y))
                q=q->next;
            if (q->next==NULL)
            {
                cout<<"链表中无"<<y<<"这个数据元素!"<<endl;
                return (0);
            }
            p=q->next; q->next=p->next;
            delete p;
            return y;
        }
        void main()
        {
            Linked_Table <double> LL1;
            cout<<"链表 LL1 中的数据元素是:"<<endl;
            LL1.Cout_Linked_Table();
            LL1.Append_Linked_Table(5.5,5.5);
```

```
LL1.Append_Linked_Table(5.5,10.5);
LL1.Append_Linked_Table(5.5,15.5);
LL1.Append_Linked_Table(5.5,20.5);
LL1.Append_Linked_Table(5.5,25.5);
LL1.Append_Linked_Table(5.5,30.5);
cout<<"链表 LL1 中的数据元素是:"<<endl;
LL1.Cout_Linked_Table();
cout<<"删除的数据元素是: "<<LL1.Delete_Linked_Table(20.5)<<endl;
LL1.Delete_Linked_Table(99.5);
cout<<"链表 LL1 中的数据元素是:"<<endl;
LL1.Cout_Linked_Table();
}
```

运行该程序后，输出结果如下：

链表 LL1 中的数据元素是：

空链表

链表 LL1 中的数据元素是：

10.5

15.5

20.5

25.5

30.5

5.5

删除的数据元素是：20.5

链表中无 99.5 这个数据元素！

链表 LL1 中的数据元素是：

10.5

15.5

25.5

30.5

5.5

程序分析：

该程序用一个类模板 node<LLType>定义了单向链表的结点结构，data 表示值域，*next 表示指针域。

该程序定义了一个单向链表的类模板 Linked_Table<LLType>，模板类型参数为 LLType，关键字使用的是 typename。构造函数 Linked_Table()是建立空的链表，成员函数 Detect_Linked_Table()完成单向链表的状态检测，若是空链表则函数返回 0，正常则函数返回 1；Cout_Linked_Table()完成数据元素的扫描操作；Append_Linked_Table(LLType a, LLType x) 完成在包含数据元素 a 的结点前插入新数据元素 x 的运算; Delete_Linked_Table(LLType)完成删除指定的结点元素运算。私有数据成员 head 是链表的表头指针。

该程序的主函数生成一个模板类 Linked_Table <double>，并使用这个模板类建立了一个空链表 LL1。依次在包含数据元素 5.5 的结点前插入 5.5,10.5,15.5,20.5,25.5,30.5 六个数据元素，连续 2 次删除指定的数据元素 20.5 和 99.5。由于链表中没有"99.5"这个数据元素，因此输出结果显示为 "链表中无 99.5 这个数据元素！"。

思考题：修改类模板 Linked_Table<LLType>中的成员函数，下面的变化又分别完成了什么运算？

（1）void Append_Linked_Table(LLType, LLType)改为 void Append_Linked_Table(LLType),其定义为：

```
template <typename LLType>
void Linked_Table <LLType>:: Append_Linked_Table(LLType b)
{
    node<LLType> *q;
    q=new node<LLType>;
    q->data=b;
    q->next= HEAD;
    HEAD=q;
}
```

（2）LLType Delete_Linked_Table(LLType)改为 LLType Delete_Linked_Table()，其定义为：

```
template <typename LLType>
LLType Linked_Table<LLType>:: Delete_Linked_Table()
{
    LLType x;
    node<LLType> *p;
    if (HEAD==NULL)
    {
        cout<<"空链表"<<endl;
        return(0);
    }
    p= HEAD;
    x=p->data;
    HEAD=p->next;
    delete p;
    return x;
}
```

12.1.4　二叉树

二叉树是一种非常有用的非线性结构，由多个结点组成（也可能为空）。非空二叉树只有一个根结点（没有前件的结点）；每个结点最多有两个子结点，子结点区分左子结点和右子结点。子结点还可形成二叉树，分别以左子结点、右子结点为根结点的二叉树被称为左子树、右子树，没有子结点的结点被称为叶子。二叉树通常采用链式存储结构，被称为二叉链表。二叉链表中每个结点由一个值域和两个链域组成，链域被分成左指针域和右指针域，分别指向其左子树和右子树。叶子的左右指针域均为空，表示其不再有子结点。二叉树、二叉链表如图12.4所示。

二叉链表的基本运算有初始化、遍历等。二叉树的遍历是指按照某种顺序不重复地访问二叉树中的所有结点，是二叉树的应用基础。二叉树的遍历一般先遍历左子树，再遍历右子树，根据对根结点的访问是在对其左、右子树的遍历之前、之间还是之后，分为前序遍历、中序遍历和后序遍历。

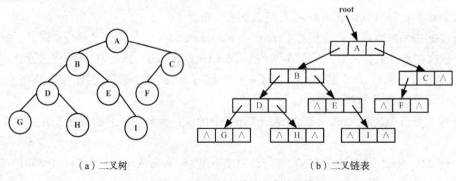

（a）二叉树　　　　　　　　　　　　　（b）二叉链表

图 12.4　二叉树及其链式存储结构

　　二叉树的典型应用是文件系统目录管理和将表达式翻译成机器语言，另外在数据的快速查找、排序及重复数据项删除中尤为有效。下面通过一个例子来说明二叉树的 C++ 实现。

　　【例 12.4】编写一个实现图 12.4 所示二叉树的程序，输出前序遍历、中序遍历和后序遍历的结果，并计算二叉树的结点个数。

　　程序内容如下：

```cpp
#include<iostream.h>
#include<stdlib.h>
template<class BTType>
class BTNode
{
    public:
      BTType data;
      BTNode<BTType> *leftnode,*rightnode;
      BTNode()
      {
          leftnode=rightnode=NULL;
      }
      BTNode(const BTType &value, BTNode<BTType> *btleft=NULL,
            BTNode<BTType> *btright=NULL)
      {
          data=value;
          leftnode=btleft;
          rightnode=btright;
      }
};
template<class BTType>
class Bin_Tree
{
    public:
      BTNode<BTType> *root;
      Bin_Tree()
      {
          root=NULL;
      }
      ~ Bin_Tree()
      {
            DestroyTree();
      }
      void Pre_Order();
      void Mid_Order();
      void Last_Order();
      int BTNodeCount()const;
      void DestroyTree();
      BTNode<BTType> *MakeTree(const BTType &element,BTNode<BTType> *left,
                        BTNode<BTType> *right)
      {
          root=new BTNode<BTType>(element,left,right);
          if(root==NULL)
          {
            cout<<"申请存储空间失败!/n";
            exit(1);
          }
          return root;
      }
```

```
        private:
            void Destroy(BTNode<BTType> *&right);
            void Preorder(BTNode<BTType> *right);
            void Midorder(BTNode<BTType> *right);
            void Lastorder(BTNode<BTType> *right);
            int NodeCount(const BTNode<BTType> *right)const;
    };
    template<class BTType>
    void Bin_Tree<BTType>::Pre_Order()
    {
        Preorder(root);
    }
    template<class BTType>
    void Bin_Tree<BTType>::Mid_Order()
    {
        Midorder(root);
    }
    template<class BTType>
    void Bin_Tree<BTType>::Last_Order()
    {
        Lastorder(root);
    }
    template<class BTType>
    int Bin_Tree<BTType>:: BTNodeCount ()const
    {
        return NodeCount(root);
    }
    template<class BTType>
    void Bin_Tree<BTType>::DestroyTree()
    {
        Destroy(root);
    }
    template<class BTType>
    void Bin_Tree<BTType>::Preorder(BTNode<BTType> *right)
    {
        if(right!=NULL)
        {
            cout<<right->data<<' ';
            Preorder(right->leftnode);
            Preorder(right->rightnode);
        }
    }
    template<class BTType>
    void Bin_Tree<BTType>::Midorder(BTNode<BTType> *right)
    {
        if(right!=NULL)
        {
            Midorder(right->leftnode);
            cout<<right->data<<' ';
            Midorder(right->rightnode);
        }
    }
    template<class BTType>
    void Bin_Tree<BTType>::Lastorder(BTNode<BTType> *right)
    {
        if(right!=NULL)
```

```
        {
            Lastorder(right->leftnode);
            Lastorder(right->rightnode);
            cout<<right->data<<' ';
        }
    }
    template<class BTType>
    int Bin_Tree<BTType>::NodeCount(const BTNode<BTType> *right)const
    {
        if(right==NULL)
            return 0;
        else
            return 1+NodeCount(right->leftnode)+NodeCount(right->rightnode);
    }
    template<class BTType>
    void Bin_Tree<BTType>::Destroy(BTNode<BTType> *&right)
    {
        if(right!=NULL)
        {
            Destroy(right->leftnode);
            Destroy(right->rightnode);
            delete right;
            right=NULL;
        }
    }
    void main()
    {
        BTNode<char> *b,*c,*d,*e,*f,*g,*h,*i,*j;
        Bin_Tree<char> BTree1;
        b= BTree1.MakeTree('I',NULL,NULL);
        c= BTree1.MakeTree('H',NULL,NULL);
        d= BTree1.MakeTree('G',NULL,NULL);
        e= BTree1.MakeTree('F',NULL,NULL);
        f= BTree1.MakeTree('E',NULL, b);
        g= BTree1.MakeTree('D',d,c);
        h= BTree1.MakeTree('C',e,NULL);
        i= BTree1.MakeTree('B',g,f);
        j= BTree1.MakeTree('A',i,h);
        cout<<"前序遍历结果是:" ;
        BTree1.Pre_Order();
        cout <<endl;
        cout<<"中序遍历结果是:";
        BTree1.Mid_Order();
        cout<<endl;
        cout<<"后序遍历结果是:";
        BTree1.Last_Order();
        cout<<endl;
        cout<<"树的结点个数是:" <<BTree1.BTNodeCount();
        cout <<"个"<<endl;
    }
```

运行该程序后，输出结果如下：

前序遍历结果是：A B D G H E I C F

中序遍历结果是：G D H B E I A F C

后序遍历结果是：G H D I E B F C A

树的结点个数是：9 个

程序分析：

该程序用一个类模板 BTNode<BTType>定义了二叉链表的结点结构，模板类型参数为 BTType。其中，data 为值域；leftnode、rightnode 是两个链域，分别为左指针域、右指针域。两个重载的构造函数是对值域和两个链域进行初始化。

该程序接着又定义了一个二叉链表的类模板 Bin_Tree<BTType>，模板类型参数为 BTType。其中，公有数据成员 root 是二叉链表的表头指针，构造函数 Bin_Tree()初始化表头指针 root，~Bin_Tree()是析构函数。公有成员函数有：DestroyTree()、Pre_Order()、Mid_Order()、Last_Order()、BTNodeCount()const、MakeTree(const BTType &, BTNode<BTType> *, BTNode<BTType> *)，私有成员函数有：Destroy(BTNode<BTType>*&)、Preorder(BTNode<BTType>*)、Midorder(BTNode<BTType>*)、Lastorder (BTNode <BTType> *)、NodeCount(const BTNode<BTType> *)const。公有成员函数分别调用了相应的私有成员函数，这样编程主要是考虑安全性，因为公有成员在类体外是可见的，而私有成员在类体外是被隐藏的。析构函数调用了 DestroyTree()。Pre_Order()、Mid_Order()和 Last_Order()分别完成二叉树的前序遍历、中序遍历和后序遍历等操作。BTNodeCount()const 是个常成员函数，完成二叉树结点个数的统计。MakeTree(const BTType &, BTNode<BTType> *, BTNode< BTType > *)是生成二叉链表。

该程序的主函数生成一个模板类 BTNode<char>，并使用这个模板类定义了 9 个对象指针 b、c、d、e、f、g、h、i、j。接着又生成一个模板类 Bin_Tree<char>，并使用这个模板类定义了一个类对象 BTree1，通过 BTree1 构造了图 12.4 所示的二叉链表。

12.2 查找和排序运算

对于数据结构，数据运算尤为重要。查找运算是在一个给定的数据结构中查找指定的数据元素，对于不同的数据结构，采用的查找方法不同。排序是将一个无序序列通过运算排列成有序序列，排序方法很多，根据数据规模和处理要求的不同，可以采用不同的排序方法。下面介绍几种常用的查找和排序运算：顺序查找、对分查找、哈希表查找、插入排序和选择排序。

12.2.1 查找运算

1. 顺序查找

顺序查找一般是指在线性表中查找指定的数据元素。从线性表的第一个数据元素开始，依次与被查找的数据元素进行比较，相等则表示找到，返回该数据元素的位置，否则返回空值，表示查找失败。

下面通过一个例子来说明顺序查找算法。

【例 12.5】分析下列程序的输出结果，熟悉顺序查找算法。

程序内容如下：

```
#include <iostream>
#include <iomanip>
using namespace std;
```

```
int Search(int Sequence[], int n, int data)
{
    for (int i=0; i<n; i++)
        if(Sequence[i]== data)
            return i+1;
        return (-1);
};
void main()
{
    int Sequence[15]={1,15,3,13,5,7,9,11,13,6,8,20,78,55,34};
    int data1=78,data2=100;
    cout<<"线性表的数据元素分别是: "<<endl;
    for(int i=0; i<15; i++)
    cout<<setw(5)<< Sequence[i];
    cout<<endl;
    cout<<"查找元素是: "<<data1<<endl;
    cout<<"查找元素的位置是: "<< Search(Sequence,15, data1)<<endl;
    cout<<"查找元素是: "<<data2<<endl;
    cout<<"查找元素的位置是: "<< Search(Sequence,15, data2)<<endl;

}
```

运行该程序后，输出结果如下：

线性表的数据元素分别是：

1 15 3 13 5 7 9 11 13 6 8 20 78 55 34

查找元素是：78

查找元素的位置是：13

查找元素是：100

查找元素的位置是：-1

程序分析：

该程序用一维数组 Sequence[]存放线性表的数据元素。定义函数 Search(int[],int,int)实现顺序查找功能，返回被查找数据元素在线性表中的位置。返回-1 表示查找失败。

该程序在查找数据元素时，被查数据元素"100"要和线性表中的每一个数据元素进行比较，才能判定其不在线性表中。这说明顺序查找算法对于长度很大的线性表来说，查找效率是很低的。

该程序使用了控制符 setw(5)进行格式输出，因此必须包含了 iomanip 文件。语句"using namespace std;"使用了标准命名空间 std。关于命名空间的概念，将在第 13 章中进行介绍。

2. 对分查找

对分查找也称折半查找，主要是为了克服顺序查找对于大的线性表查找效率低的缺点，但要求线性表是顺序存储的有序表。有序表是指线性表中的数据元素按值非递增（从小到大，允许相邻数据元素值相等）或者非递减（从大到小，也允许相邻数据元素值相等）排列的。

对分查找运算是将被查找数据元素与有序表（非递增）的中间项进行比较：若与中间项的值相等，则查找成功；若小于中间项的值，就在有序表的前半部分（不含中间项）以相同方法查找；若大于中间项的值，就在有序表的后半部分（不含中间项）以相同方法查找。这样一直进行下去，直到查找成功或者被分的有序表长度为 0 为止。

下面通过一个例子来说明对分查找算法。

【**例 12.6**】分析下列程序的输出结果，熟悉对分查找算法。

程序内容如下：

```cpp
#include <iostream>
#include <iomanip>
using namespace std;
int Bisearch(int SeqList[], int n, int data )
{
    int low=1, high=n, mid;
    while(low<=high)
    {
        mid=(low+high)/2;
        if(data==SeqList[mid])
            return mid+1;
        else if(data>SeqList[mid])
            low=mid+1;
        else
            high=mid-1;
    }
    return -1;
}
void main()
{
        int SeqList[ ]={1,3,5,7,9,11,13, 20,78,85,94,101,200};
        int m=sizeof(SeqList)/sizeof(SeqList[0]);
        int data1=101,data2=1000;
        cout<<"有序表的数据元素分别是: "<<endl;
        for(int i=0; i<m; i++)
        cout<<setw(5)<<SeqList[i];
        cout<<endl;
        cout<<"查找元素是: "<<data1<<endl;
        cout<<"查找元素的位置是: "<<Bisearch(SeqList,m, data1)<<endl;
        cout<<"查找元素是: "<<data2<<endl;
        cout<<"查找元素的位置是: "<<Bisearch(SeqList,m, data2)<<endl;
}
```

运行该程序后，输出结果如下：

有序表的数据元素分别是：

1 3 5 7 9 11 13 20 78 85 94 101 200

查找元素是：101

查找元素的位置是：12

查找元素是：1000

查找元素的位置是：-1

程序分析：

该程序用一维数组 SeqList[]存放有序表的数据元素。定义函数 Bisearch(int[],int,int)实现对分查找功能，返回被查找数据元素在有序表中的位置。返回-1 表示查找失败。

该程序主函数中的 int m= sizeof(SeqList)/sizeof(SeqList[0])；语句是计算有序表的长度。

思考题：该程序实现的是非递增有序表的对分查找，请读者实现非递减有序表的对分查找算法。

3. 哈希表查找

上面两种查找运算都是通过将被查找数据元素与线性表中的数据元素进行比较实现的。哈希表查找不进行数据元素的比较，直接确定被查找数据元素在数据结构中的位置，但需要对被查找数据元素的关键字先做某种运算。数据元素的数据项有时是多个，能够唯一标识一个数据元素的数据项就是关键字。哈希表是通过数据元素的关键字与存储地址的对应关系，直接由数据元素的关键字得到数据元素的存储地址。这种转换过程称为映射，相应的查找方法称为哈希表查找。

哈希表的映射关系为

$$Address(R_i)=H(R_i.key)$$

其中，R_i 为数据元素，key 是数据元素的关键字，H 称为哈希函数。$H(R_i.key)$ 的值称为哈希地址，即 $Address(R_i)$，是整数值。哈希表的数据元素插入时，依此映射关系计算哈希地址并按此地址存放。查找时，对数据元素的关键字进行同样的函数计算，把求得的函数值当做数据元素的哈希地址，在数据结构中按此地址读取数据元素进行比较，若关键字值相等，则查找成功；否则查找失败。

哈希表的构建需要考虑两个问题：①对于一个给定的关键字集合，需要选择一个计算简单且哈希地址分布比较均匀的哈希函数，避免或尽量减少地址的冲突；②给出解决哈希地址冲突的方案。常用的哈希函数有直接定址法、除留余数法、平方取中法、折叠法等；采用不同的方法解决哈希地址冲突就得到各种不同的哈希表，常用的哈希表有线性哈希表、随机哈希表、溢出哈希表、拉链哈希表等。

线性哈希表是最简单的哈希表，它采用开放法处理冲突。若线性哈希表的长度为 n，对线性哈希表的查找过程如下：

（1）线性哈希表的填入。

① 计算关键字 key 的哈希函数：$Address(R_i)=H(R_i.key)$

② 检查表中第 $Address(R_i)$ 项的内容：若此项为空，则将关键字 key 及有关信息填入该项；若该项不空，则令 $Address(R_i)=mod(Address(R_i)+1, n)$，转②继续检查。只要线性哈希表没有填满，总可以找到一个空项，将关键字 key 及有关信息填入到线性哈希表中。

（2）线性哈希表的查找。

① 计算关键字 key 的哈希函数：$Address(R_i)=H(R_i.key)$

② 检查表中第 $Address(R_i)$ 项的内容：若此项登记着关键字 key，则查找成功；若此项为空，则查找失败；若此项不空，且登记的不是关键字 key，则令 $Address(R_i)=mod(Address(R_i)+1, n)$ 转②继续检查。只要线性哈希表没有填满，这个过程能够很好地被终止，要么查找成功，要么发现一个空项，查找失败。

下面通过一个例子来进一步说明线性哈希表查找。

【例 12.7】编写实现下面线性哈希表的程序：哈希函数为 $Address(R_i)=INT(key/5)+1$，将关键字序列(10，8，7，6，30，25，15，2，12，5，16，28，18，9，22)依次填入长度为 n=15 的线性哈希表中，输出该线性哈希表，并查找各关键字在线性哈希表中的位置。

程序内容如下：

```
#include <iostream.h>
template <class HTType>
class HTnode
{
    public:
        int mark;
        HTType keyword;
};
template <class HTType>
class Linear_Hash_Table
```

```
{
    public:
        Linear_Hash_Table() {N=0;}
        Linear_Hash_Table(int);
        void Cout_Linear_Hash_Table();
        int Detect_Linear_Hash_Table();
        void Append_Linear_Hash_Table(int (*f)(HTType), HTType);
        int Search_Linear_Hash_Table(int (*f)(HTType), HTType);
    private:
        int N;
        HTnode<HTType> *LHFirst;

};
template <class HTType>
Linear_Hash_Table<HTType>::Linear_Hash_Table(int m)
{
    int k;
    N=m;
    LHFirst=new HTnode<HTType>[N];
    for(k=0;k<N;k++)
        LHFirst[k].mark=0;
    return;
}
template <class HTType>
void Linear_Hash_Table<HTType>::Cout_Linear_Hash_Table()
{
    int k;
    for(k=0;k<N;k++)
        if(LHFirst[k].mark==0)
            cout<<"<null>"<<" ";
        else
            cout<<"<"<< LHFirst[k].keyword<<">";
            cout<<endl;
    return;
}
template <class HTType>
int Linear_Hash_Table<HTType>::Detect_Linear_Hash_Table()
{
    int k,count=0;
    for(k=0;k<N;k++)
        if(LHFirst[k].mark==0)
            count=count+1;
    return(count);
}
template <class HTType>
void Linear_Hash_Table<HTType>::Append_Linear_Hash_Table(int(*f)(HTType),
HTType x)
{
    int k;
    if(Detect_Linear_Hash_Table()==0)
    {
        cout<<"线性哈希表已满! "<<endl;
        return;
    }
    k=(*f)(x);
```

```
        while(LHFirst[k-1].mark)
    {
            k=k+1;
            if(k==N+1)k=1;
    }
    LHFirst[k-1].keyword=x, LHFirst[k-1].mark=1;
    return;
}
template <class HTType>
int Linear_Hash_Table<HTType>::Search_Linear_Hash_Table(int(*f)(HTType), HTType x)
{
    int k;
    k=(*f)(x);
    while((LHFirst[k-1].mark)&&( LHFirst[k-1].keyword!=x))
    {
        k=k+1;
        if(k==N+1)k=1;
    }
    if((LHFirst[k-1].mark)&&( LHFirst[k-1].keyword==x))
        return(k);
        return(0);
}
 int Hashfun(int key)
{
    return(key/5+1);
}


 void main()
{
    int Array[ ]= {10,8,7,6,30,25,15,2,12,5,16,28,18,9,22};
    int n= sizeof(Array)/sizeof(Array[0]);
    Linear_Hash_Table<int> LHT1(n);
        cout<<"关键字序列是: "<<endl;
    for(int i=0;i<n;i++)
    cout<< Array[i]<<" ";
    cout<<endl;
    for(int j=0;j<n;j++)
        LHT1.Append_Linear_Hash_Table(Hashfun, Array[j]);
    cout<<"线性哈希表中的关键字依次是: "<<endl;
    LHT1.Cout_Linear_Hash_Table();
    cout<<"查找的各关键字在线性哈希表中的位置是: "<<endl;
    for(int k=0;k<n;k++)
        cout<< LHT1.Search_Linear_Hash_Table(Hashfun, Array [k])<<" ";
    cout<<endl;
}
```

运行该程序后，输出结果如下：

关键字序列是:

10　8　7　6　30　25　15　2　12　5　16　28　18　9　22

线性哈希表中的关键字依次是:

<2><8><10><7><6><25><30><15><12><5><16><28><18><9><22>

查找的各关键字在线性哈希表中的位置是:

3　2　4　5　7　6　8　1　9　10　11　12　13　14　15

程序分析：

该程序用一个类模板 HTnode<HTType>定义了线性哈希表的结点结构，模板类型参数为HTType。mark 标识表项的空或非空，keyword 表示数据元素的关键字。

该程序定义了一个线性哈希表的类模板 Linear_Hash_Table <HTType>，模板类型参数为HTType。该类模板有两个构造函数，其中 Linear_Hash_Table(int)是建立线性哈希表的存储空间；成员函数 Cout_Linear_Hash_Table()完成顺序输出线性哈希表中的数据元素；Detect_Linear_Hash_Table()用来检测线性哈希表中空项个数；Append_Linear_Hash_Table(int (*f)(HTType), HTType) 完成线性哈希表的填入；Search_Linear_Hash_Table(int (*f)(HTType), HTType) 完成线性哈希表查找。私有数据成员 N 是线性哈希表的长度；LHFirst 是线性哈希表存储空间的首地址。

该程序的主函数生成一个模板类 Linear_Hash_Table<int>，并使用这个模板类建立了一个空线性哈希表 LHT1，随后完成线性哈希表的填入和查找，并输出该线性哈希表和查找到的各关键字在线性哈希表中的位置。

12.2.2 排序运算

基本的排序运算包括互换排序、插入排序和选择排序。冒泡排序是一种最简单的互换排序方法，第 4 章的例 4.9、第 11 章的例 11.2 都使用了冒泡排序，这里不再赘述。下面介绍插入排序和选择排序。

1. 插入排序

插入排序是将无序线性表中的各数据元素依次插入到有序线性表中。一般而言，可以把无序线性表中的第 1 个数据元素看成一个有序子表，然后依次把无序线性表中第 2 个数据元素以后的各数据元素插入到这个有序子表中。也就说如果线性表中前 i-1 个数据元素已经有序，只需再将线性表中的第 i 个数据元素插入到前面的有序子表中，就完成了 i 个数据元素的插入排序。

下面通过一个例子来进一步说明插入排序。

【例 12.8】编写一个程序，能够对由整数组成的线性表进行插入排序。

程序内容如下：

```
#include <iostream>
#include<iomanip>
using namespace std;
template <class ISType>
void Insert_Sort(ISType A[], int n)
{
    int i,j;
    ISType Temp;
    for(i=1;i<n;i++)
    {
        Temp=A[i];
        j=i;
        while((j>0) && (A[j-1]>Temp))
        {
            A[j]=A[j-1];
            j--;
        }
        A[j]=Temp;
    }
}
void main()
```

```
{
    int a[]={4,10,8,6,12,7,16,72,56,99,100};
    int m=sizeof(a)/sizeof(a[0]);
    cout<<"原始线性表是: "<<endl;
    for(int i=0; i<m; i++)
        cout<<setw(5)<<a[i];
    cout<<endl;
    Insert_Sort (a,m);
    cout<<"插入排序后的有序表是: "<<endl;
    for( int j=0; j<m; j++)
    cout<<setw(5)<<a[j];
    cout<<endl;
}
```

运行该程序后，输出结果如下：

原始线性表是:

4　10　8　6　12　7　16　72　56　99　100

插入排序后的有序表是:

4　6　7　8　10　12　16　56　72　99　100

程序分析：

该程序定义了一个完成插入排序的函数模板 Insert_Sort(ISType,int)，模板类型参数是 ISType。

该程序的主程序中模板函数 Insert_Sort (a,m)被调用时，ISType 代表 int 类型，这是因为数组 a[]是整型数组。

2. 选择排序

选择排序是扫描整个线性表，从中选出值最小的数据元素，将它交换到线性表的最前面；然后对剩下的子表采用同样的方法，直到子表为空才结束。

下面通过一个例子来进一步说明选择排序。

【例 12.9】编写一个程序，对由整数组成的线性表进行选择排序。

程序内容如下：

```
#include <iostream>
#include <iomanip>
using namespace std;
template <class SSType>
void Select_Sort(SSType A[], int n)
{
    int minvalue,Temp;
    for(int i=0; i<n-1; i++)
    {
        minvalue =i;
        for(int j=i+1; j<n; j++)
            if(A[j]<A[minvalue])
                minvalue =j;
        Temp=A[i];
        A[i]=A[minvalue];
        A[minvalue]=Temp;
    }
}
void main()
{
int a[]={4,10,8,6,12,7,16,72,56,99,100};
int m=sizeof(a)/sizeof(a[0]);
cout<<"原始线性表是: "<<endl;
```

```
for(int i=0; i<m; i++)
    cout<<setw(5)<<a[i];
cout<<endl;
Select_Sort(a,m);
cout<<"选择排序后的有序表是: "<<endl;
for( int j=0; j<m; j++)
    cout<<setw(5)<<a[j];
cout<<endl;
}
```

运行该程序后，输出结果如下：

原始线性表是：

4 10 8 6 12 7 16 72 56 99 100

选择排序后的有序表是：

4 6 7 8 10 12 16 56 72 99 100

程序分析：

该程序定义了一个完成选择排序的函数模板 Select_Sort(SSType,int)，模板类型参数是 SSType。该程序的主程序中模板函数 Select_Sort(a,m)被调用时，SSType 代表 int 类型。

练习题 12

12.1 判断题

1．栈的两端都可以添加和删除数据元素。

2．队列具有先入队的数据元素先退队的特点。

3．以 1,2,3, …, n 顺序入队，可能的退队序列有多种。

4．在循环队列中，front 指向队头元素的前一个位置，rear 指向队尾元素的位置，则队满的条件是 front=rear。

5．线性链表的每一个结点由值域和指针域组成，不需要使用表头指针。

6．在单向链表中要取得某个元素，只要知道该元素所在结点的地址即可，因此单向链表是随机存储结构。

7．二叉树中没有子结点的结点被称为叶子。

8．二叉链表中每个结点都由一个值域和两个链域组成，叶子结点的链域可以不空。

9．二叉树中的一个结点最多有两个子结点。

10．在二叉树的前序遍历序列中，任意一个结点均处在其子结点的前面。

11．查找运算是在一个给定的数据结构中查找指定的数据元素。

12．哈希表查找需要进行数据元素的比较。

13．哈希表构建时需要考虑解决哈希地址冲突的问题。

14．线性哈希表的填入和查找都需要计算哈希函数的值。

15．排序是将一个无序序列通过运算排列成有序序列。

12.2 单选题

1．一个队列的入队顺序是 1，2，3，4，5，6，则该队可能的退队序列是（　　　）。

A．1，2，3，4，5，6　　　　　　　　　B．1，3，2，4，5，6

C．1，4，2，3，6，5　　　　　　　　　D．1，4，2，5，6

2．线性表采用链式存储结构时，其地址（　　　）。

　　A．必须是连续的　　　　　　　　　　B．部分地址必须是连续的

　　C．一定是不连续的　　　　　　　　　　D．连续与否均可以

3．由单向链表可以判断链接存储结构中的数据元素之间的逻辑关系是由（　　　）表示的。

　　A．线性结构　　　　B．非线性结构　　　　C．存储位置　　　　D．指针

4．单向链表不具有的特点是（　　　）。

　　A．可随机访问任一元素　　　　　　　　B．插入、删除不需要移动元素

　　C．不必事先估计存储空间　　　　　　　D．所需空间与线性表长度成正比

5．在一个单向链表中，已知 q 所指结点是 p 所指结点的前件，若在 q 和 p 之间插入 s 所指结点，则执行（　　　）操作。

　　A．s->next=p->next; p->next=s;　　　　B．q->next=s; s->next=p;

　　C．p->next=s->next; s->next=p;　　　　D．p->next=s; s->next=q;

6．在解决计算机主机与打印机之间速度不匹配问题时通常设置一个打印缓冲区，该缓冲区应该是一个（　　　）结构。

　　A．栈　　　　　　　B．队列　　　　　　　C．数组　　　　　　　D．线性表

7．栈和队列的主要区别在于（　　　）。

　　A．它们的逻辑结构不一样　　　　　　　B．它们的存储结构不一样

　　C．所包含的运算不一样　　　　　　　　D．插入、删除运算的限定不一样

8．任何一棵二叉树的叶子结点在前序、中序、后序遍历序列中的相对次序（　　　）。

　　A．肯定不发生改变　　　　　　　　　　B．肯定发生改变

　　C．不能确定　　　　　　　　　　　　　D．有时发生变化

9．前序遍历和中序遍历结果相同的二叉树是（　　　）。

　　A．根结点无左子结点的二叉树　　　　　B．根结点无右子结点的二叉树

　　C．所有结点只有左子树的二叉树　　　　D．所有结点只有右子树的二叉树

10．已知一个有序表为（12，18，24，35，47，50，62，83，90，115，134），当对分查找值为 90 的元素时，经过（　　　）次比较后查找成功。

　　A．2　　　　　　　　B．3　　　　　　　　C．4　　　　　　　　D．5

11．哈希表技术中的冲突指的是（　　　）。

　　A．两个元素具有相同的序号

　　B．两个元素的关键字不同，而其他属性相同

　　C．数据元素过多

　　D．不同关键字的元素对应于相同的存储地址

12．设线性哈希表的表长 m=14，哈希函数 H(k)=k mod 11。表中已有 15、38、61、84 四个数据元素，则元素 49 的存储地址是（　　　）。

　　A．8　　　　　　　　B．3　　　　　　　　C．5　　　　　　　　D．9

13．用插入排序对下面四个序列进行由小到大排序，元素比较次数最少的是（　　　）。

　　A．94, 32, 40, 90, 80, 46, 21, 69　　　　B．21, 32, 46, 40, 80, 69, 90, 94

　　C．32, 40, 21, 46, 69, 94, 90, 80　　　　D．90, 69, 80, 46, 21, 32, 94, 40

14．利用选择排序对 n 个数据元素进行排序，最坏情况下，记录交换的次数为（　　　）。

　　A．n　　　　　　　　B．n/2　　　　　　　C．n-1　　　　　　　D．n/2-1

15.（　　　）方法是从未排序序列中挑选元素，并将其放入已排序序列的一端。

    A．归并排序　　　B．插入排序　　　　C．快速排序　　　　D．选择排序

12.3　填空题

1．栈只允许在表的末端进行添加和删除操作，这一端被称为_____，不允许添加和删除操作的另一端被称为_____。

2．队列中允许添加的一端称为_____，允许删除的一端称为_____。

3．线性链表可以方便地进行插入、删除运算，并且_____可变。

4．设有一个已按各元素值排好序的线性表，长度为125，用对分查找与给定值相等的元素，若查找成功，则至少需要比较_____次，至多需比较_____次。

5．排序的主要目的是为了以后对已排序的数据元素进行_____。

12.4　分析下列程序的输出结果。

1.
```cpp
#include<iostream>
using namespace std;
int binary_search(char *data, int len, char target)
{
    int high=len-1,low=0,mid;
    mid=(high+low)/2;
    while(high>=low)
    {
        if(target>data[mid])
                low=mid+1;
        else if(target<data[mid])
                high=mid-1;
        else
                return mid;
        mid=(high+low)/2;
    }
    return -1;
}
void main()
{
  char a[]="abcdefghijklmn";
  char taget;
  cout<<"输入要查找的字符\n";
  cin>>taget;
  int i=binary_search(a,strlen(a),taget);
  if(i==-1)
        cout<<"Not Foun!\n";
  else
        cout<<"找到"<<a[i]<<"在第"<<i+1<<"位置!"<<endl;
}
```

2.
```cpp
#include<iostream>
using namespace std;
void main()
{
    int i, j;
    float t, a[5];
```

```
        cout<<"请输入 5 个浮点数: "<<endl;
        for ( i=0; i<=4; i++)
        {
            cout<<"a["<<i<<"]=";
            cin>>a[i];
        }
        for(i=0;i<=3;i++)
        for(j=i+1;j<=4;j++)
            if(a[i]<=a[j])
            {
                t= a[i];
                a[i]=a[j];
                a[j]=t;
            }
        for(i=0;i<=4;i++)
            cout<<a[i]<<" ";
        cout<<endl;
    }
```

3.

```
#include<iostream>
using namespace std;
void main()
{
    int a[]={3,1,9,7,4,10,6,5,8,2},i,j,temp,len=10;
    for(i=0;i<len-1;i++)
    {
        for(j=0;j<len-1-i;j++)
        {
            if(a[j]>a[j+1])
            {
                temp=a[j];
                a[j]=a[j+1];
                a[j+1]=temp;
            }
        }
    }
    for(i=0;i<len;i++)
        cout<<a[i]<<"  ";
    cout<<endl;
}
```

4.

```
#include<iostream>
using namespace std;
class ElemType
{
    public:
        int data;
};
void InsertSort(ElemType A[], int n)
{
    ElemType x;
    int i, j;
    for(i=1; i<n; i++)
    {
        x=A[i];
        for(j=i-1; j>=0; j--)
        if(x.data<A[j].data)
                A[j+1] = A[j];
        else break;
```

```
            A[j+1]=x;
        }
    }
    void main()
    {
        ElemType a[6];
        a[0].data=28;
        a[1].data=15;
        a[2].data=46;
        a[3].data=59;
        a[4].data=99;
        a[5].data=85;
        InsertSort(a, 6);
        for(int i=0; i<6; i++)
        {
            cout<<a[i].data<<endl;
        }

    }
```

5.
```
#include <iostream>
using namespace std;
void shellSort(int *arr, int len, int *p, int len1);
void main()
{
    int num[15]={10,15,26,37,2,8,55,88,91,60,20,100,105,3,120};
    int i;
    cout<<"待排序数据元素: ";
    for(i=0;i<15;i++)
            cout<<num[i]<<" ";
    int s[3]={5,3,1}; shellSort(num,15, s,3);
    cout<<endl;
}
void shellSort(int *arr, int len, int *p, int len1)
{
    for (int i = 0; i < len1; i++)
    {
        int d = p[i];
        for (int n = 0; n < d; n ++)
                for (int j = n + d; j < len; j = j + d)
                    if (arr[j] < arr[j - d])
                    {
                            int tmp = arr[j];
                            for (int k=j-d; k>=0 && arr[k]>tmp; k=k-d)
                                    arr[k + d] = arr[k];
                            arr[k + d] = tmp;
                    }
        cout<<endl;
        cout<<"第"<<i+1<<"趟排序结果: ";
        for(int m=0;m<15;m++)
                cout<<arr[m]<<" ";
        cout<<endl;
    }
}
```

12.5 编程题

1. 根据键盘输入的二叉树前序遍历序列构建相应的二叉树,并计算该二叉树的叶子结点个数。

2. 利用类模板实现对一个有序数组采用对分法查找元素下标。

12.6 简单回答下列问题

1. 关于队列，能不能在除队头和队尾之外的其他位置入队和出队？

2. 数组 Q[n]用来表示一个循环队列，front 为队头元素的前一个位置，rear 为队尾元素的位置，写出计算队列中元素个数的公式。

3. 简述队列和栈这两种数据结构的相同点和不同点。

4. 某二叉树的前序遍历序列是 ABCDEFG，中序遍历序列是 CBDAFGE，则其后序遍历序列是什么？

5. 假定一个数列{25，43，62，31，48，56}，采用的哈希函数为 H(k)=k mod 7，则与数据元素 48 同义的是哪个数据元素？

上机指导 12

12.1 上机要求

1. 熟悉栈的初始化，入栈、出栈运算。

2. 熟悉循环队列的建立，入队、退队运算。

3. 熟悉单向链表的状态检测、数据元素扫描、插入、删除等运算。

4. 了解二叉链表的建立以及二叉树的遍历。

5. 熟悉顺序查找、对分查找；了解哈希表查找。

6. 熟悉插入排序和选择排序，能够利用插入排序和选择排序进行线性表的排序。

12.2 上机练习题

1. 上机调试本章例 12.1 程序，熟悉栈的工作原理，并将调试结果与分析结果进行比较。

2. 上机调试本章例 12.2 程序，熟悉循环队列的内容，并回答所提出的思考题。

3. 上机调试本章例 12.3 程序，并回答所提出的思考题。

4. 上机调试本章例 12.4 程序，了解二叉链表的遍历，并将调试结果与分析结果进行比较。

5. 上机调试本章例 12.5 程序，熟悉顺序查找，并将调试结果与分析结果进行比较。

6. 上机调试本章例 12.6 程序，熟悉对分查找，并回答所提出的思考题。

7. 上机调试本章例 12.7 程序，熟悉线性哈希表的建立和查找，并将调试结果与分析结果进行比较。

8. 上机调试本章例 12.8 程序，并将调试结果与分析结果进行比较。完成除整型外的其他数据类型的插入排序。

9. 上机调试本章例 12.9 程序，并将调试结果与分析结果进行比较。

10. 上机调试练习题 12.4 中的 5 个程序，将输出结果与上机前的分析结果进行比较。

11. 上机调试练习题 12.5 中的 2 个编程题，将编写的程序上机调试通过。

第13章
异常处理和命名空间

C++具有强大的扩展功能，但也大大增加了错误产生的可能性和种类。因此使用 C++语言编写软件时，不仅要保证软件的正确性，还应使其具有较强的容错能力，即能够处理异常。在第 12 章的程序中已经多次使用了 "using namespace std;" 语句，这是使用了标准命名空间 std。模板、异常处理、命名空间和多重继承是 C++语言的重要特性，也被认为是编写大规模 C++软件的主要工具，这些工具的作用是帮助程序开发人员更方便地进行程序设计和调试。本书前面已经介绍了多重继承和模板的内容，因此本章主要介绍异常处理和命名空间。

13.1 异 常 处 理

异常是指程序在运行过程中遇到的不正常情况。如除数为 0、数组越界或者存储空间耗尽等。异常处理是指程序中独立开发的各部分能够就程序异常进行相互通信，并处理这些问题。通过异常处理，可以将检测问题和解决问题分离，程序的某部分能够检测本部分无法解决的问题并将问题传递给准备处理问题的其他部分。

在规模较小的 C++程序中，可以使用比较简单的方法处理异常，如：用 exit 语句退出程序；用 if 语句判断运行条件是否满足，不满足则输出一个错误信息等。可是在一个大型的软件系统中，函数之间有着明确的分工和复杂的相互调用关系，但为了避免程序过于复杂和庞大，并不使每一个函数都具备处理异常的能力，C++采取这样的方法进行异常处理：正在执行的函数出现了异常，如果此函数不能处理，就抛出异常并传给它的调用函数，调用函数捕捉到异常后进行处理；如果调用函数也不能处理，则再逐级向上传递，直至异常被处理完毕为止，或者在都无法处理的情况下终止程序的执行。通过异常处理，程序可以更好地解决意想不到的问题，使程序从异常事件中恢复而得以继续运行。

13.1.1   C++的异常处理机制

C++的异常处理机制包括 try（检查）、throw（抛出）和 catch（捕捉）等 3 个部分。

1. 语法格式

throw 语句的一般语法格式为：

```
throw <表达式>;
```

其中，throw 是关键字，其后紧接一个表达式。这个表达式表示异常类型（也称异常信息）。异常类型可以是系统已有的类型，也可以是用户自定义的类型，如类、结构体。如果程序中要设置多处抛出异常，必须使用不同类型的表达式来区别，不能用表达式的值来区分不同的异常。

throw 语句可以没有表达式，语法格式为：

```
throw;
```

如果一个函数中出现这条语句，表示此函数不处理异常，而是把异常再次抛出(即重抛出异常)，传递给其上一级类或者函数。因此这个语句只能出现在 catch 语句之中。但如果开始不抛出异常，重抛出异常要调用系统定义的函数 terminate()。函数 terminate()的缺省行为是调用函数 abort()，终止程序运行。

try-catch 语句是一个整体，catch 语句块必须紧跟在 try 语句块之后，不能单独使用，二者之间不能插入其他语句。在 try 语句块出现之前，不能出现 catch 语句块。try-catch 语句的一般语法格式为：

```
try
        {被检查的语句}
catch    (异常类型[参数] )
        {异常处理语句}
```

其中，try、catch 是关键字。{被检查的语句}是可能发生异常的程序段。{异常处理语句}是异常处理程序，只要 catch 后的异常类型与 throw 表达式的类型相匹配，就能捕捉由 throw 抛出的异常。try 和 catch 后必须有用花括号括起来的复合语句，即使只有一个语句，也不能省略花括号。catch 后面的圆括号中只能有一个形参，但该形参是可选的，所以一般只写异常的类型。但在捕获异常的同时还要利用 throw 抛出的值，catch 就必须带有参数，表示指定变量或类对象。如：

```
catch(int y)
{cout<<"throw"<<y;}
```

此时如果 throw 抛出的异常是 int 型的变量 x，则 catch 在捕获 int 型异常的同时还指定变量 y，并使 y 获得了 x 的值，或者说 y 得到 x 的一个拷贝。因为这样声明的结果是将抛出的异常表达式的值进行了复制。如果不想得到一个拷贝值，而是希望获得表达式本身的值，则需把 catch 的参数声明为引用，如：catch(int &)。

关于 try-catch 语句还需作如下说明。

① 一个函数可以只有 try 语句块而无 catch 语句块，也就是在此函数中只检查并不处理，把 catch 语句块放在其他函数中。

② 一个 try-catch 语句中只能有一个 try 语句块，但却可以有多个 catch 语句块，以便与不同的异常匹配。catch 只检查所捕捉异常的类型，并不检查它们的值，这也是为什么对于不同异常 throw 必须抛出不同类型异常的原因。

③ 如果 catch 语句块的格式为：

```
catch  (…)
        {异常处理语句}
```

表示它可以捕捉任何类型的异常，但必须放在 try-catch 结构中的最后，相当于"其他"。如果把它作为第一个 catch 子句，则后面的 catch 子句都不起作用。catch (…)语句可以单独使用。

④ try-catch 语句可以与 throw 出现在同一个函数中，也可以不在同一个函数中。

⑤ C++只处理放在 try 语句块中的异常，可以理解为这些异常被监控，那些不在监控之中的异常 C++是不会处理的。因此对于可能发生异常的程序段，必须放在 try 语句块中，否则不起作用。

综合来讲，编程时如果预料到某段程序代码(或对某个函数的调用)有可能发生异常，就将它放在 try 语句的{被检查的语句}中。程序运行时通过正常的顺序执行到达 try 语句块，并执行{被

检查的语句}；如果{被检查的语句}在执行期间没有引起异常，那么跟在 try 语句块后的所有 catch
语句就不执行；如果{被检查的语句}在执行期间或其调用的任何函数中(直接或间接的调用)有异
常被抛出，按 catch 异常处理语句在 try 语句块后出现的顺序进行检查。如果找到了一个匹配异常
类型，就进入相应的 catch 处理程序。如果 throw 抛出的异常最终也找不到与之匹配的 catch 语句，
程序会调用函数 terminate()，终止程序运行。

下面通过几个例子来说明 C++异常处理机制的定义和使用方法。

【例 13.1】编写一个检测除数为 0 的异常处理程序，能够表示并处理除数为 0 的异常。

程序内容如下：

```
#include <iostream.h>
class Div_Exception
{
    public:
        Div_Exception(): message ("Attempted to divide by zero!") {}
        const char* Cout_Message()
        {
            return message;
        }
    private:
        const char* message;
};
double divide(int dividend, int divisor)
{
    if (divisor == 0) throw Div_Exception();
    return static_cast<double>(dividend)/divisor;
}
void main()
{
    int N1,N2;
    cout << "Enter two integers: ";
    while(cin>>N1>>N2)
    {
        try
        {
            cout <<"The result is: "<<divide(N1, N2)<<endl;
        }
        catch(Div_Exception &a)
        {
            cout <<"Exception occurred: "<<a. Cout_Message () <<endl;
        }
        cout <<"Enter two integers: ";
    }
}
```

运行该程序后，输出结果如下：

```
Enter two integers: 99 10
The result is: 9.9
Enter two integers: 88 5
The result is: 17.6
Enter two integers: 16 0
Exception occurred: Attempted to divide by zero!
Enter two integers:
```

程序分析：

该程序定义了一个类 Div_Exception 来实现抛出异常，用于处理除数为零的情况。这个类可以称为异常类，该类有两个公有成员函数：一个是默认的构造函数，用来初始化常数据成员 message；另一个是 Cout_Message()，输出 message 的内容。

该程序定义了一个函数 divide(int, int)实现除法运算，并在函数中定义了除数为零时抛出异常类 Div_Exception。

该程序在主函数中通过 try-catch 语句定义了捕捉异常，捕捉的类型是 Div_Exception 类，同时指定了类对象引用 a。当程序执行到 try 语句块时，若除数不为零，则 catch 语句块不执行。也就是说，虽然 catch 语句块定义在 try 语句块的后面，但若在执行 try 语句块期间没有发生异常，则程序流程会跳过 catch 语句块，继续执行后面的语句。如果除数为零，函数 divide(int, int)在运行时检测到 "divisor==0" 为真，"throw Div_Exception();" 语句会抛出一个异常类 Div_Exception。函数 divide(int, int)本身并不处理该异常，异常被传递给调用函数 main()。异常被 catch (Div_Exception &)捕捉后，程序流程转至 catch (Div_Exception &)内执行异常处理代码，这里是输出了警告信息。异常处理完毕，继续执行 catch 语句块后面的语句。注意该程序 catch 语句块后的 cout <<"Enter two integers: ";语句不属于 catch 语句块。

【例 13.2】编写一个求三角形周长的程序。三角形的三条边分别是 a, b, c, 只有 a+b>c, b+c>a, c+a>b 时才能构成三角形。设置异常处理，对不符合三角形条件的输出警告信息，不进行计算。

程序内容如下：

```cpp
#include <iostream.h>
int tri(int a, int b,int c)
{
    int s=a+b+c;
    if (a+b<=c||b+c<=a||c+a<=b) throw a;
    cout<<"三角形周长是: ";
    return s;
}
void main()
{
    int a,b,c;
    cout<<"输入三条边的长度(3 个整数): ";
    cin>>a>>b>>c;
    try
    {
        while(a>0 && b>0 && c>0)
        {
            cout<<tri(a,b,c)<<endl;
            cout<<"输入三条边的长度(3 个整数): ";
            cin>>a>>b>>c;
        }
    }
    catch(int)
    {
        cout<<"a="<<a<<",b="<<b<<",c="<<c<<": 不能组成一个三角形!"<<endl;
    }
     cout<<"若要计算其他三角形的周长,请重新运行程序! "<<endl;
}
```

运行该程序后，输出结果如下：

输入三条边的长度(3个整数)：8 9 10

三角形周长是：27

输入三条边的长度(3个整数)：1 2 3

a=1,b=2,c=3：不能组成一个三角形！

若要计算其他三角形的周长，请重新运行程序！

程序分析：

该程序定义了一个函数 tri(int, int, int)计算三角形的周长，并在函数中定义了不符合三角形条件时抛出异常，异常类型是 int 型。在主函数中通过 try-catch 语句定义了捕捉异常，捕捉类型也是 int 型。当不满足三角形条件时，throw 抛出 int 型的异常 a。throw 抛出异常后，程序流程立即离开本函数，转到其上一级的函数 main()，进入 catch 的处理程序。

思考题：把该程序中的 if (a+b<=c||b+c<=a||c+a<=b) throw a;语句中的 throw a 改写成 throw b 或者 throw c，程序的输出结果会如何变化？请读者自行上机调试并思考为什么。

【例 13.3】分析下列程序的输出结果，熟悉重抛出异常的用法。

程序内容如下：

```cpp
#include <iostream>
#include <stdexcept>
using namespace std;
void throw_fun()
{
    try
    {
        cout << "    函数 throw_fun()抛出异常! "<< endl;
        throw exception();
    }
    catch ( exception & )
    {
        cout << "    函数 throw_fun()中的异常处理程序! "<< endl;
        cout<< "    函数 throw_fun()重抛出异常!"<< endl;
        throw;
    }
    cout << "    函数 throw_fun()运行! "<< endl;
}
void main()
{
    try
    {
        cout << "主函数 main()调用函数 throw_fun(): "<< endl;
        throw_fun();
        cout << "主函数 main()运行!";
    }
    catch ( exception & )
    {
        cout << "主函数 main()中的异常处理程序! "<< endl;
    }
    cout << "主函数 main()在异常处理后继续运行! "<< endl;
}
```

运行该程序后，输出结果如下：

主函数 main() 调用函数 throw_fun()：

　　函数 throw_fun() 抛出异常！

　　函数 throw_fun() 中的异常处理程序！

　　函数 throw_fun() 重抛出异常！

主函数 main() 中的异常处理程序！

主函数 main() 在异常处理后继续运行！

程序分析：

该程序头文件中的#include <stdexcept>语句是包含 C++标准库提供的异常类，这是一个层次结构，包含很多异常类。若要使用这些系统定义的异常类，必须在程序中包含头文件<stdexcept>。关于头文件<stdexcept>的相关内容请参见附录 C。

该程序定义了一个 throw_fun()函数，该函数通过一个 try-catch 语句定义了捕捉异常，捕捉异常的类型是 exception 类的对象引用，exception 类是系统定义的异常类；在 try-catch 语句的 try 语句块中抛出异常，异常类型是 exception 类，在 catch 语句块中重抛出异常。主函数 main()通过一个 try-catch 语句也定义了捕捉异常，捕捉类型也是 exception 的类对象引用。在 try 语句块中调用了函数 throw_fun()。

思考题：该程序中定义了抛出异常和重抛出异常，请读者结合输出结果自行分析异常处理的执行过程。

【例 13.4】分析下列程序的输出结果，熟悉多种异常类型的处理。

程序内容如下：

```cpp
#include <iostream.h>
char Change_function(int s)
{
    char y;
    if (s<0) throw s;
    else if (s>100) throw s+10.0;
    else
    {
        if (s>=90)          y= 'A';
        else if (s>=80)     y= 'B';
        else if (s>=70)     y= 'C';
        else if (s>=60)     y= 'D';
        else                y= 'E';
    }
    return y;
}
void main()
{
    cout<< "将百分制成绩转换成五分制!"<<endl;
    cout<< "输入一个整数分数(0-100): ";
    int x;
    while(cin>> x)
    {
        try
        {
            Change_function(x);
        }
        catch (int a)
```

```
        {
            cout<< "输入的分数"<<a<< "小于 0! "<<endl;
            cout<< "输入一个整数分数(0-100): ";
            continue;
        }
        catch (double b)
        {
            cout<< "输入的分数"<<b-10<< "大于 100! "<<endl;
            cout<< "输入一个整数分数(0-100): ";
            continue;
        }
        cout<< "输入的分数是: "<<x<<", 它被转换的分值是: "
        << Change_function(x)<<endl;
        cout<< "输入一个整数分数(0-100): ";
    }
}
```

运行该程序后，输出结果如下：

将百分制成绩转换成五分制！

输入一个整数分数(0-100): 90

输入的分数是：90，它被转换的分值是：A

输入一个整数分数(0-100): 120

输入的分数 120 大于 100！

输入一个整数分数(0-100): -10

输入的分数-10 小于 0！

输入一个整数分数(0-100):

程序分析：

该程序是将百分制成绩转换成五分制并输出转换结果。如果成绩小于 0，程序会抛出并处理 int 型异常；如果成绩大于 100，程序会抛出并处理 double 型异常。

2. 异常规范

为了限制函数抛出的异常类型，C++允许在函数声明中指定可能抛出的异常类型，列出函数所抛出的一系列异常，这被称为异常规范或抛出表。

异常规范的语法格式为：

返回值类型　函数名(形参列表) throw (异常类型1, 异常类型2, 异常类型3, ……)

例如，例 13.1 中的函数声明可写为：

```
double divide(int dividend, int divisor) throw (Div_Exception)
```

异常规范只是给出了一个函数抛出异常的范围，在函数体中仍要指定抛出类型，否则异常声明不起作用。尽管如此，这个函数依然可以抛出其他类型的异常。如果一个函数抛出了异常规约范围之外的异常，会调用系统函数 unexpected()，从而保证程序的运行。

异常类型为空的异常规范表示函数不抛出任何异常，但该函数仍能抛出异常，而且同样调用系统函数 unexpected()。如：

```
double divide(int dividend, int divisor) throw()
```

不带异常规范的函数可以抛出任何异常。如：

```
double divide(int dividend, int divisor)
```

13.1.2　异常与继承

如果异常类型是类，则可以根据需要自行定义异常类，也可以使用 C++标准库中的异常类。不管是哪种形式，异常类都可以组织成一个层次结构，也就是说异常类可以存在继承关系。在公有继承方式的情况下，一个异常基类可以派生各种异常类。如果一个 catch 语句能够捕捉基类的异常，那么它也可以捕捉其派生类的异常。如果捕捉基类异常的 catch 语句在前，则捕捉其派生类异常的 catch 语句就会失去作用，因此，应该注意正确安排 catch 语句的顺序。一般情况下将处理基类异常的 catch 语句放在处理其派生类异常的 catch 语句之后。下面通过一个例子来说明捕捉派生类异常的方法。

【例 13.5】分析下列程序的输出结果。

程序内容如下：

```cpp
#include <iostream.h>
#include <fstream.h>
class Base_Exception
{
    public:
    void base_catch()
    {
        cout<<"File Exception!"<<endl;
    }
};
class derived_Exception:public Base_Exception
{
    public:
    void derived_catch()
    {
        cout<<"File Open Exception! "<<endl;
    }
};
void main()
{
    fstream in;
    in.open("Temp.txt", ios::in|ios::nocreate);
    try
    {
        if (!in) throw derived_Exception();
        char s[80];
        while (!in.eof())
        {
            in.getline(s,sizeof(s));
            cout<<s<<endl;
        }
        in.close();
    }
    catch(Base_Exception & a)
    {
        a. base_catch();
    }
    catch(derived_Exception & b)
    {
        b. derived_catch();
```

```
        }
    }
```
运行该程序后，输出结果如下：
```
File Exception!
```
程序分析：

该程序定义了两个异常类：一个是基类 Base_Exception；另一个是派生类 derived_Exception，继承方式是 public。

该程序的主函数 main()是要从文本文件"Temp.txt"中读出信息。当"Temp.txt"不存在时抛出异常类 derived_Exception()。由于捕捉基类异常的 catch 语句在前，因此捕捉派生类异常的 catch 语句就没有起做用。

该程序的输出结果是当前目录下不存在文件"Temp.txt"时，程序运行后的结果。

思考题：（1）如果把该程序中的语句：
```
catch(Base_Exception & a)
{
    a. base_catch();
}
catch(derived_Exception & b)
{
    b. derived_catch();
}
```
变为：
```
catch(derived_Exception & b)
{
    b. derived_catch();
}
catch(Base_Exception & a)
{
    a. base_catch();
}
```
程序运行后的输出结果是什么？

（2）在程序运行的当前目录下建立"Temp.txt"文件，并输入"Hello!"，内容保存后再运行该程序，输出结果又是什么？

13.1.3 构造函数和析构函数的异常处理

构造函数的功能是初始化类对象；析构函数的功能是释放所创建的类对象，即将类对象从内存中清除掉。

构造函数没有返回类型，在其执行过程中出现的错误无法通过返回值来报告运行状态，只有强行终止或通过异常来处理。如果在初始化类对象时构造函数发生了异常，则该类对象可能只是部分地被构造：一些成员可能已经被初始化，而另外一些成员在异常发生之前还没有被初始化。如果系统没有完整地创建一个类对象，系统不会调用析构函数来释放它，这样构造函数发生异常前所创建的类对象成员有时不被释放（如：已经使用了 new 运算符）。构造函数的异常处理方法是：在构造函数发生异常时，需要保证已创建的类对象成员能够被释放，然后才抛出异常。

对于析构函数的异常，可以使用与一般异常同样的方法去处理。但析构函数发生异常时，如果异常之后还有释放类对象成员的语句，这些语句将不会被执行，从而导致内存的泄漏。因此析构函数一般不抛出异常。

下面通过一个例子来说明构造函数的异常处理。

【例 13.6】分析下列程序的输出结果，了解构造函数中的异常处理。

程序内容如下：

```cpp
#include <iostream.h>
#include <math.h>
class Tri
{
    public:
        Tri(int x, int y, int z)
        {
            cout<<"Constructor is called."<<endl;
            if((x+y)<z||(x+z)<y||(y+z)<x) throw x;
            side_a =x;
            side_b=y;
            side_c =z;
        }
        ~ Tri()
        {
            cout<<"Destructor is called."<<endl;
        }
        double area(int side_a, int side_b, int side_c)
        {
            double m=(side_a+side_b+side_c)/2;
            double s=sqrt(m*(m-side_a)*(m-side_b)*(m-side_c));
            return s;
        }
        void display()
        {
            cout<<"side_a ="<< side_a <<", side_b="<< side_b<<", side_c="
              << side_c<<": area="<<area(side_a, side_b, side_c)<<endl;
        }
    private:
        int side_a, side_b, side_c;
};
void main()
{
    try
    {
      Tri S1(7,8,20);
      S1.display();
    }
    catch(int)
    {
      cout<<"These sides can not constructor a triange!\n";
    }
}
```

运行该程序后，输出结果如下：

```
Constructor is called.
These sides can not construct a triange.
```

思考题：如果把该程序中的 Tri S1(7,8,20);语句改为 Tri S1(7,8,10);输出结果是什么？

请读者自行分析该程序，并结合该程序和思考题的输出结果观察构造函数异常对析构函数执行情况的影响。

13.2 命 名 空 间

变量、函数和类等实体的名字都是由标识符组成的。任何标识符都有作用域，在一个给定作用域中定义的标识符在该作用域中必须是唯一的。这对于庞大且复杂的应用程序而言是很难满足的，原因是这样的应用程序的全局作用域中一般有许多名字定义，如：标准库中的模板名、类型名或函数名等。在使用来自多个供应商的库编写应用程序时，有些名字难免会发生冲突。这就需要一种机制来防止全局标识符的命名冲突。命名空间（namespace）就是用来分隔全局标识符，限制全局标识符的作用域范围的。

13.2.1 命名空间的定义和使用方法

命名空间的一般定义格式为：

```
namespace <命名空间名>
{
    //命名空间成员说明
}
```

其中，namespace 是定义命名空间的关键字；<命名空间名>是为了定义命名空间而起的名字，可以用任意合法的标识符；命名空间成员可以是常量、变量、函数、类等。

命名空间的作用是建立一些互相分隔的作用域，分隔一些全局实体，避免产生名字冲突。可以根据需要设置许多个命名空间，每个命名空间名标识一个不同的命名空间域，不同的命名空间不能同名。这样，就可以把不同库中的实体放到不同的命名空间中。

命名空间成员的作用域就局限在该命名空间范围内。当在一个命名空间外使用该命名空间的成员时，必须用命名空间名与作用域运算符"::"来限定，即<命名空间名>::<命名空间成员>。

C++允许使用没有名字的命名空间。在无名命名空间中说明的标识符，使用时无法加命名空间名限定，因此在其他文件中无法引用，只能在本文件的作用域内使用它们。如：一个程序在文件 file1 中声明了以下的无名命名空间：

```
namespace
{
    int x,y;
    int fun(int a, int b)
    { return a*b; }
}
```

其中无名命名空间的成员为变量 x、y 和函数 fun(int,int)，它们的作用域都是在文件 file1 内。这些成员就是本程序的其他文件也无法使用它们，但是它们可以取代以前惯用的对全局变量的静态声明，如：static int x,y;

命名空间是可以嵌套的，即在一个命名空间的内部定义另外一个命名空间，形成多个层次的作用域。当从外部访问内层命名空间的成员时，需要使用多个作用域运算符。如：

```
namespace  rectangle
{
    int  area;
    namespace  size
    {
        int  length;
```

```
        int  width;
    }
}
```

这段语句定义了一个 rectangle 的命名空间,在命名空间 rectangle 中又定义了一个 size 的命名空间。当从外部空间使用 size 中的 width 成员时,需要限定:　rectangle::size::width=9;。

命名空间的定义可以是不连续的,C++允许将同一个命名空间中的定义和声明分开在多个文件里,也可以在同一个文件中分成许多段。命名空间由它的分离定义的总和构成,这些声明和定义最终都属于同一个命名空间。这样就可以随时把新的成员加入到已有的命名空间中去。无名的命名空间可以在给定文件中不连续,但不能跨越文件。

下面通过两个例子来说明命名空间的定义和使用方法。

【例 13.7】分析下列程序的输出结果,熟悉命名空间的定义和使用方法。

程序内容如下:

```
#include <iostream.h>
namespace ns1
{
    double a=99.9;
    double fun(double m)
    {
        double x=2*m;
        return x;
    }
}
namespace ns2
{
    int a=10;
}
namespace ns2
{
    int fun(int m)
    {
        int x=m*m;
        return x;
    }

}
void main()
{
    int a=68;
    cout <<"a="<<a<<endl;
    cout <<"ns1::a="<<ns1::a <<endl;
    cout <<"ns2::a="<<ns2::a <<endl;
    cout <<"ns1::fun(5.5)="<< ns1::fun(5.5)<<endl;
    cout <<"ns2::fun(9)="<< ns2:: fun(9)<<endl;

}
```

运行该程序后,输出结果如下:

```
a=68
ns1::a=99.9
ns2::a=10
ns1::fun(5.5)=11
ns2:: fun(9)=81
```

程序分析：

该程序定义了两个命名空间 ns1 和 ns2，其中 ns2 是分两段进行定义的。

该程序主函数 main()中"int a=68;"语句定义的 a 是局部变量。为了访问命名空间 ns1 中的变量 a、函数 fun(double)和命名空间 ns2 中的变量 a、函数 fun(int)，都使用了命名空间名与作用域运算符"::"来限定。

【例 13.8】分析下列程序的输出结果，熟悉无名命名空间和嵌套命名空间的定义及其成员的使用方法。

程序内容如下：

```cpp
#include <iostream.h>
namespace
{
    int area;
    int fun(int a, int b)
    {
        return a*b;
    }
}
namespace line
{
    int length;
    int width;
}
namespace rectangle
{
    int area;
    namespace size
    {
        int length;
        int width;
    }
}
void main()
{
    line::length=9;
    line::width=0;
    rectangle::size::length=9;
    rectangle::size::width=8;
    area=fun(line::length, line::width);
    rectangle::area=fun(rectangle::size::length, rectangle::size::width);
    cout<<"The area of this line is "<<area<<endl;
    cout<<"The area of this rectangle is "<< rectangle::area<<endl;
}
```

运行该程序后，输出结果如下：

```
The area of this line is 0
The area of this rectangle is 72
```

程序分析：

该程序定义了四个命名空间：一个是无名命名空间；一个是 line 命名空间；一个是 rectangle 命名空间，rectangle 命名空间又嵌套了 size 命名空间。

13.2.2　简化使用命名空间成员

当在一个命名空间外使用该命名空间的成员时，必须用命名空间名与作用域运算符"::"来限定，这样比较繁琐，尤其是嵌套的命名空间。C++提供了简化使用命名空间成员的机制：利用 using 语句访问命名空间成员和使用命名空间的别名。

1.　用 using 语句访问命名空间成员

利用 using 语句访问命名空间成员的格式为：

```
using namespace <命名空间名>;
```

或者

```
using <命名空间名>::<成员>;
```

其中，前一种方式可在当前作用域内直接访问指定命名空间的所有成员；后一方式是将指定命名空间中的指定成员引入到当前作用域内，但在当前作用域内仅能直接访问该成员，其他成员的访问依然要使用作用域运算符。

这两种方式引入的名字的作用域都是从 using 语句声明点开始，直到包含 using 语句作用域的末尾，名字都是可见的。外部作用域中定义的同名实体会被屏蔽。

这里需要注意的是，虽然前一种方式可以更简洁地使用命名空间中的所有名字，但是它也带来了一定的问题。只用一个语句，命名空间的所有成员名就都可见了。对于大规模的应用程序，如果程序中使用了许多库，并且利用这个语句使得这些库中的名字都可见，则全局标识符冲突的问题又重新出现。另外，当引入了库的新版本，若新版本引入一个标识符与程序正在使用的名字冲突，则正在工作的程序可能会编译失败。相对而言，对于大规模程序使用后一种方式会更好。

2.　使用命名空间的别名

为了避免命名空间名的同名冲突，有时命名空间名的标识符会很长。为使代码不太过冗长，需要给这样的命名空间取个较短易记的别名代替它，别名和原名是等价的。

为命名空间取别名的格式如下：

```
namespace <别名> = <命名空间名>;
```

其中，namespace 是关键字。如：

```
namespace PC = PersonalComputerNamespaceNameUsedinSetProject;
```

其中，**PersonalComputerNamespaceNameUsedinSetProject** 是已经定义的命名空间。取别名后，通过别名 PC 就可以访问这个命名空间的成员。

需要注意的是，只能给已经定义的命名空间名取别名，如果是未定义的命名空间名字将会出错。下面通过一个例子来说明如何简化使用命名空间成员。

【例 13.9】分析下列程序的输出结果，熟悉使用命名空间成员的简化机制。

程序内容如下：

```
#include <iostream>
using namespace std;
namespace MyCounterNameSpaceUsedInProjectOne
{
    int Max;
    int Min;
    class mycounter
    {
        public:
            mycounter(int);
```

```
            void reset(int);
            void run();
        private:
            int count;
    };
    mycounter::mycounter(int m)
    {
        if (m<Max) count=m;
        else
        {
            count=Max;
        }
    }
    void mycounter::reset(int n)
    {
        if (n<=Max) count=n;
    }
    void mycounter::run()
    {
        while (count>Min)
        {
            cout<< count<<" ";
            count--;
        }
    }
}
void main()
{
    using MyCounterNameSpaceUsedInProjectOne::Max;
    Max=100;
    namespace MC=MyCounterNameSpaceUsedInProjectOne;
    MC::Min=0;
    MC::mycounter A(20);
    A.run();
    cout << endl;
    using namespace MC;
    mycounter B(10);
    B.run();
    cout << endl;
    B.reset(15);
    B.run();
    cout << endl;
}
```

运行该程序后，输出结果如下：

```
20 19 18 17 16 15 14 13 12 11 10 9 8 7 6 5 4 3 2 1
10 9 8 7 6 5 4 3 2 1
15 14 13 12 11 10 9 8 7 6 5 4 3 2 1
```

程序分析：

该程序中定义了一个命名空间 MyCounterNameSpaceUsedInProjectOne。用 using MyCounterNameSpaceUsedInProjectOne::Max;指定了 Max 的作用域，所以 Max=100;语句中的 Max 就没有再用命名空间名与作用域运算符"::"来限定。为进一步简化，给命名空间 MyCounterNameSpaceUsedInProjectOne 取别名 MC。

该程序在没有指定 Min 的作用域时，使用 MC::Min=0;语句为 Min 赋值。使用 using namespace

MC;语句把 MyCounterNameSpaceUsedInProjectOne 命名空间中的所有名字都引入到当前作用域，因此其后就可直接访问该命名空间的所有成员。

该程序中用 using namespace std;语句使用了标准命名空间 std。

13.2.3　标准命名空间

为了避免 C++标准库中的标识符与程序中的全局标识符之间、不同库中的标识符之间的同名冲突，C++标准库的所有标识符都定义在一个名为 std 的命名空间中。也就是说标准头文件（如 iostream、iomanip、cstring 等）中的函数、类等都是在 std 中定义的，因此，在程序中使用 C++标准库时，需要使用 std 作为限定。

根据命名空间的定义和其成员的使用方法，使用 C++标准库中的任何标识符可以有以下有三种方式：

（1）直接指定标识符

如 std::cout、std::cin。程序中的一个完整语句可以是：std::cout << 100<< std::endl;

（2）使用 using 语句

如：

```
using std::cout;
using std::endl;
```
有了上面两条语句，（1）中的语句可以写成：
```
cout <<100<< endl;
```
（3）用 using 语句对命名空间 std 进行声明

如：

```
#include <iostream>
#include <string>
using namespace std;
```

有了 using namespace std;语句对命名空间 std 的声明，就可以直接访问 std 命名空间的所有成员，不必对 std 命名空间中的每个成员一一处理。这样在 std 中定义和声明的所有标识符在本文件中都可以作为全局量来使用，但要注意在程序中不能定义与命名空间 std 的成员同名的标识符。

如果按照是否使用命名空间，C++标准库可以分为两类库：一类是没有使用命名空间，与标准 C 兼容，其头文件的扩展名为".h"；另一类是使用了命名空间 std，不与标准 C 兼容，其头文件不加扩展名".h"；目前大多数 C++编译系统都支持上述两类库，下面两种用法是等价的，可以任选。

与 C 兼容　　　　　　　　　使用命名空间 std
```
#include <iostream.h>      #include <iostream>
#include <string.h>        #include <cstring>
                           using namespace std;
```
本书的例 12.5、12.6、12.8、12.9、练习题 12.4、例 13.3、13.9、练习题 13.4 中的程序都是使用了后一种用法，其余程序都是使用了前一种用法。

练习题 13

13.1　判断题

1．异常是指程序设计过程中遇到的不正常情况。

2．只能在出现异常的函数内部进行异常处理，不能在调用函数中进行处理。

3．异常类型可以是系统已有的类型，也可以是用户自定义的类型，如类、结构体等。

4．throw <表达式>;语句中的表达式值可以用来区分不同的异常。

5．throw 语句在没有表达式的情况下只能出现在 catch 语句之中。

6．try-catch 语句是一个整体结构，因此一个函数只要有 try 语句块就必须有 catch 语句块。

7．一个 try-catch 语句中只能有一个 try 语句块，但却可以有多个 catch 语句块，以便与不同的异常类型匹配。

8．catch (…) {异常处理语句}的形式可以捕捉任何类型的异常，其位置在 try-catch 结构中是任意的。

9．异常规范给出了一个函数抛出异常的范围和类型。

10．异常类是用来实现抛出异常的类，因此其不能存在继承关系。

11．构造函数的功能是初始化类对象，因此构造函数不能抛出异常。

12．命名空间成员的作用域就局限在该命名空间范围内。

13．C++不允许使用没有名字的命名空间。

14．C++允许将同一个命名空间中的定义和声明分开在多个文件里，也可以在同一个文件中分成许多段。

15．在一个命名空间外可以直接使用该命名空间的成员。

13.2 单选题

1．下面的问题不属于异常处理解决的是（　　　）。

    A．除数为零   B．出现编译错误

    C．环境条件出现意外   D．用户操作不当

2．下列 throw 语句，正确的是（　　　）。

    A．class err { }; throw err;   B．int err{}; throw err;

    C．void err {}; throw err;   D．class err {}; throw err();

3．关于函数声明 double fun(int a，int b) throw()，下列叙述正确的是(　　　)。

    A．表明函数抛出 double 类型异常   B．表明函数不抛出任何类型异常

    C．表明函数可抛出任何类型异常   D．表明函数抛出 int 类型异常

4．假如有下列异常声明：

```
class err {};
catch (err & a);
```

正确的 throw 语句是（　　　）。

    A．throw err(a);   B．throw err();

    C．throw err{&a};   D．err a; throw a;

5．能够处理任何类型异常的 catch 语句是（　　　）。

    A．catch() {}   B．catch(all) {}   C．catch(…) {}   D．catch_all() {}

6．下列叙述正确的是（　　　）。

    A．catch(…)语句不能捕获任何类型的异常

    B．一个 try 语句可以有多个 catch 语句

    C．catch(…)语句可以放在 catch 语句块的中间位置

    D．程序中 try 语句块与 catch 语句块是一个整体，缺一不可

7. 关于异常与继承，描述正确的是（   ）。

    A．尽管异常类可以组织成一个层次结构，但异常类不能存在继承关系

    B．一般将处理基类异常的 catch 语句放在处理其派生类异常的 catch 语句之前

    C．一个 catch 语句可以捕捉基类的异常，却不能捕捉其派生类的异常。

    D．在公有继承方式的情况下，一个异常基类可以派生各种异常类

8. 下列叙述错误的是（   ）。

    A．不放在 try 语句块中的异常也会被处理

    B．throw 语句必须在 try 语句块中直接运行或通过调用函数运行

    C．一个程序中可以有 try 语句而没有 catch 语句

    D．try-catch 语句可以与 throw 出现在同一个函数中，也可以不在同一个函数中。

9. 关于构造函数、析构函数与异常处理的关系中正确的是（   ）。

    A．构造函数可以抛出异常   B．析构函数的异常需要特殊处理

    C．构造函数不可以抛出异常   D．析构函数必须抛出异常

10. 下面的语句：

```
namespace
{ int x,y; }
```

可以取代哪条语句（   ）。

    A．int x; int y;   B．int x,y;   C．static int x,y;   D．int x; y;

11. 关于命名空间的描述，错误的是（   ）。

    A．不同的命名空间不能同名   B．C++允许使用没有名字的命名空间

    C．命名空间是可以嵌套的   D．命名空间的定义必须是连续的

12. 下列 using 语句错误的是（   ）。

    A．using std;   B．using std::endl;   C．using namespace std;   D．using std::cout;

13.3 填空题

1. 在 C++的异常处理机制中，使用_____语句在异常出现的位置抛出异常，用_____语句处理被抛出的异常，用_____语句将处理异常的代码和一组可能会抛出异常的代码关联起来。

2. 当在一个命名空间外使用该命名空间的成员时，必须用_____与_____来限定。

3. C++标准库的所有的标识符都定义在一个名为_____的命名空间中。

13.4 分析下列程序的输出结果。

1.

```
#include<iostream>
using namespace std;
int Div(int x, int y)
{
    if (y==0)  throw  y;
    else  return  x/y;
}
void main( )
{
    try
    {
        cout<<"9/6="<<Div(9,6)<<endl;
        cout<<"19/0="<<Div(19,0)<<endl;
        cout<<"6/3="<<Div(6,3)<<endl;
```

```
    }
    catch(int)
    {
        cout<<"除数为 0"<<endl;
    }
}
```
2.
```
#include<iostream>
using namespace std;
void Test(int m)
{
    try
    {
        if (m) throw m;
        else throw "Value is zero!";
    }
    catch(int i)
    {
        cout <<"Caught int: "<<i<<endl;
    }
    catch(char *a)
    {
        cout <<"Caught a string: "<<a<<endl;}
    }
void main()
{
    Test(800);
    Test(-9);
    Test(0);
}
```
3.
```
#include<iostream>
using namespace std;
class A
{
    public:
    ~A( )
    {
        cout<<"A"<<" ";
    }
};
char fun()
{
    A a;
    throw('B');
    return '0';
}
void main()
{
    try
    {
        cout<<fun()<<" ";
    }
    catch(char b)
    {
        cout<<b<<" ";
```

```
    }
    cout<<endl;
}
```

4.

```cpp
#include <iostream >
using namespace std;
int A[]={18, 83, 2, 45, 78, 5, 45, 34, 22, 6, 12};
int l=sizeof(A)/sizeof(A[0]);
int fun( int m)
{
    if(m>=l)
    throw m;
    return A[m];
}
void main()
{
    int i, t=0;
    for( i=0;i<=l;i++)
    {
      try
      {
          t=t+fun(i);
      }
      catch(int)
      {
          cout<< "数组下标越界! "<<endl;
      }
    }
    cout<<"t="<<t<<endl;
}
```

5.

```cpp
#include <iostream >
using namespace std;
namespace A
{
    int fun1(int x, int y)
    {
        return x+y;
    }
    namespace B
    {
        int m=30;
        double fun2(double a)
        {
            return fun1(9,10)*a;
        }
    }
    int m=20;
}
void main()
{
    cout<<A::m<<endl;
    cout<< A::fun1(20,36) <<endl;
    cout<< A::B::m<<endl;
    cout<< A::B::fun2(0.5) <<endl;
}
```

6.
```cpp
#include <iostream>
using namespace std;
namespace NSA
{
    int a=10;
    int fun(int n)
    {
        int i=n+95;
        return i;
    }
}
namespace NSB
{
    int b=20;
    int f(int m)
    {
        return m*m;
    }
}
void main()
{
    using namespace NSA;
    cout <<"a="<<a<<endl;
    cout <<"fun(5)="<<fun(5) <<endl;
    using NSB::b;
    cout <<"b="<<b<<endl;
    cout <<"b*NSB::f(4)="<< b*NSB::f(4)<<endl;
}
```

13.5 编程题

1. 定义一个异常类 excep_A，其成员函数 Report()显示异常的类型。定义一个函数 fun()抛出异常，在主函数 try 语句块中调用 fun()，在 catch 语句块中捕获异常，观察程序执行流程。

2. 编写一个栈的类模板，其成员函数 push()完成入栈操作，成员函数 pop()完成出栈操作。出栈时检查栈是否为空，栈空要给出警告信息；入栈时检查栈是否为满，栈满也要给出警告信息。使用异常类的继承关系处理在栈操作中可能遇到的异常。

13.6 简单回答下列问题

1. 什么是异常处理？

2. C++中的异常处理机制是如何实现的？

3. 当在 try 语句块中抛出异常后，程序最后是否回到 try 语句块中继续执行后面的语句？

4. 异常类存在继承关系吗？

5. 什么是命名空间？命名空间的作用是什么？

6. C++标准库的所有标识符定义在哪个命名空间中？

上机指导 13

13.1 上机要求

1. 熟悉 C++的异常处理机制的一般定义和使用方法。

2．熟悉重抛出异常的用法。

3．熟悉多种异常类型的处理。

4．熟悉异常处理中的继承关系。

5．了解构造函数中的异常处理。

6．熟悉命名空间的定义及外部空间访问其成员的方法。

7．熟悉无名命名空间和嵌套命名空间的定义及其成员的访问方法。

8．熟悉使用命名空间成员的简化机制。

13.2　上机练习题

1．上机调试本章例 13.1 程序，并将调试结果与分析结果进行比较。

2．上机调试本章例 13.2 程序，并回答所提出的思考题。

3．上机调试本章例 13.3 程序，并完成所提出的思考题，同时将调试结果与分析结果进行比较。

4．上机调试本章例 13.4 程序，熟悉多种异常类型的处理方法，并将调试结果与分析结果进行比较。

5．上机调试本章例 13.5 程序，并回答所提出的思考题。

6．上机调试本章例 13.6 程序，并回答所提出的思考题。

7．上机调试本章例 13.7 程序，并将调试结果与分析结果进行比较。如果将程序中的语句：

```
namespace ns2
{
    int a=10;
}
namespace ns2
{
    int fun(int m)
    {
        int x=m*m;
        return x;
    }
}
```

改为：

```
namespace ns2
{
    int a=10;
    int fun(int m)
    {
        int x=m*m;
        return x;
    }
}
```

比较与原程序输出结果的异同。

8．上机调试本章例 13.8 程序，并将调试结果与分析结果进行比较。

9．上机调试本章例 13.9 程序，熟悉利用 using 语句简化使用命名空间成员以及命名空间别名的定义方法，并将调试结果与分析结果进行比较。

10．上机调试练习题 13.4 中的 6 个程序，将输出结果与上机前的分析结果进行比较。

11．上机调试练习题 13.5 中的 2 个编程题，将所编写的程序上机调试通过。

字符的 ASCII 码表

ASCII 码是 American Standard Cord for Information Interchange 的缩写，它是美国信息交换代码。ASCII 码表是由美国国家标准化协会（ANSI）制定，它给出了 128 个字符的 3 种不同进制的 ASCII 码值。

字符	十进制	八进制	十六进制	字符	十进制	八进制	十六进制	字符	十进制	八进制	十六进制	字符	十进制	八进制	十六进制
nul	0	000	00	sp	32	040	20	@	64	100	40	'	96	140	60
soh	1	001	01	!	33	041	21	A	65	101	41	a	97	141	61
stx	2	002	02	"	34	042	22	B	66	102	42	b	98	142	62
etx	3	003	03	#	35	043	23	C	67	103	43	c	99	143	63
eof	4	004	04	$	36	044	24	D	68	104	44	d	100	144	64
eng	5	005	05	%	37	045	25	E	69	105	45	e	101	145	65
ack	6	006	06	&	38	046	26	F	70	106	46	f	102	146	66
bel	7	007	07	,	39	047	27	G	71	107	47	g	103	147	67
bs	8	010	08	(	40	050	28	H	72	110	48	h	104	150	68
ht	9	011	09	)	41	051	29	I	73	111	49	i	105	151	69
If	10	012	0a	*	42	052	2a	J	74	112	4a	j	106	152	6a
vt	11	013	0b	+	43	053	2b	K	75	113	4b	k	107	153	6b
ff	12	014	0c	'	44	054	2c	L	76	114	4c	l	108	154	6c
cr	13	015	0d	−	45	055	2d	M	77	115	4d	m	109	155	6d
so	14	016	0e	.	46	056	2e	N	78	116	4e	n	110	156	6e
si	15	017	0f	/	47	057	2f	O	79	117	4f	o	111	157	6f
dle	16	020	10	0	48	060	30	P	80	120	50	p	112	160	70
dcl	17	021	11	1	49	061	31	Q	81	121	51	q	113	161	71
dc2	18	022	12	2	50	062	32	R	82	122	52	r	114	162	72
dc3	19	023	13	3	51	063	33	S	83	123	53	s	115	163	73
dc4	20	024	14	4	52	064	34	T	84	124	54	t	116	164	74
nak	21	025	15	5	53	065	35	U	85	125	55	u	117	165	75
syn	22	026	16	6	54	066	36	V	86	126	56	v	118	166	76
etb	23	027	17	7	55	067	37	W	87	127	57	w	119	167	77
can	24	030	18	8	56	070	38	X	88	130	58	x	120	170	78
em	25	031	19	9	57	071	39	Y	89	131	59	y	121	171	79

续表

字符	十进制	八进制	十六进制	字符	十进制	八进制	十六进制	字符	十进制	八进制	十六进制	字符	十进制	八进制	十六进制
sub	26	032	1a	:	58	072	3a	Z	90	132	5a	z	122	172	7a
esc	27	033	1b	;	59	073	3b	[	91	133	5b	{	123	173	7b
fs	28	034	1c	<	60	074	3c	\	92	134	5c	|	124	174	7c
gs	29	035	1d	=	61	075	3d	]	93	135	5d	}	125	175	7d
rs	30	036	1e	>	62	076	3e	^	94	136	5e	~	126	176	7e
us	31	037	1f	?	63	077	3f	—	95	137	5f	del	127	177	7f

Microsoft Visual C++6.0 集成开发工具简介

Microsoft Visual C++ 6.0 是一个功能很强的可视化的集成开发工具。这里仅仅讲述如何使用该集成开发工具实现 C++语言程序，即使用它来编辑、编译和运行 C++程序。

1. 主窗口

Visual C++ 6.0 主窗口如附录图 1 所示。

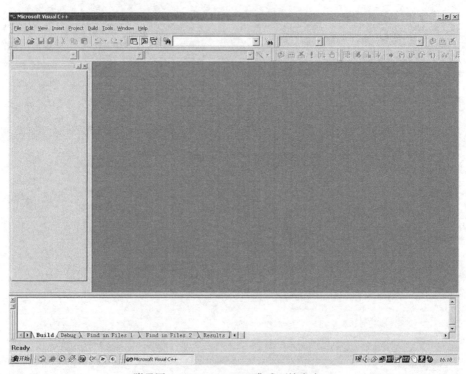

附录图 1　Visual C++ 6.0 集成环境主窗口

主窗口由标题栏、菜单栏、工作区窗口、项目工作区窗口、输出窗口和状态栏组成。

主窗口自上而下分别是标题栏、菜单栏和工具栏。菜单栏由 9 个菜单项组成，单击某个菜单项将会弹出下拉式菜单，使用这些菜单项实现集成环境的各种功能。

工具栏是由若干个功能按钮组成的，单击按钮可实现某种操作。

工具栏下方有左右两个窗口，左窗口是项目工作区窗口，右窗口是工作区窗口，源代码编辑工作就在右窗口进行。

再下面是输出窗口,编译C++语言源程序时,出现的错误信息便显示在该窗口中。在使用debug时,调试信息也显示在该窗口中。

屏幕最下方是状态栏,显示当前操作或所选命令的提示信息。

2.　工具栏

为了用户操作方便,该系统在主窗口中提供了多种工具栏,用户可以根据需要进行选择。每种工具栏中有若干个按钮,每个按钮表示一种操作,当鼠标指向某个按钮时,将显示该按钮功能的提示信息。

主窗口在默认情况下,只显示出 Standard 和 Build 工具栏。其他工具栏需要时可选择显示,其方法如下:

鼠标指向工具栏的位置,单击鼠标右键出现如附录图 2 所示的工具栏快捷菜单。单击所选的工具栏项,则在该工具栏前边出现符号√,该工具栏显示在窗口中。单击出现符号√的工具栏项时,符号√消失,该工具栏被隐藏,不再显示在主窗口中。

下面介绍 3 种常用的工具栏中的各项功能。

(1) Standard 工具栏

该工具栏中有 15 个工具项按钮,如附录图 3 所示。

附录图 2　工具栏快捷菜单项

附录图 3　Standard 工具栏

自左至右各按钮功能如下。

- New Text File　创建新的文本文件。
- Open　打开已有的文档。
- Save　保存当前文档内容。
- Save All　保存所有打开的文档。
- Out　将选定的文档内容从文档中删除,并将其复制到剪贴板中。
- Copy　将选定的文档内容复制到剪贴板中。
- Paste　在当前插入点处粘贴剪贴板中的内容。
- Undo　取消最近一次编辑操作。
- Redo　恢复前一次取消的编辑操作。
- Workspace　显示或隐藏工作区窗口。
- Output　显示或隐藏输出窗口。
- Windows list　管理当前打开的窗口。
- Find in Files　在多个文件中查找字符串。

- Find　激活查找工具。
- Search　搜索联机文档。

（2）Build 工具栏

该工具栏中有 8 个工具项按钮，如附录图 4 所示。

该工具栏中的工具项按钮用来对已建好的应用文件或项目进行编译、连接和运行。

自左至右各工具项按钮的功能如下。

- Select Active Project　选择当前活动项目。
- Select Active Configuration　选择活动的项置（Visual C++提供两种活动配置：Win32 Release 和 Win32 Debug。前者基于 Win32 平台的发行版，后者是基于 Win32 平台的调试版）。
- Compile　编译文件。
- Build　创建项目。
- Stop Build　停止创建项目。
- Execute Program　运行程序。
- Go　启动或继续程序执行。
- Insert/Remove Breakpoint　插入或删除断点。

（3）Debug 工具栏

该工具栏含有 16 个工具项按钮，如附录图 5 所示。

附录图 4　Build 工具栏　　　　　　　　　　附录图 5　Debug 工具栏

该工具栏中的工具项按钮用来调试已编译的 C++语言源程序文件或项目，查找所存在的问题，它们只有处于调试运行状态才有效。

自左至右各工具项按钮的功能简介如下。

- Restart　重新启动程序，并处于调试状态。
- Stop Debugging　停止调试运行的程序。
- Break Execution　中断程序的执行。
- Apply Code Change　使用改变代码进行调试。
- Show Next Statement　显示下一条要执行的语句。
- Step Into　单步调试，进入被调用函数内。
- Step Over　单步调试，跳出被调用函数。
- Step Out　单步调试，从被调用函数中跳出，执行下一条语句。
- Run to Cursor　运行到当前光标处。
- Quick Watch　快速查看当前的调试状态。
- Watch　打开一个独立窗口，用来显示用户要查看的变量值和类型。当用户输入变量名时，调试程序自动显示变量的值和类型。
- Variables　打开一个独立窗口（该窗口有 3 个标签，分别用来显示当前语句和上一条语句所用的变量、正在执行函数的局部变量以及 this 指针所指向的对象的信息）。
- Registers　打开一个独立窗口，显示 CPU 各个寄存器的状态。
- Memory　打开一个独立窗口，显示内存的当前状态。

- Call Stack　打开一个独立窗口，显示当前语句调用的所有函数，当前函数在顶部。

- Disassembly　打开一个独立窗口，显示反汇编代码。

3. 菜单栏

Visual C++ 6.0 主窗口中的菜单栏如附录图 6 所示。

下面介绍几个常用的菜单项的功能。

（1）File 菜单

单击 File 菜单项，弹出如附录图 7 所示的下拉菜单项，共有 14 个子菜单项。

```
File  Edit  View  Insert  Project  Build  Tools  Window  Help
```

附录图 6　主窗口中菜单栏　　　　　　　　　　　　　　　　　附录图 7　File 菜单

下面逐一介绍 File 菜单项中各子菜单的功能。

- New　用来创建新的源文件、项目或其他文档。选择该选项，出现如附录图 8 所示的对话框，该对话框中有 4 个标签。

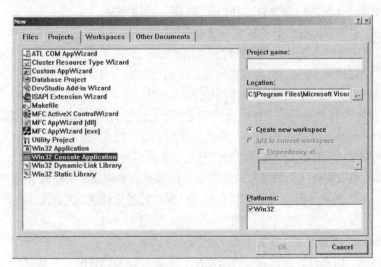

附录图 8　New 对话框的 Projects 标签窗口

- Open　用来打开一个已存在的文件。在"打开"对话框中，在文件名列表框中，双击所选的文件；或单击所选文件，再单击对话框中的"打开"按钮，都可打开所选文件。

- Colse　用来关闭在活动窗口中打开的文件。如该文件修改后尚未保存，系统会提示用户是否保存该文件。

- Open Workspace　选择该命令后将弹出"Open Workspace"对话框，用来打开已存在的工作区的文件。
- Save Workspace　用来保存当前被打开的工作区的文件。
- Close Workspace　用来关闭当前工作区的文件。选择该命令后，弹出一个对话框，提示用户是关闭所有文件（选"是"）还是仅保留当前文件（选"否"）。
- Save　用来保留当前窗口中的文件内容，并存放到原文件中。如果该文件是未命名的新文件，则系统显示"Sava As"对话框。
- Save As　用来将打开的文件保存到另一个新的文件名中。选择该命令后，弹出"Save As"对话框，用户可在文件名文本框中输入新的文件名。
- Save All　用来保存当前窗口中所有被打开的文件内容。如果某个文件尚未命名，系统将会提示用户先输入文件名。
- Page Setup　用来设置文件的页面。选择该命令后，出现"Page Setup"对话框，在该对话框中为打印文档设置页面参数。
- Print　用来打印文件。选择该命令后，出现"Print"对话框，在该对话框中设置打印格式。
- Recent Files　用来列出最近打开过的文件名。
- Recent Workspaces　用来列出最近工作区内容。
- Exit　用来退出集成环境，即退出编译系统。

（2）Edit 菜单

单击 Edit 菜单项，弹出如附录图 9 所示的下拉菜单项，共有 17 个子菜单项。

下面逐一介绍 Edit 菜单项中各子菜单的功能。

- Undo　用来撤销上一次的编辑操作。
- Redo　用来恢复被 Undo 撤销的编辑操作。
- Cut　用来将选定的内容删掉，并将其内容存放到剪贴板中。
- Copy　用来将选定的内容复制到剪贴板中。
- Paste　用来将剪贴板中的内容粘贴到当前光标处。
- Delete　用来删除选定的内容或当前光标处的后一个字符。
- Select All　用来选定当前活动窗口中的所有内容。
- Find　用来在当前打开的文件中查找指定的字符或字符串。选择该命令后，出现"Find"对话框。在该对话框中，选择查找方式，查找可使用规定的匹配符。
- Find in Files　用来在多个文件中查找指定的字符或字符串。
- Replace　用来将查找到的字符或字符串，用指定的字符或字符串来替换。
- Go To　用来指定如何将光标移到当前活动窗口的指定位置。选定该命令后，弹出"Go To"对话框。
- Bookmarks　用来给文本设置、命名、删除和读取书签。
- BreakPoint　用来设置、删除和查看断点。断点可分为位置断点、数据断点、消息断点和条件断点 4 种。
- List Members　用来列出当前光标处对象类属的成员。可通过双击相应成员名，将该成员添加到光标处。
- Type info　用来显示变量、函数或方法的有关信息。
- Parameter Info　用来显示当前光标处函数的参数信息。

● Complete Word　用来给出相关关键字的完整写法。

（3）Project 菜单

单击 Project 菜单项，弹出如附录图 10 所示的下拉菜单项，共有 6 个子菜单项。

下面逐一介绍 Project 菜单项中各子菜单的功能。

● Set Active Projcet　用来选择当前的活动项目。

● Add To Project　用来将新文件，或已有文件，或者部件及控制加到指定的项目中去。选择该命令后，出现如下级联菜单：

附录图 9　Edit 菜单

附录图 10　Project 菜单

New　用来向项目中加新文件；

New Folder　用来向项目中添加文件夹；

Files　用来向项目中添加已存在的文件；

Data Connection　用来向项目中添加数据库链接；

Component and Controls　用来向项目中添加 Visual C++组件库中的组件和控制。

● Dependencies　用来编项目组件。

● Settings　用来设置编译和调试选项。

● Export Makefile　用来输出 Makefile 形式的可编译文件。

● Insert Project into Workspace　用来将已存在的项目加入到项目工作区窗口中。

（4）Build 菜单

单击 Build 菜单项，弹出如附录图 11 所示的下拉菜单项，共有 11 个子菜单项。

下面逐一介绍 Build 菜单项中各子菜单的功能。

附录图 11　Build 菜单

● Compile　用来编译显示在源代码编辑窗口中的 C++语言和 C 语言的源文件。

● Build　用来编译和连接当前文件和项目（Project），生成可执行文件。编译和连接中检查出语法错误时，将出错信息显示在输出窗口中。

● Rebuild All　用来对所有文件和项目进行重新编译和连接，包括已编译过的文件。

● Batch Build　用来进行批处理操作，一次编译和连接多个文件和项目。

● Clean　用来删除编译和连接过程中间的输出文件。

- Start Debug　选择该命令出现级联菜单，该菜单项是用来启动调试器的。此时，菜单栏中用 Debug 菜单项替代 Build 菜单项。
- Debugger Remote Connection　用来完成远程调试连接设置。
- Execute　用来运行已生成的可执行文件，并将运行结果显示到相应的环境中。
- Set Active Configuration　用来选择激活的项目配置。
- Configurations　用来设置项目属性。
- Profile　用来设置 Profile 选项，并显示 Profile 数据。

4．项目工作区

项目工作区用来组织项目、元素以及项目信息在屏幕上出现的方式。项目工作区的内容和设置通过项目工作区文件（.dsw）来描述，在建立一个项目工作区文件的同时，还生成项目文件（.dsp）和工作区选项文件（.opt），用来保存工作区的设置。

项目工作区窗口用来查看和修改项目的所有元素。该窗口的底部提供了类视图（Class View）、资源视图（Resource View）和文件视图（File View）3 种视图，它们的功能描述如下。

（1）类视图

该视图在项目工作区窗口中显示该项目所有类及其成员函数。单击"+"号，打开树形结构的每一项，显示出某类的成员函数和数据成员。双击某一项，则在右边的源代码编辑窗口中显示该成员的源代码。如果该代码已被显示，则使用光标进行指示。

（2）资源视图

该视图在项目工作区窗口中显示项目中所有资源。单击"+"号时，依次打开树形结构的某一项，并显示出所有资源，包括字符串表、对话框图符及其版本信息。双击某一项时，则在右边的源代码编辑窗口内显示该资源的图形编辑窗口，可直接在该窗口内增添资源或修改资源特性。

（3）文件视图

该视图在项目工作区窗口中显示项目中的所有文件及其相互关系。单击"+"号时，依次打开树形结构的每一项，并显示出所有的资源文件、头文件和源代码文件。双击某一项时，则会在右边的源代码编辑窗口内打开该文件，显示其源代码。

5．快捷特性

Visual C++ 6.0 提供了丰富的快捷特性，使用这些快捷特性会使编程更加快捷和方便。该系统所提供的快捷特性包括快捷菜单、快捷按键和工具栏按钮。工具栏按钮前边已讲过，下面介绍另外两种快捷特性。

（1）快捷菜单

在 Visual C++ 6.0 的许多窗口中，可以在选中的对象或窗口背景上单击鼠标右键，弹出快捷菜单。快捷菜单中包含了与所选对象或区域相关的一组命令，选择所需命令则完成某种操作。

（2）快捷键

Visual C++ 6.0 考虑到一些习惯于使用键盘按键的用户，设置了一些默认的快捷键。用户也可以自己定义快捷键。常用的快捷键如下：

Ctrl+O	打开已有文件；	Ctrl+S	保存当前文档；
Ctrl+C	编辑时复制；	Ctrl+X	编辑时剪切；
Ctrl+V	编辑时粘贴；	Ctrl+Z	编辑时取消；
Ctrl+F5	运行；	F4	下一条错误；
Shift+F4	上一条错误；	F7	建立可执行文件。

附录 C
C++标准库简介

C++标准库（Standard Library）是类库和函数的集合。C++标准库非常大，提供了除并发和图形用户接口外的若干泛型容器、函数对象（也称仿函数）、泛型字符串和流（包含交互和文件 I/O），支持部分语言特性和常用函数。C++标准库也包含了 C 标准库。C++标准模板库（Standard Template Library，STL）是 C++标准库的子集，包含算法、容器、存储空间分配器、迭代器、函数对象、适配器等。由于 C++标准库中的类和函数几乎都使用模板，因此，也有人使用 STL 代表 C++标准库。使用 C++标准库时，头文件名不加扩展名".h"，但需要声明 std 命名空间，即使用 "using namespace std;"语句。若是 C 的头文件，在每个头文件名字前还要添加一个字符 "c"。C++标准库的内容非常多，这里仅仅给出 C++标准库的定义和标准异常类的一些内容。

1. C++标准库的定义

C++标准库的内容分为 10 类，在 50 个标准头文件中进行定义，具体内容见附录表 1。

附录表.1　　　　　　　　　　　C++标准库的标准头文件及其定义的功能

类　　别	头文件名	定义的功能
语言支持	<cstddef>	定义宏和实用的类型
	<limits>	与基本数据类型相关的定义
	<climits>	与基本整型数据类型相关的 C 定义
	<cstdarg>	支持参数数量变化的函数
	<csetjmp>	执行非局部的 goto 语句
	<csignal>	中断处理
	<cfloat>	与基本浮点型数据类型相关的 C 定义
	<new>	动态分配内存
	<typeinfo>	变量在运行期间的类型标识
	<exception>	异常处理类
输入/输出	<iostream>	标准输入/输出流
	<iomanip>	参数化输入/输出，改变输出格式
	<ios>	基本输入/输出支持
	<istream>	基本输入流
	<ostream>	基本输出流
	<sstream>	字符串输入/输出流

类　　别	头文件名	定义的功能
输入/输出	<fstream>	文件输入/输出流
	<iosfwd>	输入/输出系统使用的前置声明
	<streambuf>	支持流输入和输出的缓存
	<cstdio>	为标准流提供 C 定义的输入/输出
诊断	<stdexcept>	标准异常类
	<cassert>	设定插入点
	<cerrno>	定义错误码
一般工具	<utility>	STL　通用模板类
	<functional>	STL 定义运算函数
	<memory>	标准内存分配器
	<ctime>	定义系统时间函数
字符串	<string>	字符串处理
	<cctype>	字符处理
	<cwctype>	宽字符分类
	<cstring>	字符串处理的 C 定义
	<cwchar>	宽字符处理及输入/输出的 C 定义
容器类模板	<vector>	STL 动态数组容器
	<list>	STL　线性链表容器
	<deque>	STL 双端队列容器
	<queue>	STL 队列容器
	<stack>	STL 堆栈容器
	<map>	STL 映射容器
	<set>	STL 集合容器
	<bitset>	STL 位集容器
迭代器	<iterator>	定义迭代器
算法	<algorithm>	STL 通用算法
	<cstdlib>	字符转换函数、bsearch()、qsort()、整数的绝对值和取余
	<ciso646>	定义在代码中使用 and 代替&&
数值操作	<complex>	复数类
	<valarray>	矢量操作
	<numeric>	序列操作
	<cmath>	数学函数
本地化	<locale>	本地化函数
	<clocale>	本地化函数的 C 定义

2．标准异常类

C++标准库中定义了一组标准异常类，用来报告 C++标准库函数遇到的问题。标准异常类可以被用在程序开发人员自己编写的程序中。

标准库异常类被定义在四个头文件中：

（1）exception 头文件

exception 头文件定义了最常见的异常类，类名是 exception。这个类只提示异常的产生，但不会提供更多的信息。

（2）stdexcept 头文件

stdexcept 头文件定义了几种常见的异常类，这些类型见附录表 2。

附录表 2　　　　　　　　　　　　　\<stdexcept\> 头文件中定义的标准异常类

类　　名	功　　能
exception	最常见的问题
runtime_error	运行时错误（仅在程序运行时才能检测到的问题）
range_error	运行时错误：结果超界
overflow_error	运行时错误：计算上溢
underflow_error	运行时错误：计算下溢
logic_error	逻辑错误（可在运行前检测到的问题）
domain_error	逻辑错误：参数的结果值不存在
invalid_argument	逻辑错误：无效的参数
length_error	逻辑错误：长度错误
out_of_range	逻辑错误：参数值超界

（3）new 头文件

new 头文件定义了 bad_alloc 异常类型，提供因无法分配内存而由 new 抛出的异常。

（4）type_info 头文件

type_info 头文件定义了 bad_cast 异常类型。

[1] 吕凤翥编著. C++语言程序设计教程. 北京：人民邮电出版社，2008.

[2] 吕凤翥编著. C++语言基础教程（第2版）. 北京：清华大学出版社，2007.

[3] 吕凤翥编著. C++语言简明教程. 北京：清华大学出版社，2007.

[4] 吕凤翥编著. C++语言程序设计（第2版）. 北京：电子工业出版社，2005.

[5] Stanley B. Lippman, Josee Lajoie, Barbara E. Moo. C++ Primer(Fourth Edition). Addison Wesley Professional, 2005.

[6] Paul Deitel, Harvey Deitel. C++ How to Program (Eighth Edition). Prentice Hall, 2012.

[7] 徐士良，马尔妮编著. 实用数据结构（第3版）. 北京：清华大学出版社，2011.

[8] 谭浩强编著. C++程序设计（第2版）. 北京：清华大学出版社，2011.